高职数学整编教程

主　编　嵇金山　陈业勤

副主编　荣建英　谭　静　刘　嘉

编　委　于正权　冯　梅　宋然兵

　　　　刘　嘉　陈业勤　张学兵

　　　　荣建英　谭　静　管颂东

　　　　俞　宁　嵇金山　赵　丽

东南大学出版社

·南京·

内 容 简 介

本书整合了高职类工科数学和经济数学的主要内容编写而成，全书为一册。内容包括：函数及其图像、一元函数微积分、二元函数微积分概要、级数、微分方程简介、线性代数初步、概率与统计初步。其中，本书在一元函数微积分和二元函数微积分的内容安排上进行了串联式整合，并且降低了二元函数微积分的要求，使之更为简洁易懂。

本书知识面广泛，便于学生拓展性自学，也便于教师教学中根据需要选取适当内容。本书每节附有习题及部分答案。本书可作为高职类各专业数学教学或自学用书。

图书在版编目(CIP)数据

高职数学整编教程 /嵇金山，陈业勤主编. —南京：东南大学出版社，2013.8

ISBN 978-7-5641-4432-6

Ⅰ.①高… Ⅱ.①嵇…②陈… Ⅲ.①高等数学—高等职业教育—教材 Ⅳ.①O13

中国版本图书馆 CIP 数据核字(2013)第 178021 号

高职数学整编教程

主　　编	嵇金山　陈业勤	**责任编辑**	陈　跃
电　　话	(025)83795627/83362442(传真)	**电子邮箱**	chenyue58@sohu.com
出版发行	东南大学出版社	**出 版 人**	江建中
地　　址	南京市四牌楼 2 号	**邮　　编**	210096
销售电话	(025)83794121/83795801		
网　　址	http://www.seupress.com	**电子邮箱**	press@seupress.com
经　　销	全国各地新华书店	**印　　刷**	南京雄洲印刷有限公司
开　　本	700mm×1000mm　1/16	**印　　张**	14.5
字　　数	292 千字		
版 印 次	2013 年 8 月第 1 版　2013 年 8 月第 1 次印刷		
书　　号	ISBN　978-7-5641-4432-6		
定　　价	29.00 元		

*本社图书若有印装质量问题，请直接与营销部联系。电话：025-83791830

前　言

为了适应高职教育阶段性的发展现状，特别是教学需求多样化的扩张，我们结合多年的教学经验和教学改革实践，编写了本书.

本书的编写宗旨是力求教学内容的广度，适当处理教学内容的深度；其次是整合了一元函数微积分和多元函数微积分的内容，并纳入了经济数学的教学内容，以便教学的取舍或自学；第三是每章的篇目突出了本章的核心概念、方法或思想，以强化学生的思维脉络；第四是注重数形结合，实例引入，以提高学生的形象思维和应用意识.

本书适合高职高专类师生教学使用.

本书在编写和出版过程中得到了学校和部门领导以及同仁的大力帮助和支持，在此一并表示诚挚的感谢.

由于编者水平所限，加上时间紧迫，教材中难免有不妥之处，恳请读者和使用本书的教师指正，以便再版时修正.

编者

2013 年 7 月

目　录

1 函数与图像

1.1 一元函数及其图像

1.1.1 基本初等函数及其图像

我们知道，函数是描述客观世界中变量之间对应关系的一种模型，而其中的变量个数可以是两个、三个或者更多. 其中最熟悉的一种函数模型是 $y=f(x)$，其中的变量个数为两个，x 为自变量，y 为因变量. 通常把自变量为一个的函数称为一元函数.

在一元函数中，通常把幂函数 $y=x^{\alpha}(\alpha\in\mathbf{R})$、指数函数 $y=a^{x}(a>0$ 且 $a\neq1)$、对数函数 $y=\log_{a}x(a>0$ 且 $a\neq1)$、三角函数 $y=\sin x$，$y=\cos x$，$y=\tan x$，$y=\cot x$，$y=\sec x$，$y=\csc x$ 和反三角函数 $y=\arcsin x$，$y=\arccos x$，$y=\arctan x$，$y=\operatorname{arccot}x$ 统称为基本初等函数. 很多时候也把多项式函数 $y=a_{n}x^{n}+a_{n-1}x^{n-1}+\cdots+a_{1}x+a_{0}$ 看作基本初等函数.

对于函数，我们既要了解变量的变化范围，即定义域和值域，又要了解函数的几个基本性质，即单调性、奇偶性、有界性、周期性等，以进一步弄清楚因变量随着自变量变化而变化的情况. 而函数的图形对于研究函数的其他重要特性会有很大的帮助.

现将基本初等函数的图形及相关性质列表如下：

函数	表达式	定义域与值域	图像	特性
幂函数	$y=x^{\mu}$	定义域与值域随 μ 的不同而不同，但不论 μ 取什么值，函数在 $(0,+\infty)$ 内总有定义	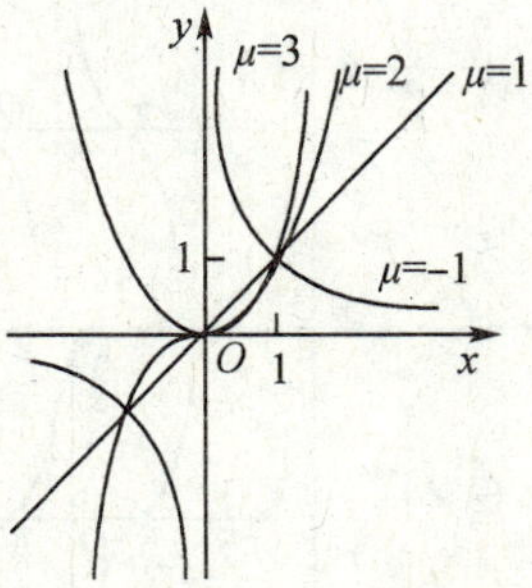	若 $\mu>0$，x^{μ} 在 $[0,+\infty)$ 内单调增加；若 $\mu<0$，x^{μ} 在 $(0,+\infty)$ 内单调减少

续表

函数	表达式	定义域与值域	图像	特性
指数函数	$y=a^x$，$a>0,a\neq 1$	$x\in(-\infty,+\infty)$，$y\in(0,+\infty)$	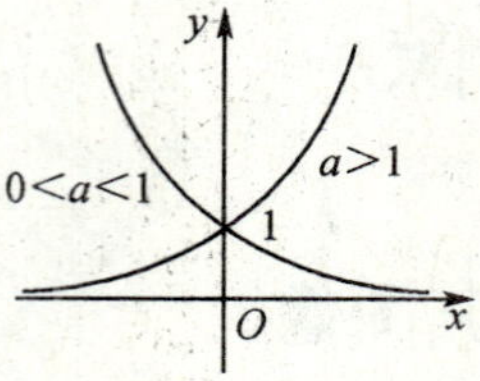	若 $a>1$，a^x 单调增加；若 $0<a<1$，a^x 单调减少
对数函数	$y=\log_a x$，$a>0,a\neq 1$	$x\in(0,+\infty)$，$y\in(-\infty,+\infty)$	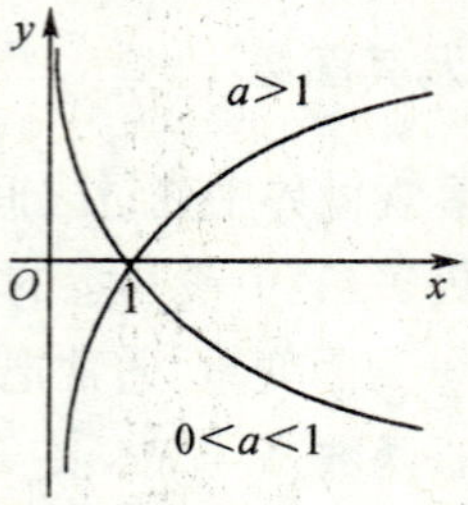	若 $a>1$，$\log_a x$ 单调增加；若 $0<a<1$，$\log_a x$ 单调减少
正弦函数	$y=\sin x$	$x\in(-\infty,+\infty)$，$y\in[-1,1]$	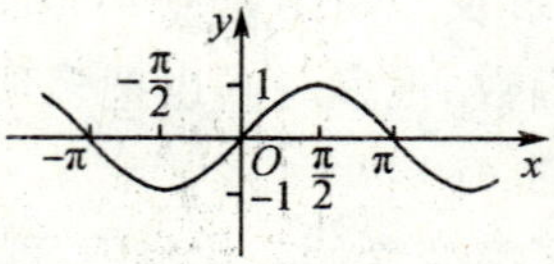	奇函数，周期为 2π，有界，在 $\left(2k\pi-\frac{\pi}{2},2k\pi+\frac{\pi}{2}\right)$ 内单调增加，在 $\left(2k\pi+\frac{\pi}{2},2k\pi+\frac{3\pi}{2}\right)$ 内单调减少 $(k\in\mathbf{Z})$
余弦函数	$y=\cos x$	$x\in(-\infty,+\infty)$，$y\in[-1,1]$	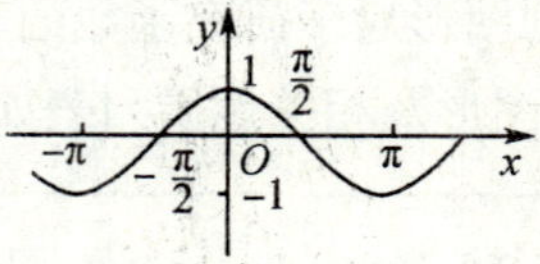	偶函数，周期为 2π，有界，在 $(2k\pi,2k\pi+\pi)$ 内单调减少，在 $(2k\pi+\pi,2k\pi+2\pi)$ 内单调增加 $(k\in\mathbf{Z})$
正切函数	$y=\tan x$	$x\neq k\pi+\frac{\pi}{2}(k\in\mathbf{Z})$，$y\in(-\infty,+\infty)$	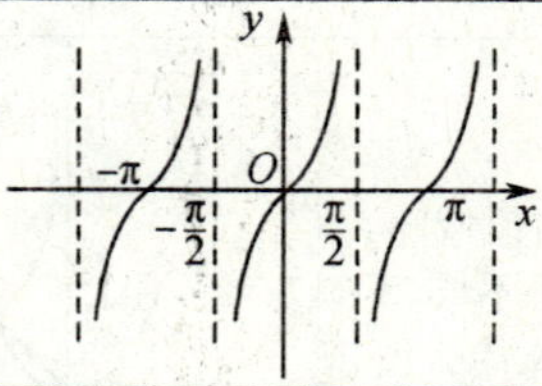	奇函数，周期为 π，在 $\left(k\pi-\frac{\pi}{2},k\pi+\frac{\pi}{2}\right)$ 内单调增加 $(k\in\mathbf{Z})$
余切函数	$y=\cot x$	$x\neq k\pi(k\in\mathbf{Z})$，$y\in(-\infty,+\infty)$	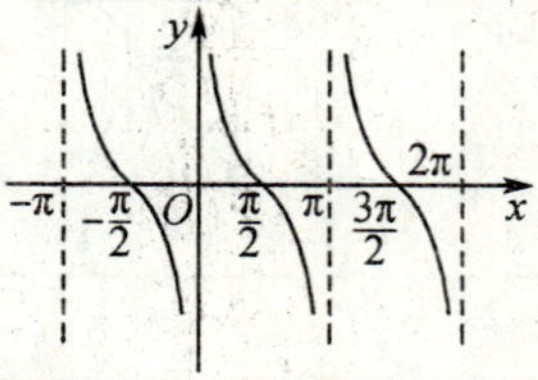	奇函数，周期为 π，在 $(k\pi,k\pi+\pi)$ 内单调减少 $(k\in\mathbf{Z})$

续表

函数	表达式	定义域与值域	图像	特性
反正弦函数	$y=\arcsin x$	$x\in[-1,1]$, $y\in\left[-\dfrac{\pi}{2},\dfrac{\pi}{2}\right]$	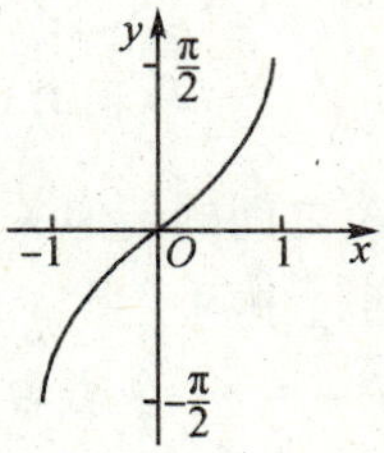	奇函数,单调增加,有界
反余弦函数	$y=\arccos x$	$x\in[-1,1]$, $y\in[0,\pi]$	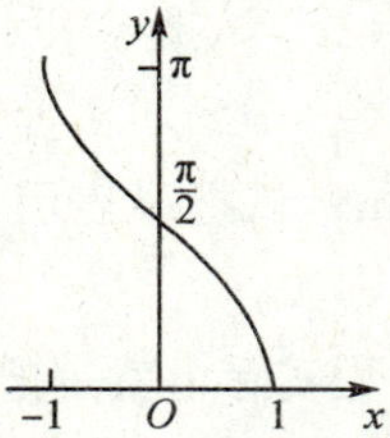	单调减少,有界
反正切函数	$y=\arctan x$	$x\in(-\infty,+\infty)$, $y\in\left(-\dfrac{\pi}{2},\dfrac{\pi}{2}\right)$	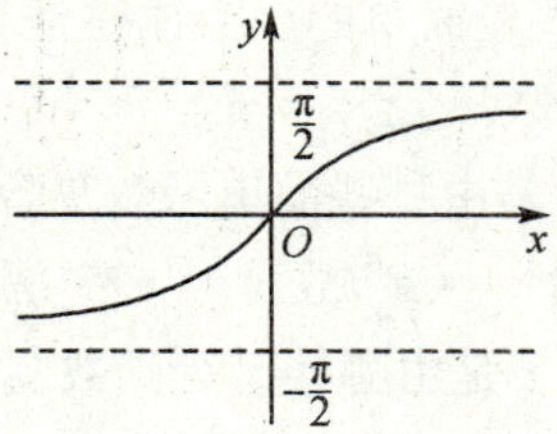	奇函数,单调增加,有界
反余切函数	$y=\operatorname{arccot} x$	$x\in(-\infty,+\infty)$, $y\in(0,\pi)$	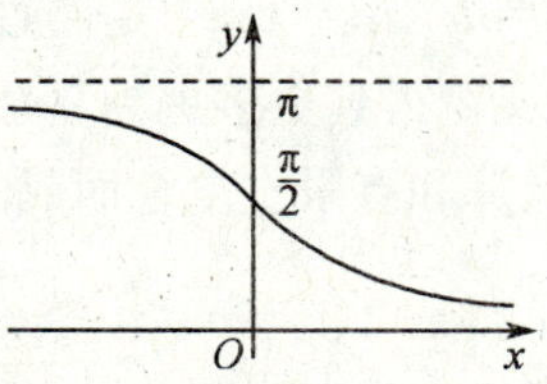	单调减少,有界

1.1.2　复合函数与初等函数

在确定了基本初等函数之后,现在我们来讨论函数之间的运算.

众所周知,基本初等函数之间可以通过四则运算,得到很多新的较为复杂的函数.但是,有些复杂的函数并不是通过四则运算得到的.

请看图 1.1.

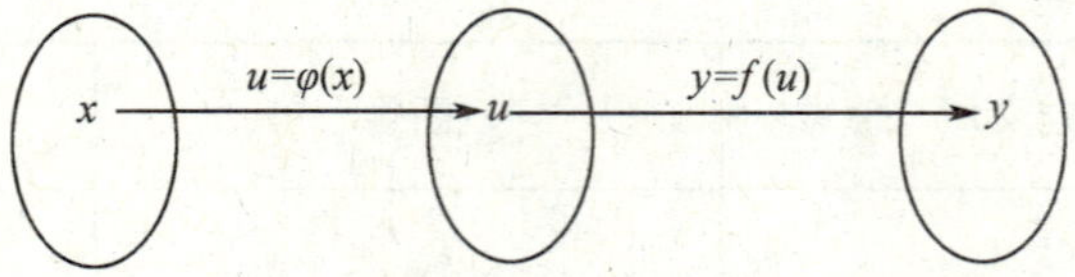

图 1.1

图 1.1 描述了变量 x,u,y 之间的传递关系，即 y 是 u 的函数 $y=f(u)$，而 u 又是 x 的函数 $u=\varphi(x)$，那么，y 通过中间变量 u 的联系成为 x 的函数. 通常人们把这个函数称为是由函数 $y=f(u)$ 与 $u=\varphi(x)$ 复合而成的复合函数，记作 $y=f[\varphi(x)]$.

跟四则运算一样，复合也是一种运算，是函数之间通过变量的替换而进行的运算.

例 1 已知 $y=\ln u, u=x^2$，试把 y 表示为 x 的函数.

解 $y=\ln u=\ln x^2, x\in(-\infty,0)\cup(0,+\infty)$.

例 2 设 $y=u^2, u=\sin x$，试把 y 表示为 x 的函数.

解 $y=u^2=\sin^2 x$.

可以看出，复合运算的过程实际上就是把中间变量对应的函数代入的过程. 显然，复合函数是一类比较复杂的函数，有时，为了研究的方便，我们又需要把复合函数分解为几个较简单的函数. 这些较简单的函数往往是基本初等函数或是基本初等函数与常数的四则运算所得到的函数.

例 3 函数 $y=e^{\sin x}$ 是由哪些简单函数复合而成的？

解 令 $u=\sin x$，则 $y=e^u$，故 $y=e^{\sin x}$ 是由 $y=e^u, u=\sin x$ 复合而成的.

例 4 函数 $y=\tan^3 x$ 是由哪些初等函数复合而成的？

解 令 $u=\tan x$，则 $y=u^3$，

故 $y=\tan^3 x$ 是由 $y=u^3, u=\tan x$ 复合而成的.

这样，通过复合运算，又可得到更多更为复杂的函数. 因此我们把由常数和基本初等函数，经过有限次四则运算和有限次复合而成的，并且能用一个式子表示的函数，称为初等函数. 例如：

$$y=\frac{\sin x}{x^2+1}, y=\log_a(x+\sqrt{1+x^2}), y=\frac{a^x+a^{-x}}{2}$$

等都是初等函数.

例 5 分解初等函数 $y=\dfrac{\sin x}{x^2+x}$.

解 函数 $y=\dfrac{\sin x}{x^2+x}$ 由基本初等函数 $y=\sin x$ 和函数 $y=x^2+x$ 相除而成；而函数 $y=x^2+x$ 由基本初等函数 $y=x^2$ 和基本初等函数 $y=x$ 相加而成.

例 6 分解初等函数 $y=x^2+e^{\sqrt{x}}$.

解 函数 $y=x^2+e^{\sqrt{x}}$ 由基本初等函数 $y=x^2$ 和复合函数 $y=e^{\sqrt{x}}$ 相加而成；而

复合函数 $y = e^{\sqrt{x}}$ 由基本初等函数 $y = e^u$ 和基本初等函数 $u = \sqrt{x}$ 复合而成.

例 7 分解初等函数 $y = \log_a(x + \sqrt{1 + x^2})$.

解 函数 $y = \log_a(x + \sqrt{1 + x^2})$ 由基本初等函数 $y = \log_a u$ 和函数 $u = x + \sqrt{1 + x^2}$ 复合而成；函数 $u = x + \sqrt{1 + x^2}$ 由基本初等函数 $y = x$ 和复合函数 $y = \sqrt{1 + x^2}$ 相加而成；而复合函数 $y = \sqrt{1 + x^2}$ 由基本初等函数 $y = \sqrt{v}$ 和简单函数 $v = 1 + x^2$ 复合而成.

例 8 求初等函数 $y = \dfrac{\sqrt{x+1}}{\ln(2-x)}$ 的定义域.

解 从函数的解析式中可看出需考虑：根式内非负、分母不为零、对数真数大于零三种情况，取它们的公共部分，即求方程组 $\begin{cases} x + 1 \geqslant 0, \\ 2 - x > 0, \\ \ln(2 - x) \neq 0 \end{cases}$ 的解，得定义域 $D = [-1, 1) \cup (1, 2)$.

例 9 判定初等函数 $f(x) = \dfrac{e^x + e^{-x}}{2}$ 与 $g(x) = \dfrac{e^x - e^{-x}}{2}$ 的奇偶性.

解 因为 $f(-x) = \dfrac{e^{-x} + e^x}{2} = f(x)$，所以 $f(x)$ 在定义域 $(-\infty, +\infty)$ 内是偶函数；又因为 $g(-x) = \dfrac{e^{-x} - e^x}{2} = -\dfrac{e^x - e^{-x}}{2} = -g(x)$，所以 $g(x)$ 在定义域 $(-\infty, +\infty)$ 内是奇函数.

1.1.3 分段函数及常用经济函数

通常我们知道，常用的函数表示法有解析法(公式法)、表格法和图像法. 即用数学式子表示自变量与对应函数值的关系的方法叫做解析法，也叫公式法；将自变量值与对应函数值的关系列成表格的方法叫做表格法；用图像来表示自变量与对应函数值的关系的方法叫做图像法.

但是，在实际应用当中，有一种特殊形式的函数，自变量在定义域内不同的范围中取值时，与因变量的对应关系不同，即函数的表达式不同. 那么就称这种函数为分段函数.

例如，函数

$$f(x) = \begin{cases} x^2 - 1, & x < 0, \\ 0, & x = 0, \\ x + 1, & x > 0, \end{cases}$$

其定义域为 $(-\infty, +\infty)$. 当 $x < 0$ 时，$f(x) = x^2 - 1$；当 $x > 0$ 时，$f(x) = x + 1$；当 $x = 0$ 时，$f(x) = 0$. 表达式有三种.

计算函数值时，要根据自变量所在的范围，选择相应的表达式来计算.

所以 $f(-2)=(-2)^2-1=3, f(1)=1+1=2, f(0)=0$.

例 10 已知 $f(x)=\begin{cases} x^2+1, & 1<x\leqslant 3, \\ 1, & x=1, \\ -1, & -3\leqslant x<1, \end{cases}$ 请作出该函数的图像.

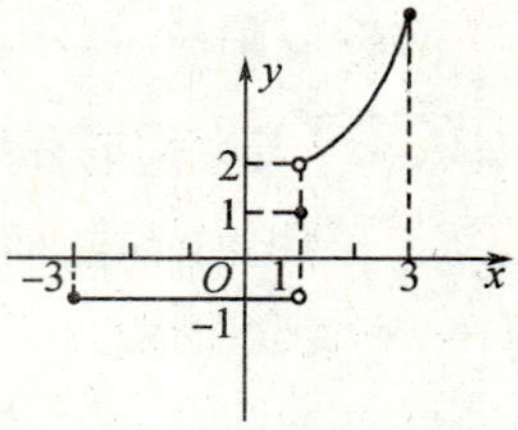

图 1.2

解 这是分段函数，定义域为 $[-3,3]$.

作图时要分区间、分段作图，即在区间 $(1,3]$ 上图像是抛物线的一部分或一小段，在区间 $[-3,1)$ 上图像是一条线段，在 $x=1$ 时是一个点.

完整的图像如图 1.2.

例 11 旅客乘坐火车可免费携带不超过 20 kg 的物品，超过 20 kg 而不超过 50 kg 的部分，每千克交 0.8 元，超过 50 kg 的部分每千克交 1 元，求运费与携带物品重量的函数关系，并求携带 30 kg、60 kg 物品的费用.

解 设 x kg 的物品应交运费 y 元，根据题意，则有

当 $0<x\leqslant 20$ 时，$y=0$；

当 $20<x\leqslant 50$ 时，$y=(x-20)\times 0.8$；

当 $x>50$ 时，$y=30\times 0.8+(x-50)\times 1$.

所以 $y=\begin{cases} 0, & 0\leqslant x\leqslant 20, \\ 0.8x-16, & 20<x\leqslant 50, \\ x-26, & x>50, \end{cases}$ 此为分段函数.

当 $x=30$ 时，$y=8$；

当 $x=60$ 时，$y=34$.

需要说明的是，一般情况下分段函数不是初等函数，因为它不是一个函数解析式.

下面介绍几种常用的经济函数.

1. 需求函数与供给函数

(1) 需求函数

商品的市场需求量 Q 与价格 p 之间的关系函数为需求函数，记作 $Q=Q(p)$.

一般地，需求函数 Q 有以下几种类型：

① $Q=a-bp\ (a>0, b>0)$，此为线性需求函数；

② $Q=a-bp-cp^2\ (a>0, b>0, c>0)$，此为二次需求函数；

③ $Q=ae^{-bp}\ (a>0, b>0)$，此为指数需求函数.

(2) 供给函数

同理，商品的市场供给量 S 与价格 p 之间的关系函数为供给函数，记作 $S=S(p)$.

一般地，供给函数 S 有线性函数、幂函数、指数函数等类型，其中，线性供给函数为一般表示为

$$S=-c+dp(c>0,d>0).$$

显然，价格的高低影响供求关系. 价格偏高时供大于求，反之，供不应求. 通常，我们把供求平衡时，即商品的市场需求量与供给量相等时的价格称为均衡价格，记为 p_0.

例 12　当河虾销售价为 36 元 / 千克时，某市的需求量为 1 000 千克. 若收购价降低 5 元 / 千克，则需求量可增加 300 千克，求河虾的线性需求函数.

解　设线性需求函数为 $Q=a-bp$，则有

$$\begin{cases}1\ 000=a-36b,\\1\ 300=a-31b,\end{cases}$$

解得 $a=3\ 160, b=60$，
所以，所求的线性需求函数为

$$Q=3\ 160-60p.$$

例 13　已知某商品的需求函数与供给函数分别为 $Q=5\ 000-120p$，$S=-4\ 000+80p$. 试求该商品的均衡价格 p_0.

解　设 $Q=S$，即 $5\ 000-120p=4\ 000+80p$，
解得 $p_0=5$ 即为均衡价格.

2. 总成本函数、总收入函数与总利润函数

产品的产量或销售量 q 影响着总成本 C、总收入 R、总利润 L. 我们把总成本 C、总收入 R、总利润 L 与 q 之间建立的函数分别叫做总成本函数 $C(q)$、总收入函数 $R(q)$、总利润函数 $L(q)$. 有时也称做成本函数 $C(q)$、收入函数 $R(q)$、利润函数 $L(q)$.

例 14　已知某产品的总成本函数为 $C=3\ 600+\dfrac{q^2}{12}$，求当生产 300 个该产品时的总成本和平均成本.

解　由题意，$q=300$，此时，总成本 $C(300)=3\ 600+\dfrac{300^2}{12}=11\ 100$，

平均成本为 $\overline{C}(300)=\dfrac{11\ 100}{300}=37$.

1.1.4　隐函数

我们知道，函数是变量之间的对应关系，而对应关系的表达方式可以是多种多样的，若把 y 直接表示成 x 的解析式 $y=f(x)$，则 $y=f(x)$ 称为显函数，若变量 x,y 之间的对应关系是由方程 $F(x,y)=0$ 确定的，那么，我们把此函数称为隐函数.

有些隐函数能化为显函数，有些隐函数不能化为显函数，或转化非常困难. 例如，

由方程$x-y+1=0$所确定的隐函数y可以化为显函数,即$y=x+1$,但是由方程$\sin y-xy+1=0$所确定的隐函数y就不能化为显函数.

例 15 函数$y=f(x)$由方程$y^5-xy+1=0$所确定的,求$f(0)$.

解 在方程$y^5-xy+1=0$中令$x=0$,得$y^5+1=0$,所以,$f(0)=-1$.

在实际应用当中,建立方程或函数关系时,需要引入参数变量,例如,在刻画物体的运动轨迹时,常常要引入时间变量,这对讨论物体的运动规律很有帮助.

一般地,我们把$\begin{cases}x=\varphi(t)\\y=\psi(t)\end{cases}$,称为参数方程,它通过参数$t$确定了变量$x,y$之间的函数关系.有时可以通过参数方程$\begin{cases}x=\varphi(t),\\y=\psi(t)\end{cases}$消去参数$t$,得到方程$F(x,y)=0$,或者是显函数的形式$y=f(x)$,但是有时很难消去参数$t$.

例 16 求$t=1$时,参数方程$\begin{cases}x=2t\\y=t^3\end{cases}$,所确定的函数$y=f(x)$的图像上对应点的坐标.

解 $t=1$时,$x=2\times1=2$,$y=1^3=1$,所以,对应点的坐标为(2,1).

习题 1.1

1. 求下列函数的定义域:

(1) $y=\dfrac{1}{x}$;　　(2) $y=\dfrac{1}{\sqrt{x}}$;

(3) $y=\dfrac{1-x}{1+x}$;　　(4) $y=\sqrt{e^x-1}$;

(5) $y=\ln(x^2-1)$;　　(6) $y=\tan 2x$.

2. 设函数 $f(x)$ 的定义域为正实数集，分别求 $f(2x)$，$f(-x)$，$f(x-1)$，$f\left(\frac{1}{x}\right)$的定义域.

3. 设函数 $f(x)=2x+x^3+1$，求 $f(0)$，$f(-2)$，$f\left(\frac{1}{x}\right)$.

4. 作出下列函数的图像：

(1) $y=x^2+1$；

(2) $f(x)=x^3$；

(3) $y=\frac{x}{1+x}$；

(4) $y=\mathrm{e}^{-x}$；

(5) $y=\ln x^2$；

(6) $y=3\sin x$.

5. 判断下列函数的奇偶性：

(1) $y=x^2$；

(2) $y=x^3$；

(3) $y=2^x+2^{-x}$；

(4) $y=x^2+\cos x$.

6. 试将 y 表示成 x 的函数：

(1) $y=u^2, u=x+1$；

(2) $y=\dfrac{1}{u}, u=1+x^2$；

(3) $y=\sin u, u=2x$；

(4) $y=e^{\sqrt{u}}, u=x-1$.

7. 写出下列函数的复合过程：

(1) $y=\sqrt{3x+1}$；

(2) $y=\sin(4x-3)$；

(3) $y=e^{\cos x}$；

(4) $y=\ln(x^2-1)$；

(5) $y=\arctan 2^x$；

(6) $y=\tan^3(2x+1)$.

8. 作出函数 $f(x)=|x-1|$ 的图像.

9. 设函数 $f(x)=\begin{cases}x+1, & x>0,\\ x-2, & x<0,\end{cases}$ 求 $f(1),f(-1),f\left(\dfrac{1}{1+x^2}\right)$，并作出图像.

10. 已知某产品的需求函数为 $Q(p)=1\,200-50p$（p 为价格），试求总收入函数，并求价格为多少时，收入最多？

11. 试分别写出一个显函数和隐函数.

12. 试写出由参数方程 $\begin{cases}x=1-t,\\ y=t^2\end{cases}$，所确定的函数的表达式.

1.2 二元函数及其图像

1.2.1 二元函数的概念

我们知道，自变量为一个的函数称为一元函数. 那么，自变量为两个的函数就称为二元函数. 一般记为 $z=f(x,y)$，其中 x,y 称为自变量，z 称为因变量. $f(x_0,y_0)$ 表示 $x=x_0,y=y_0$ 时对应的 z 的函数值. 自变量 x,y 的取值范围称为函数的定义域. 一般情况下，定义域是 xOy 平面上的平面区域，通常记为 D.

例如，若长方形的长为 x，宽为 y，则面积 S 为 x,y 的二元函数，即 $S=xy$，其定义域为 $x>0,y>0$，表示的区域为平面直角坐标系中第一象限的部分.

例 1 求二元函数 $z=\sqrt{1-x^2-y^2}$ 的定义域.

解 显然，$1-x^2-y^2\geqslant 0$，即 $x^2+y^2\leqslant 1$，所以其定义域为 $\{(x,y)\mid x^2+y^2\leqslant 1\}$，其为平面直角坐标系中的圆形区域（图 1.3）.

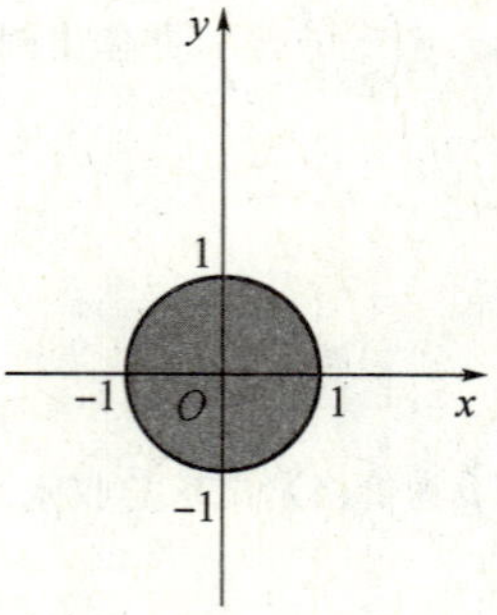

图 1.3

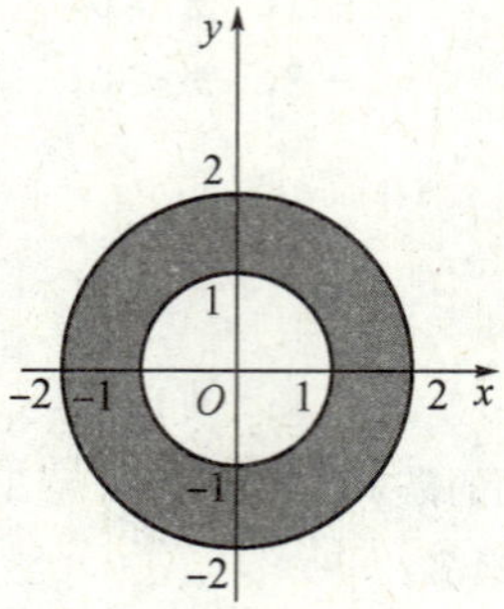

图 1.4

例 2　求二元函数 $z=\sqrt{4-x^2-y^2}+\sqrt{x^2+y^2-1}$ 的定义域.

解　显然，$4-x^2-y^2\geqslant 0, x^2+y^2-1\geqslant 0$，即 $1\leqslant x^2+y^2\leqslant 4$，所以其定义域为 $\{(x,y)\mid 1\leqslant x^2+y^2\leqslant 4\}$，其为平面直角坐标系中的圆环区域(图 1.4).

例 3　求二元函数 $z=\dfrac{1}{\sqrt{x}}+\dfrac{1}{\sqrt{y}}$ 的定义域.

解　显然，$x>0, y>0$，其定义域为 $\{(x,y)\mid x>0, y>0\}$，其在平面直角坐标系中的区域为第一象限(图 1.5).

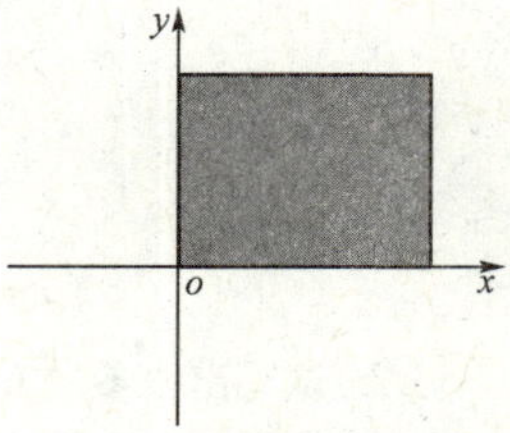

图 1.5

1.2.2　空间直角坐标系

我们知道一元函数的图像是在平面直角坐标系中作出的，而二元函数 $z=f(x,y)$ 中的变量是三个，它们构成的有序数组对应的点的坐标是 (x,y,z)，只有在空间里才能确定相应的位置. 现在，我们来建立空间直角坐标系.

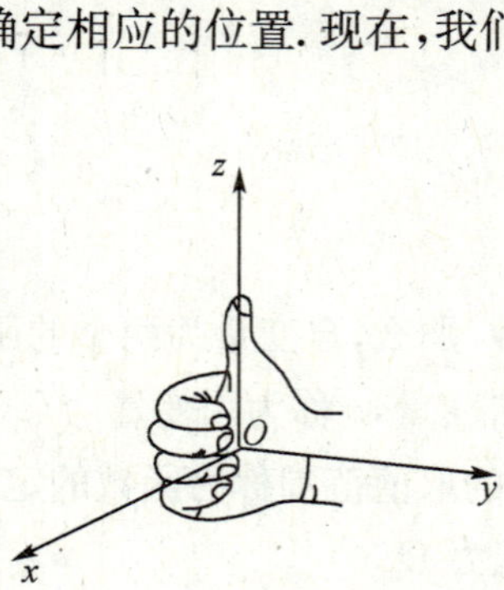

图 1.6

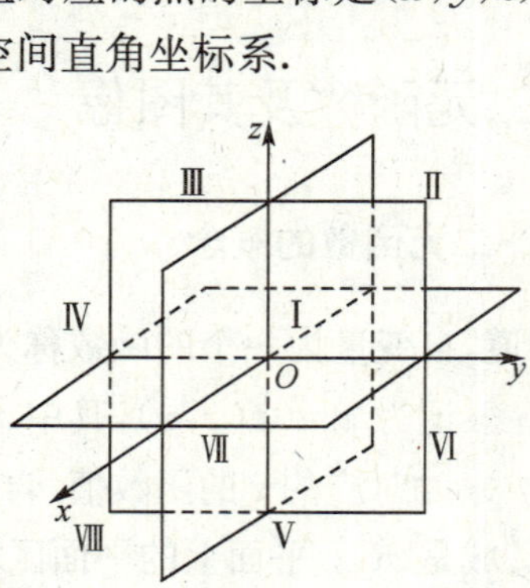

图 1.7

如图 1.6 所示，在空间中取一定点 O，并取三条两两垂直的数轴作为坐标轴(横轴 x 轴、纵轴 y 轴和竖轴 z 轴. 这样便建立了空间直角坐标系.

如图 1.7 所示，三条坐标轴中的任意两条都可以确定一个平面，称为坐标平面. 其中，由 x 轴与 y 轴所确定的坐标平面称为 xOy 坐标平面；由 y 轴与 z 轴所确定的坐标

平面为 yOz 坐标平面；由 x 轴与 z 轴所确定的坐标平面为 xOz 坐标平面. 坐标平面两两垂直，把空间分为八个部分，每一部分称为一个卦限. 位于 x,y,z 轴的正半轴的卦限称为第一卦限. 从第一卦限开始，在 xOy 平面上方的卦限，按逆时针方向依次称为第二、三、四卦限；第一、二、三、四卦限下方的卦限依次称为第五、六、七、八卦限.

如图1.8，M 为坐标系中任一点，过 M 分别作垂直于 x 轴、y 轴、z 轴的平面，P,Q,R 为平面与三条坐标轴的交点. 设 P,Q,R 三点在 x 轴、y 轴、z 轴上的坐标依次为 x,y,z，则点 M 的坐标即为 $M(x,y,z)$，其中 x,y,z 分别称为点 M 的横坐标、纵坐标和竖坐标.

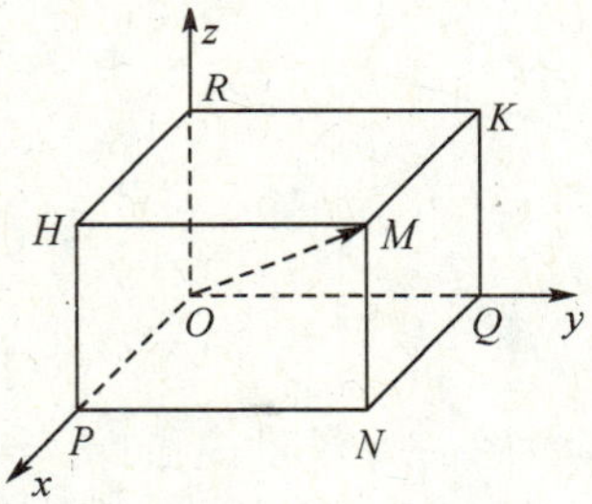

图 1.8

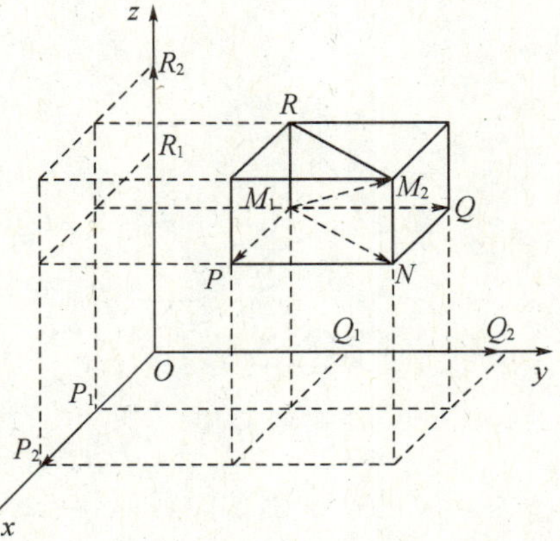

图 1.9

显然，原点 O 的坐标为 $(0,0,0)$；坐标轴上的点至少有两个坐标为 0；坐标面上的点至少有一个坐标为 0. 例如，x 轴上的点的坐标为 $(a,0,0)$ 的形式，xOy 平面上的点的坐标为 $(a,b,0)$ 的形式.

如图1.9，给定空间直角坐标系中的任意两点 $M_1(x_1,y_1,z_1)$ 和 $M_2(x_2,y_2,z_2)$，则点 M_1 和点 M_2 之间的距离 $|M_1M_2|$ 为

$$|M_1M_2|=\sqrt{(x_2-x_1)^2+(y_2-y_1)^2+(z_2-z_1)^2}.$$

例 4　求点 $M(1,3,-1)$ 和点 $N(5,0,11)$ 之间的距离.

解　$$|MN|=\sqrt{(1-5)^2+(3-0)^2+(-1-11)^2}=13.$$

例 5　在 y 轴上求与点 $A(1,-3,7)$ 和 $B(5,7,-5)$ 等距离的点.

解　设所求点坐标为 $M(0,y,0)$，则有

$$|MA|=|MB|,$$

即有

$$\sqrt{(1-0)^2+(-3-y)^2+(7-0)^2}=\sqrt{(5-0)^2+(7-y)^2+(-5-0)^2},$$

解得

$$y=2,$$

因此，所求的点为 $M(0,2,0)$.

1.2.3 二元函数的图像

我们知道，一元函数在平面直角坐标系中的图像是直线或曲线，而二元函数在空间直角坐标系中的图像是平面或曲面. 设 $z = f(x,y)$ 的定义域为 xOy 坐标平面上的一个区域 D，对于区域 D 内任一个动点 $P(x. y)$，空间都有一个动点 $M(x,y,z)$ 与之对应. 而动点 $M(x,y,z)$ 的轨迹就是二元函数 $z = f(x,y)$ 在空间直角坐标系中的图像（如图 1.10）.

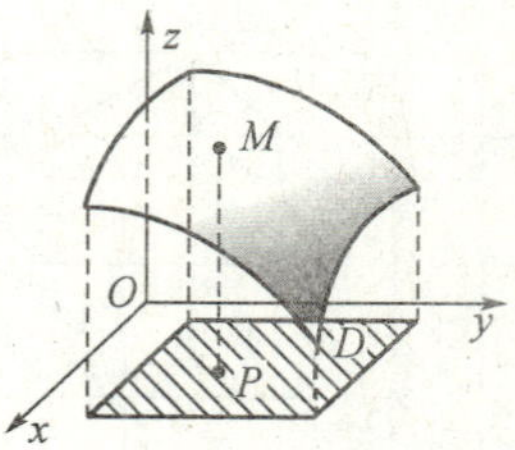

图 1.10

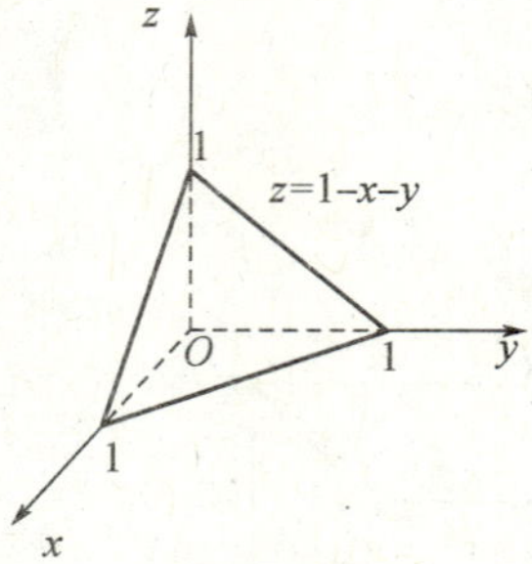

图 1.11

当 z 为 x,y 的一次函数时，即 $z = ax + by + c$，函数图像为平面. 例如，$z = 0$ 的图像是 xOy 坐标平面，$z = 1$ 的图像为与 xOy 坐标平面平行的水平平面.

$z = 1 - x - y$ 的图像是平面，但不是水平平面（如图 1.11）.

$z = \sqrt{1 - x^2 - y^2}$ 的图像是半球面（如图 1.12）.

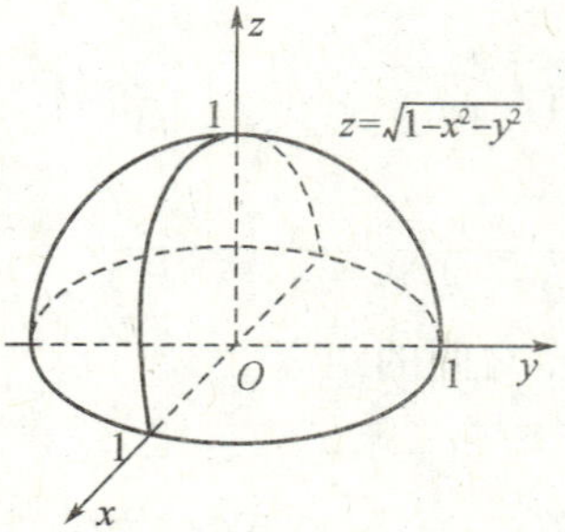

图 1.12

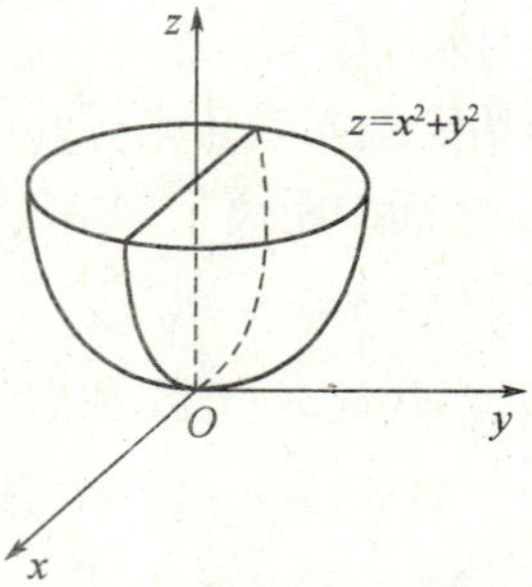

图 1.13

$z = x^2 + y^2$ 的图像是旋转抛物面（如图 1.13）.

为了进一步了解函数表示的曲面，下面我们给出几种常见的曲面（曲面对应的函数关系我们用方程表示）.

1. 球面

球面是空间中到定点距离为定值的点的轨迹.

设球面球心为 $M_0(x_0, y_0, z_0)$，半径为 R. 则球面方程为

$$(x-x_0)^2+(y-y_0)^2+(z-z_0)^2=R^2.$$

球面的图像如图 1.14 所示.

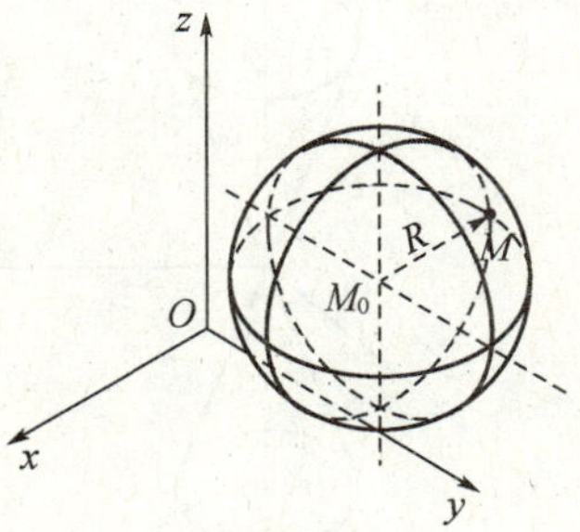

图 1.14

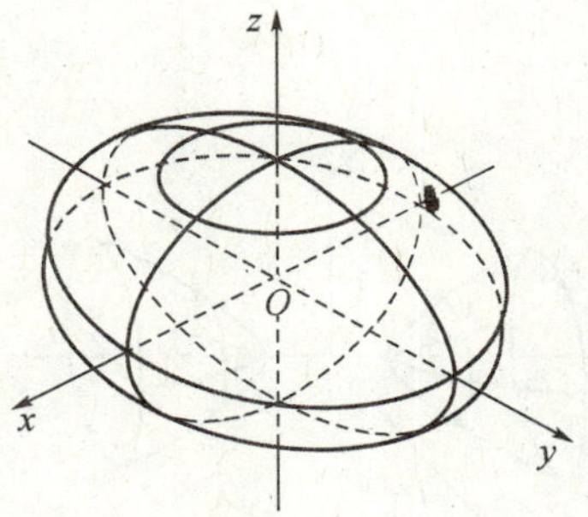

图 1.15

2. 椭球面

由方程
$$\frac{x^2}{a^2}+\frac{y^2}{b^2}+\frac{z^2}{c^2}=1$$
所表示的曲面叫做**椭球面**. 如图 1.15 所示.

3. 椭圆抛物面

由方程
$$z=\frac{x^2}{a^2}+\frac{y^2}{b^2}$$
所表示的曲面叫做**椭圆抛物面**,如图 1.16 所示.

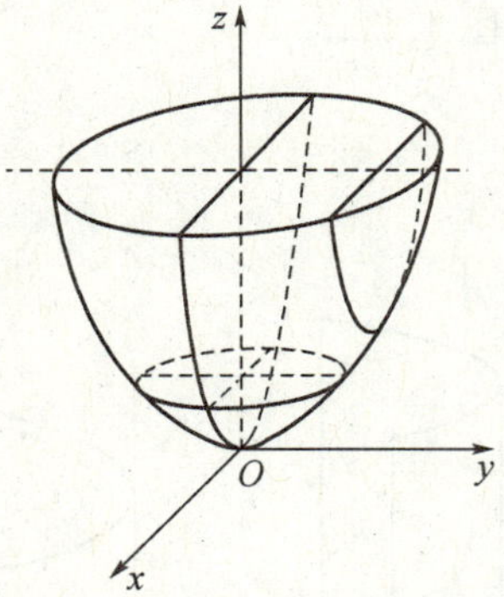

图 1.16

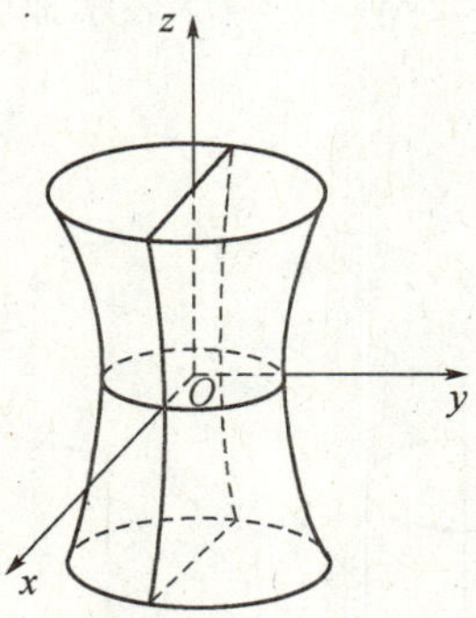

图 1.17

4. 双曲面

由方程
$$\frac{x^2}{a^2}+\frac{y^2}{b^2}-\frac{z^2}{c^2}=1$$
所表示的曲面叫做**单叶双曲面**,如图 1.17 所示.

由方程
$$\frac{x^2}{a^2}+\frac{y^2}{b^2}-\frac{z^2}{c^2}=-1$$
所表示的曲面叫做**双叶双曲面**,如图 1.18 所示.

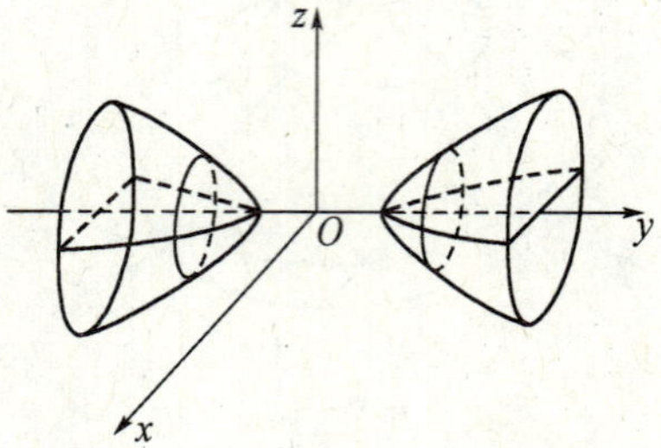

图 1.18

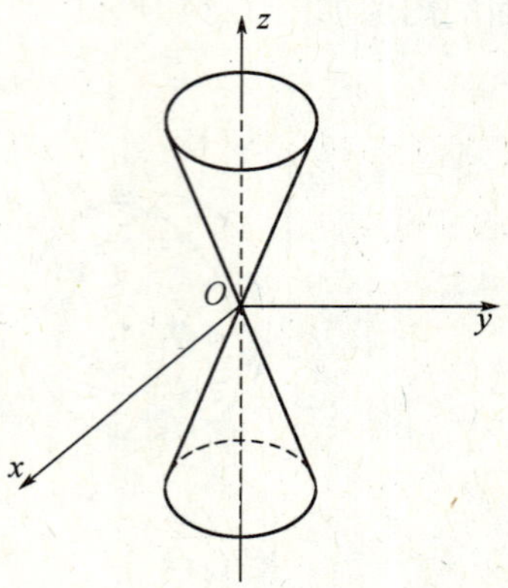

图 1.19

5. 锥面

由方程

$$z^2 = a^2x^2 + b^2y^2$$

所表示的曲面叫**锥面**,如图 1.19 所示.

6. 柱面

方程 $x^2 + y^2 = R^2$ 表示**圆柱面**,如图 1.20.

方程$\frac{x^2}{a^2} - \frac{y^2}{b^2} = 1$ 表示**双曲柱面**,如图 1.21.

方程 $x^2 = 2py(p > 0)$ 表示**抛物柱面**,如图 1.22.

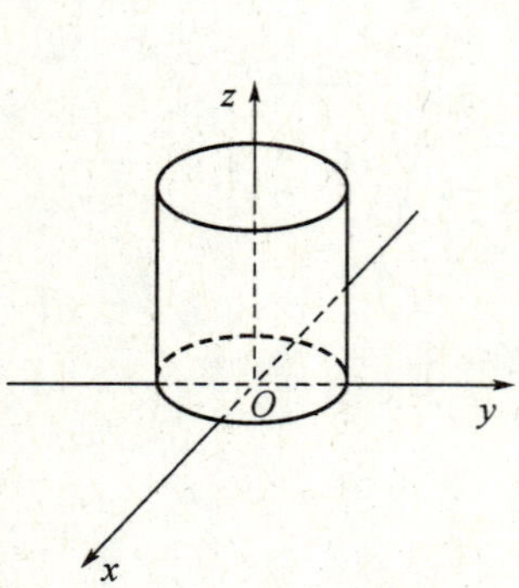

图 1.20

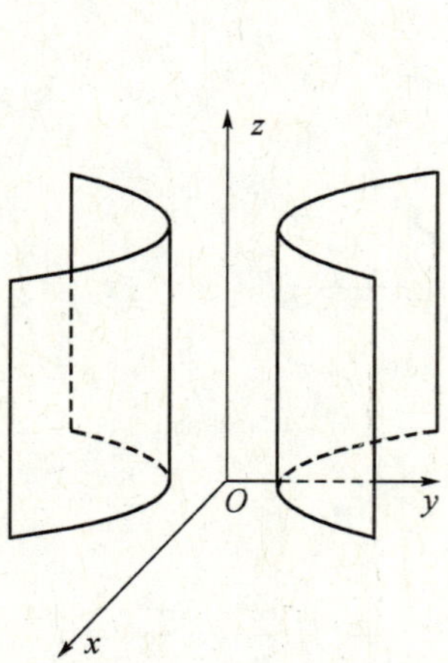

图 1.21

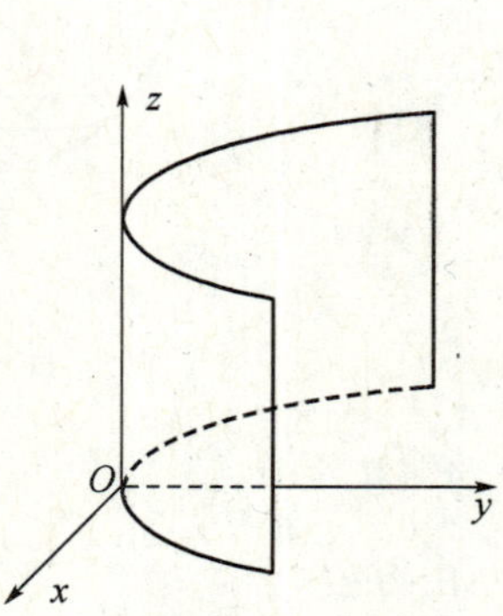

图 1.22

习题 1.2

1. 求下列二元函数的定义域，并在平面直角坐标系中画出所表示的区域：

(1) $z=\frac{1}{x}+\frac{1}{y}$；　　(2) $z=\sqrt{1-x-y}$；

(3) $z=\sqrt{x^2+y^2-1}$；　　(4) $z=\sqrt{x^2-y^2}$.

2. 在空间直角坐标系中画出下列二元函数的图像：

(1) $z=-1$；　　(2) $z=x$；

(3) $z=x^2$；　　(4) $z=\sqrt{x^2-y^2}$.

2　无限与极限

高等数学是运用无限、运动的思想，为解决变化率、物体运动规律、求图形面积等实际问题而产生的科学，而极限是高等数学中的最基本也是最重要的概念之一，极限理论贯穿于整个高等数学.

2.1　极限的概念

2.1.1　无限

公元三世纪，中国数学家刘徽的割圆术，就是用圆内接正多边形的周长逼近圆的周长的思想来近似计算圆周率 π 的.

中国古代从先秦时期开始，一直是取“周三径一”(即圆周周长与直径的比例为三比一)的数值来进行有关圆的计算.但用这个数值进行计算的结果，往往误差很大.正如刘徽所说，用“周三径一”计算出来的圆周长，实际上不是圆的周长而是圆内接正六边形的周长，其数值要比实际的圆周长小得多.

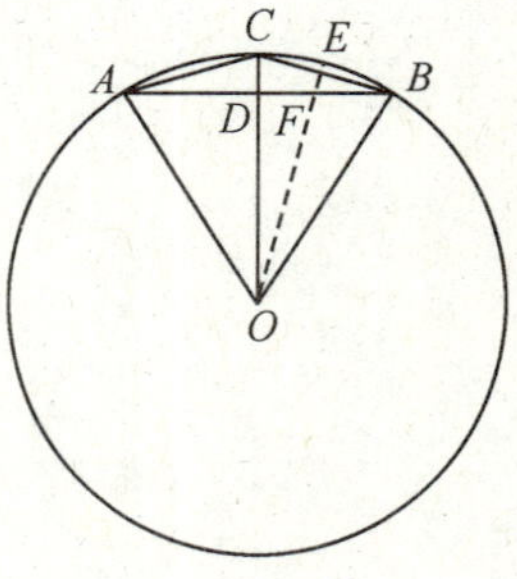

在刘徽看来，既然用“周三径一”计算出来的圆周长实际上是圆内接正六边形的周长，与圆周长相差很多；那么我们可以在圆内接正六边形把圆周等分为六条弧的基础上，再继续等分，把每段弧再分割为二，做出一个圆内接正十二边形，这个正十二边形的周长不就要比正六边形的周长更接近圆周了吗?如果把圆周再继续分割，做成一个圆内接正二十四边形，那么这个正二十四边形的周长必然又比正十二边形的周长更接近圆周.这就表明，越是把圆周分割得细，误差就越少，其内接正多边形的周长就越是接近圆周.如此不断地分割下去，一直到无法再分割为止，也就是到了圆内接正多边形的边数无限多的时候，它的周长就与圆周“合体”而完全一致了.

按照这样的思路，刘徽把圆内接正多边形的面积一直算到了正 3 072 边形，并由此求得了圆周率为 3.141 5 和 3.141 6 这两个近似数值.这个结果是当时世界上圆周率计算的最精确的数据.他说：“割之弥细，所失弥少，割之又割，以至不可再割，则与圆周合体而无所失矣!”

这种割了又割，不停地进行下去的思想，其实就是无限的思想.初等数学中，我们主要研究有限的问题，如有限个数的和、有限个数的乘积等. 在高等数学中，我们将用无限的思想解决问题，如直线运动物体的瞬时速度问题等.

我国春秋战国时期的《庄子·天下篇》中说：“一尺之棰，日取其半，万世不竭”，也是无限的最朴素思想.

在这个过程中可以试想一下，一根棒子，每天取其一半，尽管永远取不完，可到了一定的时候，还能看得见吗？看不见意味着什么？不就是没了吗？终极的时候，就彻底地没有了. 它的终极状态就是零. 那么我们如何去理解这个终极状态和零呢？—— 这就是极限.

2.1.2　数列的极限

在讲极限之前，首先我们来介绍一下“无限趋近于”.

大家都有过夏天吹风扇的经历，并会发现当离风扇越近时，散热效果越好. 于是，当我们满头大汗时，总想离风扇近一些，再近一些 …… 这“近一些，再近一些” 所反映的就是无限趋近于，即越来越靠近、无限的靠近. 它反映的是一个无限的、动态的趋势. 但是，达到的那一点并不在考察范围内. 就好像，我们无论多么想离风扇再近一些，也绝不会把鼻子伸到扇叶里.

无限趋近于可用“→” 来表示.

下面我们来学习数列的极限.

引例 1　观察下面数列的变化趋势：

$1,\frac{1}{2},\frac{1}{4},\frac{1}{8},\cdots,\frac{1}{2^{n-1}},\cdots$　　　$a_n=\frac{1}{2^{n-1}}\to 0(n\to\infty)$；

$\frac{1+1}{1},\frac{2+1}{2},\frac{3+1}{3},\cdots,\frac{n+1}{n},\cdots$　　　$a_n=\frac{n+1}{n}\to 1(n\to\infty)$；

$1,-\frac{1}{2},\frac{1}{3},-\frac{1}{4},\cdots,(-1)^{n-1}\frac{1}{n},\cdots$　　　$a_n=(-1)^{n-1}\frac{1}{n}\to 0(n\to\infty)$.

共同点：存在某个唯一确定的常数，这里不妨用 A 表示，当 n 无限增大时，a_n 无限接近于 A. 这一类数列统称为**收敛数列**，A 称为**数列的极限**. 记作 $\lim\limits_{n\to\infty}a_n=A$. 读作“当 n 趋向于无穷大时，a_n 的极限等于 A”. 其中，“$n\to\infty$” 表示“n 趋向于无穷大”，$\lim\limits_{n\to\infty}a_n=A$ 有时也记作：当 $n\to\infty$ 时，$a_n\to A$. 如引例中，有

$$\lim_{n\to\infty}\frac{1}{2^{n-1}}=0,\lim_{n\to\infty}\frac{n+1}{n}=1,\lim_{n\to\infty}(-1)^{n-1}\frac{1}{n}=0.$$

不具备这一条件的数列称为**发散数列**. 如数列 $\{(-1)^n\}$，$\{n\}$ 均为发散数列.

注：一个数列若有极限，极限值必唯一；当然，并不是所有的数列极限都存在.

例 1　某工厂对一生产设备的投资额是 1 万元，每年的折旧费为该设备账面价格（即以前各年折旧费用提取后余下的价格）的 $\frac{1}{10}$，那么这一设备的账面价格（单位：万

元）第一年为 1，第二年为$\frac{9}{10}$，第三年为$\left(\frac{9}{10}\right)^2$，…，第 n 年为$\left(\frac{9}{10}\right)^{n-1}$，从它的变化趋势可以看出，随着年数 n 无限增大，账面价格无限接近于 0，即

$$\lim_{n\to\infty}\left(\frac{9}{10}\right)^{n-1}=0.$$

2.1.3 函数的极限

1. 当 $x\to\infty$ 时，函数 $f(x)$ 的极限

如同"第一名"可以是正数第一名，也可以是倒数第一名一样. $x\to\infty$ 包含了 $x\to+\infty$ 和 $x\to-\infty$.

其中，$x\to+\infty$ 表示 x 取正值并无限增大，$x\to-\infty$ 表示 x 取负值并绝对值无限增大.

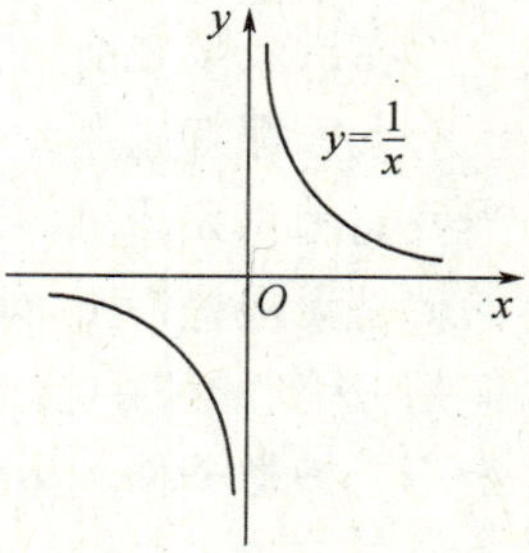

图 2.1

引例 2 我们先来看函数 $y=\frac{1}{x}(x\in\mathbf{R},x\neq 0)$，画出它的图像，或者列表观察. 当 $x\to+\infty$ 和当 $x\to-\infty$ 时，函数值的变化趋势.

(1) 函数 $y=\frac{1}{x}(x\in\mathbf{R},x\neq 0)$ 的图像，见图 2.1；

(2) 列表：

x	1	10	100	1 000	10 000	100 000	…
y	1	0.1	0.01	0.001	0.000 1	0.000 01	…
x	−1	−10	−100	−1 000	−10 000	−100 000	…
y	−1	−0.1	−0.01	−0.001	−0.000 1	−0.000 01	…

从图表中可以看出，当 $x\to+\infty$ 时，y 的值趋于 0；当 $x\to-\infty$ 时，y 的值也趋于 0.

更一般地，若当 $|x|$ 无限增大(即 $x\to\infty$)时，函数 $f(x)$ 无限地趋近于一个确定的常数 A，则称常数 A 为函数 $f(x)$ 当 $\boldsymbol{x\to\infty}$ **时的极限**，记为$\lim\limits_{x\to\infty}f(x)=A$.

注：$\lim\limits_{x\to\infty}f(x)=A$ 包含两种情形：$\lim\limits_{x\to+\infty}f(x)=A$ 或 $\lim\limits_{x\to-\infty}f(x)=A$；反之，只有当 $\lim\limits_{x\to+\infty}f(x)=\lim\limits_{x\to-\infty}f(x)=A$ 时，才可记为$\lim\limits_{x\to\infty}f(x)=A$.

例如，$\lim\limits_{x\to+\infty}\left(1+\frac{1}{x}\right)=1$，$\lim\limits_{x\to+\infty}\arctan x=\frac{\pi}{2}$，$\lim\limits_{x\to+\infty}2^{-x}=0$.

例 2 讨论函数 $f(x)=\frac{|x|}{x}$ 在 $x\to\infty$ 时的极限.

解 $\lim\limits_{x\to-\infty}\frac{|x|}{x}=-1$，$\lim\limits_{x\to+\infty}\frac{|x|}{x}=1$，因为两个极限值不相等，所以极限$\lim\limits_{x\to\infty}\frac{|x|}{x}$

不存在.

例 3 讨论函数 $y=\begin{cases}\dfrac{1}{x}, & x<0,\\ e^{-x}, & x\geqslant 0\end{cases}$ 在 $x\to\infty$ 时的极限.

解 $\lim\limits_{x\to-\infty}f(x)=\lim\limits_{x\to-\infty}\dfrac{1}{x}=0$，$\lim\limits_{x\to+\infty}f(x)=\lim\limits_{x\to+\infty}e^{-x}=0$，所以 $\lim\limits_{x\to\infty}f(x)=0$.

2. 当 $x\to x_0$ 时，函数 $f(x)$ 的极限

引例 3 设函数 $y=f(x)=\dfrac{x^2-1}{x-1}$，则函数在 $x=1$ 这点没有定义. 当自变量 x 从 1 的附近无限地趋近于 1 时，相应的函数值的变化情况是什么?

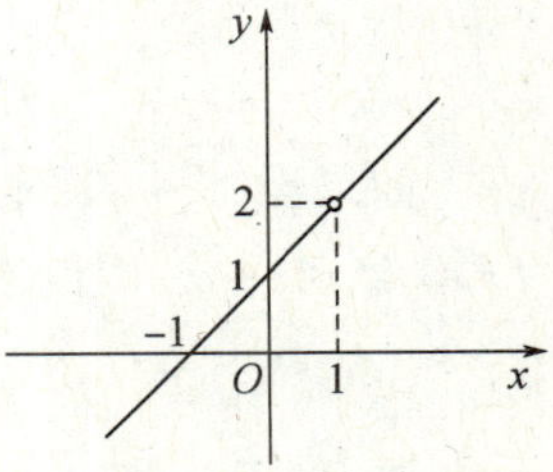

图 2.2

从图 2.2 上可以看出，当 x 无限趋近于 1 时，相应函数值无限趋近 2. 这时，称 2 为 $f(x)$ 当 $x\to 1$ 时的极限.

更一般地，若当 $x\to x_0$ 时，函数 $f(x)$ 无限地趋近于一个确定的常数 A，那么就称数 A 为当 $\boldsymbol{x\to x_0}$ **时函数** $\boldsymbol{f(x)}$ **的极限**，记为 $\lim\limits_{x\to x_0}f(x)=A$ 或 $f(x)\to A(x\to x_0)$.

注：1. $\lim\limits_{x\to x_0}f(x)=A$ 描述的是当自变量 x 无限接近 x_0 时，相应的函数值 $f(x)$ 无限趋近于常数 A 的一种变化趋势，与函数 $f(x)$ 在 x_0 点是否有定义无关.

2. 与 $x\to\infty$ 类似，在 x 无限趋近于 x_0 的过程中，既可以从大于 x_0 的方向趋近于 x_0，也可以从小于 x_0 的方向趋近于 x_0，整个过程没有任何方向限制.

例 4 考察极限 $\lim\limits_{x\to x_0}x$ 和 $\lim\limits_{x\to x_0}C$（C 为常数）.

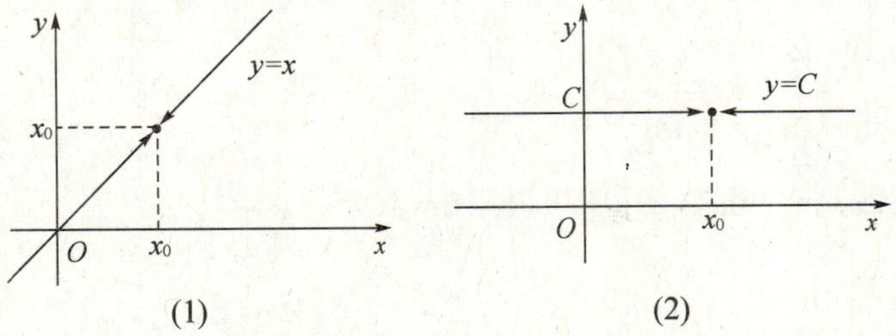

图 2.3

解 观察图 2.3 知，当 $x\to x_0$ 时，$f(x)=x$ 的值无限接近于 x_0，$f(x)=C$ 的值无限接近于 C，所以 $\lim\limits_{x\to x_0}x=x_0$，$\lim\limits_{x\to x_0}C=C$.

我们前面讨论的当 $x\to x_0$ 时函数的极限中，x 既从 x_0 的左侧无限接近于 x_0（记为 $x\to x_0^-$ 或 $x\to x_0-0$），也从 x_0 的右侧无限接近于 x_0（记为 $x\to x_0^+$ 或 $x\to x_0+0$）. 如 $x\to 2$ 包含了 $x\to 2^+$ 和 $x\to 2^-$.

为了方便理解，这里不妨插个脑筋急转弯："小明在过一座桥，走了一会他突然发

现前面来了一只老虎，他想转身，发现后面来了一只狼. 小明吓得不敢动，老虎和狼却一步步的靠近小明. 小明最终还是过去了，他是怎么过去的？”

这里，桥就可以看做 x 轴，小明所在的地点可以看做点 x_0，老虎和狼则在坐标轴上，分别从左侧和右侧逼近 x_0.

下面给出当 $x\to x_0^-$ 或 $x\to x_0^+$ 时函数极限的定义：

如果当 $x\to x_0^+$ 时，函数 $f(x)$ 无限接近于一个确定的常数 A，那么 A 就叫做函数 $f(x)$ 当 $x\to x_0$ 时的**右极限**. 记为

$$\lim_{x\to x_0^+}f(x)=A \text{ 或 } f(x_0+0)=A.$$

如果当 $x\to x_0^-$ 时，函数 $f(x)$ 无限接近于一个确定的常数 A，那么 A 就叫做函数 $f(x)$ 当 $x\to x_0$ 时的**左极限**. 记为

$$\lim_{x\to x_0^-}f(x)=A \text{ 或 } f(x_0-0)=A.$$

注：1. $\lim\limits_{x\to x_0}f(x)=A$ 的充分必要条件是 $\lim\limits_{x\to x_0^+}f(x)=A$ 并且 $\lim\limits_{x\to x_0^-}f(x)=A$.

2. 一般情况下，我们计算初等函数在某一点的极限时不需要讨论左、右极限，只有计算分段函数或含绝对值的函数在分界点的极限时，才需讨论左、右极限.

3. 若 $\lim\limits_{x\to x_0}f(x)=f(x_0)$，即 x_0 点处的极限值等于定义值，则可判断函数在该点处是连续的. 关于连续的定义，我们将在第四章中给出.

例 5　求函数 $f(x)=\begin{cases}2+x, & x\geqslant 0,\\ -2, & x<0,\end{cases}$ 当 $x\to 0$ 时的左、右极限，并讨论极限 $\lim\limits_{x\to 0}f(x)$ 是否存在.

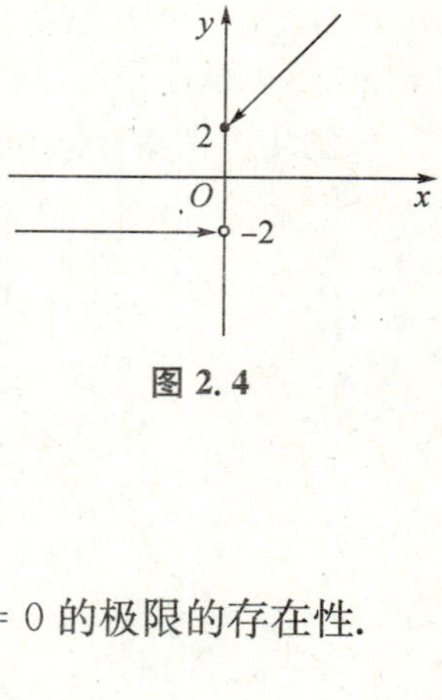

图 2.4

解　由图 2.4 知，当 $x\to 0$ 时，函数的左极限为 $\lim\limits_{x\to 0^-}f(x)=\lim\limits_{x\to 0^-}(-2)=-2$；

右极限为 $\lim\limits_{x\to 0^+}f(x)=\lim\limits_{x\to 0^+}(2+x)=2$.

因为 $\lim\limits_{x\to 0^-}f(x)\neq\lim\limits_{x\to 0^+}f(x)$，所以极限 $\lim\limits_{x\to 0}f(x)$ 不存在.

例 6　讨论函数 $f(x)=\begin{cases}1+x, & 0<x\leqslant 1,\\ 1, & x=0,\\ 1-x, & -1\leqslant x<0\end{cases}$ 在 $x=0$ 的极限的存在性.

解　右极限 $\lim\limits_{x\to 0^+}f(x)=\lim\limits_{x\to 0^+}(1+x)=1$，左极限 $\lim\limits_{x\to 0^-}f(x)=\lim\limits_{x\to 0^-}(1-x)=1$，即 $\lim\limits_{x\to 0^+}f(x)=\lim\limits_{x\to 0^-}f(x)=1$，所以 $\lim\limits_{x\to 0}f(x)=1$.

2.1.4　二元函数的极限

对于二元函数 $z=f(x,y)$，如果当点 $P(x,y)$ 以任何方式趋向点 $P_0(x_0,y_0)$ 时，

对应的函数 $z=f(x,y)$ 无限趋近于一个确定的常数 A，就称常数 A 为函数 $z=f(x,y)$ 当 $P(x,y)\to P(x_0,y_0)$ 时的极限，记为

$$\lim_{(x,y)\to(x_0,y_0)} f(x,y)=A.$$

例 7 求极限 $\lim\limits_{(x,y)\to(0,1)}\dfrac{x-y}{x+y}$.

解
$$\lim_{(x,y)\to(0,1)}\frac{x-y}{x+y}=-1.$$

必须指出，二元函数的极限比一元函数的极限要复杂得多. 这是因为点 $P(x,y)\to P(x_0,y_0)$ 时，其方式是多种多样的，包含任意直线和曲线. 且在所有方式下，$z=f(x,y)$ 必须趋近于同一个常数 A.

关于二元函数的极限运算，与一元函数的极限运算相类似.

习题 2.1

1. 试判断下列极限是否存在：

(1) $\lim\limits_{x\to 0}\dfrac{1}{x}$；

(2) $\lim\limits_{x\to\infty}\sin x$.

2. 根据极限的定义，用观察法写出下列数列或函数的极限.

(1) $a_n=\dfrac{1}{n}+5$；

(2) $a_n=\dfrac{n+2}{n-2}$；

(3) $a_n=(-1)^n\dfrac{1}{n}$；

(4) $a_n=(-1)^n$；

(5) $\lim\limits_{x\to\infty}2$；

(6) $\lim\limits_{x\to\infty}\left(1-\dfrac{1}{x}\right)$；

(7) $\lim\limits_{x\to+\infty} 3^{-x}$；

(8) $\lim\limits_{x\to-\infty} \arctan x$；

(9) $\lim\limits_{x\to-1}(x^2-5x+6)$；

(10) $\lim\limits_{x\to0}\cos x$；

(11) $\lim\limits_{x\to1}\ln x$；

(12) $\lim\limits_{x\to1}\dfrac{x(x-1)}{x-1}$.

3. 设函数 $f(x)=\begin{cases}x^2-1, & x>0,\\ 0, & x=0,\\ 1-x, & x<0,\end{cases}$ 试求 $\lim\limits_{x\to1}f(x)$，$\lim\limits_{x\to0^-}f(x)$，$\lim\limits_{x\to0^+}f(x)$，$\lim\limits_{x\to0}f(x)$.

4. 设函数 $f(x)=\begin{cases}x, & x<0,\\ \sin x, & 0\leqslant x<\pi,\\ 1, & x\geqslant\pi,\end{cases}$ 试求此函数分别在 $-1,0,\dfrac{\pi}{2},\pi,4$ 的极限.

2.2 极限的运算和无穷大量、无穷小量

2.2.1 极限的四则运算法则

若 $\lim\limits_{x\to x_0}f(x)=A$，$\lim\limits_{x\to x_0}g(x)=B$，则有

法则 1 $\lim\limits_{x\to x_0}[f(x)\pm g(x)]=\lim\limits_{x\to x_0}f(x)\pm\lim\limits_{x\to x_0}g(x)=A\pm B$；

法则 2 $\lim\limits_{x\to x_0}[f(x)\cdot g(x)]=\lim\limits_{x\to x_0}f(x)\cdot\lim\limits_{x\to x_0}g(x)=A\cdot B$；

法则 3 $\lim\limits_{x\to x_0}\dfrac{f(x)}{g(x)}=\dfrac{\lim\limits_{x\to x_0}f(x)}{\lim\limits_{x\to x_0}g(x)}=\dfrac{A}{B}(B\neq0)$.

也就是说，如果两个函数都有极限，那么这两个函数的和、差、积、商组成的函数的极限，分别等于这两个函数的极限的和、差、积、商(作为除数的函数的极限不能为0).

注：1. 当 C 是常数，n 是正整数时：

(1) $\lim\limits_{x \to x_0}[Cf(x)] = C\lim\limits_{x \to x_0}f(x)$；

(2) $\lim\limits_{x \to x_0}[f(x)]^n = [\lim\limits_{x \to x_0}f(x)]^n$.

2. 这些法则对于自变量的其他变化趋势(如 $x \to \infty$ 等) 仍然适用.

例 1　求下列极限：

(1) $\lim\limits_{x \to 2}(x^2+3x-1)$；　　(2) $\lim\limits_{x \to 1}\dfrac{2x^3-x^2+1}{x+1}$.

解　(1) $\lim\limits_{x \to 2}(x^2+3x-1) = \lim\limits_{x \to 2}x^2 + \lim\limits_{x \to 2}3x - \lim\limits_{x \to 2}1 = 4+6-1 = 9$.

(2) $\lim\limits_{x \to 1}\dfrac{2x^3-x^2+1}{x+1} = \dfrac{\lim\limits_{x \to 1}(2x^3-x^2+1)}{\lim\limits_{x \to 1}(x+1)} = \dfrac{\lim\limits_{x \to 1}2x^3 - \lim\limits_{x \to 1}x^2 + \lim\limits_{x \to 1}1}{\lim\limits_{x \to 1}x + \lim\limits_{x \to 1}1} = \dfrac{2}{2} = 1$.

注：求某些函数在某一点 $x = x_0$ 处的极限值时，只要把 $x = x_0$ 代入函数的解析式中，就得到极限值. 这种方法叫直接代入法.

例 2　求$\lim\limits_{x \to 1}\dfrac{x^2-1}{x-1}$.

分析　这个题目如果用代入法做，则分子、分母都为0，所以不能求解. 将分子、分母因式分解，利用定义域可约去公因式，化简再求极限.

解　$\lim\limits_{x \to 1}\dfrac{x^2-1}{x-1} = \lim\limits_{x \to 1}\dfrac{(x-1)(x+1)}{x-1} = \lim\limits_{x \to 1}(x+1) = 2$.

注：当用代入法时，分子、分母都为0，可对分子、分母因式分解，约去公因式来求极限. 就是先要对原来的函数进行恒等变形. 这种方法叫因式分解法.

例 3　求$\lim\limits_{x \to 0}\dfrac{\sqrt{x+1}-1}{x}$.

解　$\lim\limits_{x \to 0}\dfrac{\sqrt{x+1}-1}{x} = \lim\limits_{x \to 0}\dfrac{x}{x \cdot (\sqrt{x+1}+1)} = \lim\limits_{x \to 0}\dfrac{1}{\sqrt{x+1}+1} = \dfrac{1}{2}$.

注：用代入法时，分子、分母都为0，但是分子、分母都不能进行因式分解，观察到我们可以对分子或分母进行有理化，然后进行求解. 这种方法叫有理化法.

例 4　求$\lim\limits_{x \to \infty}\dfrac{3x^2-x+3}{x^2+1}$.

分析　当 $x \to \infty$ 时，分子、分母都没有极限，不能直接运用上面的商的极限运算法则. 如果分子、分母都除以 x^2，所得到的分子、分母都有极限，就可以用商的极限运用法则计算.

解 $\lim\limits_{x\to\infty}\dfrac{3x^2-x+3}{x^2+1}=\lim\limits_{x\to\infty}\dfrac{3-\dfrac{1}{x}+\dfrac{3}{x^2}}{1+\dfrac{1}{x^2}}=\dfrac{\lim\limits_{x\to\infty}\left(3-\dfrac{1}{x}+\dfrac{3}{x^2}\right)}{\lim\limits_{x\to\infty}\left(1+\dfrac{1}{x^2}\right)}$

$$=\frac{\lim\limits_{x\to\infty}3-\lim\limits_{x\to\infty}\dfrac{1}{x}+\lim\limits_{x\to\infty}\dfrac{3}{x^2}}{\lim\limits_{x\to\infty}1+\lim\limits_{x\to\infty}\dfrac{1}{x^2}}=3.$$

例 5 一个 5 Ω 的电阻器与一个电阻为 R 的可变电阻并联，电路的总电阻为 $R_T=\dfrac{5R}{R+5}$，当可变电阻 R 这条支路断路时，电阻 $R\to+\infty$. 求这时电路的总电阻的极限值.

解 问题即为求极限

$$\lim_{R\to\infty}R_T=\lim_{R\to\infty}\frac{5R}{R+5}=\lim_{R\to\infty}\frac{5}{1+\dfrac{5}{R}}=5.$$

一般地，有 $\lim\limits_{x\to\infty}\dfrac{a_0x^m+a_1x^{m-1}+\cdots+a_m}{b_0x^n+b_1x^{n-1}+\cdots+b_n}=\begin{cases}0, & n>m,\\ \dfrac{a_0}{b_0}, & n=m,\\ \infty, & n<m,\end{cases}$ 其中 $a_0\neq0,b_0\neq0$.

例 6 求下列极限：

(1) $\lim\limits_{x\to\infty}\dfrac{4x^2+5x-3}{2x^3+8}$； (2) $\lim\limits_{x\to\infty}\dfrac{3x^2-x+1}{2x^2+3}$.

解 (1) 因为分母的最高次大于分子的最高次，所以

$$\lim_{x\to\infty}\frac{4x^2+5x-3}{2x^3+8}=0.$$

(2) 因为分母的最高次等于分子的最高次，所以

$$\lim_{x\to\infty}\frac{3x^2-x+1}{2x^2+3}=\frac{3}{2}.$$

小结：求函数的极限要掌握几种基本的方法：① 代入法；② 因式分解法；③ 有理化法；④ 分子、分母同除 x 的最高次幂(或称“抓大头”).

2.2.2 无穷小量和无穷大量

1. 无穷小量

我们经常遇到极限为零的变量. 例如，当 $x\to\infty$ 时，$\dfrac{1}{x}\to0$；当 $x\to2$ 时，$x-2\to0$. 这时，我们就称，$\dfrac{1}{x}$ 当 $x\to\infty$ 时是**无穷小量**(或无穷小)；$x-2$ 当 $x\to2$ 时是无穷小.

注:(1) 说一个函数 $f(x)$ 是无穷小,必须指明自变量 x 的变化趋势;

(2) 不要把一个绝对值很小的常数说成无穷小,因为常数的极限为它本身,并不是零;

(3) 常数中只有"0"可以看成是无穷小,但无穷小量不一定是零.

例 7 指出自变量 x 在怎样的趋向下,函数 $y=x^2-1$ 为无穷小量.

解 因为 $\lim\limits_{x\to 1}(x^2-1)=0$ 与 $\lim\limits_{x\to -1}(x^2-1)=0$,所以当 $x\to 1$ 与 $x\to -1$ 时函数 $y=x^2-1$ 都是无穷小量;

在自变量的同一变化过程中,无穷小有下列性质:

性质 1 常数与无穷小的乘积仍为无穷小.

性质 2 有限个无穷小的代数和是无穷小.

性质 3 有限个无穷小的乘积是无穷小.

性质 4 有界函数与无穷小的乘积是无穷小.

2. 无穷大量

考察当 $x\to 0$ 时,函数 $f(x)=\dfrac{1}{x}$ 的变化情况. 在自变量无限接近于 0 时,函数值的绝对值 $\left|\dfrac{1}{x}\right|$ 无限增大. 我们称,函数 $\dfrac{1}{x}$ 为 $x\to 0$ 时的**无穷大量**,简称**无穷大**.

注:(1) 说一个函数 $f(x)$ 是无穷大,必须指明自变量 x 的变化趋势;

(2) 无穷大量也不是一个量的概念,它是一个变化的过程. 反映了自变量在某个趋近过程中,函数的绝对值无限地增大的一种趋势;

(3) 不要把一个绝对值很大的常数说成无穷大,因为常数的极限为它本身.

3. 无穷大与无穷小的关系

我们知道,当 $x\to\infty$ 时,x 是无穷大,$\dfrac{1}{x}$ 是无穷小.

一般地,无穷大与无穷小之间有以下的倒数关系:在自变量的同一变化过程中,无穷大的倒数为无穷小;反之,非 0 的无穷小的倒数为无穷大.

例 8 求 $\lim\limits_{x\to 1}\dfrac{x+4}{x-1}$.

解 因为 $\lim\limits_{x\to 1}\dfrac{x-1}{x+4}=0$,即 $\dfrac{x-1}{x+4}$ 是当 $x\to 1$ 时的无穷小,根据无穷大与无穷小的关系可知,它的倒数 $\dfrac{x+4}{x-1}$ 是当 $x\to 1$ 时的无穷大,所以 $\lim\limits_{x\to 1}\dfrac{x+4}{x-1}=\infty$.

4. 无穷小的比较

百米大战中,运动员们都从起点跑到了终点,但他们跑到终点所用的时间各不相同,即速度各不相同. 无穷小量的极限都是 0,但它们趋近于 0 的速度却不尽相同.

如:当 $x\to 0$ 时,$x,3x,x^2$ 都是无穷小,而

$$\lim_{x\to0}\frac{x^2}{3x}=0,\lim_{x\to0}\frac{3x}{x^2}=\infty,\lim_{x\to0}\frac{3x}{x}=3.$$

两个无穷小之比的极限的各种不同情况，反映了不同的无穷小趋向于 0 的快慢程度. 所以无穷小量的比较是指这种趋向于 0 的“快”与“慢”的比较，可以用它们在同一变化过程中的比值的极限来衡量.

$\lim\limits_{x\to0}\dfrac{x^2}{3x}=0$(极限为 0)，则称 x^2 是 $3x$ 当 $x\to0$ 时的**高阶无穷小量**.

$\lim\limits_{x\to0}\dfrac{3x}{x^2}=\infty$(极限为 ∞)，则称 $3x$ 是 x^2 当 $x\to0$ 时的**低阶无穷小量**.

$\lim\limits_{x\to0}\dfrac{3x}{x}=3$(极限为非 0 常数)，则称 $3x$ 是 x 当 $x\to0$ 时的**同阶无穷小量**.

$\lim\limits_{x\to1}\dfrac{\sin(x-1)}{x-1}=1$(极限为 1)，则称 $\sin(x-1)$ 是 $x-1$ 当 $x\to1$ 时的**等价无穷小量**. 记为，当 $x\to1$ 时，$\sin(x-1)=(x-1)$.

习题 2.2

1. 求下列极限：

(1) $\lim\limits_{x\to1}(2x+\ln x-1)$；

(2) $\lim\limits_{x\to2}\dfrac{x-1}{3x+2}$；

(3) $\lim\limits_{x\to2}\dfrac{x-2}{x^2-4}$；

(4) $\lim\limits_{x\to0}\dfrac{\sqrt{1+x}-1}{x}$；

(5) $\lim\limits_{x\to1}\left(\dfrac{1}{x-1}-\dfrac{2}{x^2-1}\right)$；

(6) $\lim\limits_{x\to\infty}\dfrac{x^3+x^2}{5x^3+1}$.

2. 设 $f(x)=\begin{cases}x+b, & x\leqslant0,\\ e^x+x, & x>0.\end{cases}$ 问 b 为何值时，$\lim\limits_{x\to0}f(x)$ 存在？并求其值.

3. 若某人有本金 A 元，银行存款的年利率为 r，不考虑个人所得税. 试建立此人 n 年末的本利和数列，并分析此数列的极限，解释其实际意义.

4. 下列变量哪些是无穷大量，哪些是无穷小量？

(1) $\frac{1}{\sqrt[3]{x}}(x \to 0)$；

(2) $x^2 + x(x \to 0)$；

(3) $\frac{x}{1+x^2}(x \to \infty)$；

(4) $\ln(2x-1)(x \to 1)$.

2.3　两个重要极限

2.3.1　$\lim\limits_{x \to 0} \frac{\sin x}{x}$

观察当 $x \to 0$ 时，$\frac{\sin x}{x}$ 的变化情况.

表 1.2

x	$\pm\frac{\pi}{9}$	$\pm\frac{\pi}{18}$	$\pm\frac{\pi}{36}$	$\pm\frac{\pi}{72}$	$\pm\frac{\pi}{144}$	$\pm\frac{\pi}{288}$	$\to 0$
$\frac{\sin x}{x}$	0.979 82	0.994 93	0.998 73	0.999 68	0.999 92	0.999 98	$\to 1$

从表 1.2 中我们可以看出，随着 x 越来越趋近于 0，$\frac{\sin x}{x}$ 的值越来越趋近于 1，事实上我们可以用数形结合的方法证明 $\lim\limits_{x \to 0} \frac{\sin x}{x} = 1$.（本书从略）

注：此极限的类型称为"$\frac{0}{0}$"型.

例 1　求 $\lim\limits_{x \to 0} \frac{\sin x}{2x}$.

解　$\lim\limits_{x \to 0} \frac{\sin x}{2x} = \lim\limits_{x \to 0} \frac{1}{2} \cdot \frac{\sin x}{x} = \frac{1}{2} \lim\limits_{x \to 0} \frac{\sin x}{x} = \frac{1}{2}$.

例 2 求$\lim\limits_{x\to 0}\dfrac{\sin 2x}{x}$.

解 $\lim\limits_{x\to 0}\dfrac{\sin 2x}{x}=\lim\limits_{x\to 0}2\cdot\dfrac{\sin 2x}{2x}$.

令 $u=2x$,则当 $x\to 0$ 时,$u\to 0$.

原式 $=2\lim\limits_{u\to 0}\dfrac{\sin u}{u}=2\times 1=2$.

注:为了更好地应用第一个重要极限,我们写出它的推广形式:一般地,如果 $\lim\varphi(x)=0$,则有$\lim\dfrac{\sin[\varphi(x)]}{\varphi(x)}=1$.

例 3 求$\lim\limits_{x\to 0}\dfrac{\sin 5x}{2x}$.

解 $\lim\limits_{x\to 0}\dfrac{\sin 5x}{2x}=\lim\limits_{x\to 0}\left(\dfrac{\sin 5x}{5x}\cdot\dfrac{5}{2}\right)=\dfrac{5}{2}\lim\limits_{x\to 0}\dfrac{\sin 5x}{5x}=\dfrac{5}{2}$.

其中 $x\to 0$ 时,$5x\to 0$.

例 4 求$\lim\limits_{x\to 0}\dfrac{\sin x^2}{x}$.

解 原式 $=\lim\limits_{x\to 0}\dfrac{\sin x^2}{x^2}\cdot x=\lim\limits_{x\to 0}\dfrac{\sin x^2}{x^2}\cdot\lim\limits_{x\to 0}x=1\times 0=0$.

例 5 求$\lim\limits_{x\to 0}\dfrac{\tan x}{x}$.

解 原式 $=\lim\limits_{x\to 0}\dfrac{\sin x}{x}\cdot\dfrac{1}{\cos x}=\lim\limits_{x\to 0}\dfrac{\sin x}{x}\cdot\lim\limits_{x\to 0}\dfrac{1}{\cos x}=1\times 1=1$.

例 6 求$\lim\limits_{x\to 0}\dfrac{1-\cos x}{x^2}$.

解 原式 $=\lim\limits_{x\to 0}\dfrac{2\sin^2\dfrac{x}{2}}{x^2}=\lim\limits_{x\to 0}\dfrac{\sin^2\dfrac{x}{2}}{2\left(\dfrac{x}{2}\right)^2}=\dfrac{1}{2}\lim\limits_{x\to 0}\dfrac{\sin\dfrac{x}{2}}{\dfrac{x}{2}}\times\lim\limits_{x\to 0}\dfrac{\sin\dfrac{x}{2}}{\dfrac{x}{2}}=\dfrac{1}{2}\times 1\times 1=\dfrac{1}{2}$.

2.3.2 $\lim\limits_{x\to\infty}\left(1+\dfrac{1}{x}\right)^x$

观察 $x\to\infty$ 时,$\left(1+\dfrac{1}{x}\right)^x$ 的变化趋势.

表 1.3

x	10	100	1 000	10 000	100 000	1 000 000	…
$\left(1+\frac{1}{x}\right)^x$	2.594	2.705	2.717	2.718 1	2.718 2	2.718 28	…

从表中我们可以看出随着 x 的无限增大，函数 $\left(1+\frac{1}{x}\right)^x$ 越来越趋近无理数 e（e = 2.718 281 828…），即

$$\lim_{x\to\infty}\left(1+\frac{1}{x}\right)^x = \mathrm{e}.$$

注：(1) 此极限的类型称为"1^∞"型；

(2) 利用变量替换，有 $\lim\limits_{x\to 0}(1+x)^{\frac{1}{x}} = \mathrm{e}$；

(3) 一般地，如果 $\lim\varphi(x) = 0$，则有 $\lim[1+\varphi(x)]^{\frac{1}{\varphi(x)}} = \mathrm{e}$.

例 7　求 $\lim\limits_{x\to\infty}\left(1-\frac{3}{x}\right)^x$.

解　极限类型为"1^∞"型，则利用重要极限.

原式 $= \lim\limits_{x\to\infty}\left(1-\frac{3}{x}\right)^{-\frac{x}{3}\cdot(-3)} = \mathrm{e}^{-3}$.

例 8　求 $\lim\limits_{x\to 0}(1+\sin x)^{\csc x}$.

解　极限类型为"1^∞"型.

原式 $= \lim\limits_{x\to 0}(1+\sin x)^{\frac{1}{\sin x}} = \mathrm{e}$.

例 9　求 $\lim\limits_{x\to\infty}\left(\frac{1+x}{2+x}\right)^x$.

解　极限类型为"1^∞"型.

原式 $= \lim\limits_{x\to\infty}\left(1-\frac{1}{2+x}\right)^x = \lim\limits_{x\to\infty}\left[\left(1-\frac{1}{2+x}\right)^{-(2+x)}\right]^{-\frac{x}{2+x}} = \mathrm{e}^{-1}$.

注：在利用以上两个重要极限求极限时，一定要先判断极限类型，不能"疑似"即用. 例如 $\lim\limits_{x\to\pi}\frac{\sin x}{x} = 0$，$\lim\limits_{x\to 1}\left(1+\frac{1}{x}\right)^x = 2$.

习题 2.3

1. 求下列极限：

(1) $\lim\limits_{x\to 0}\frac{\sin 3x}{x}$；

(2) $\lim\limits_{x\to 1}\frac{\sin(x^2-1)}{x-1}$；

(3) $\lim\limits_{x\to\infty} x\sin\frac{1}{x}$；

(4) $\lim\limits_{x\to 0}\frac{\sin x}{\sin 3x}$；

(5) $\lim\limits_{x\to\infty}\left(1+\frac{1}{x}\right)^{2x}$；

(6) $\lim\limits_{x\to 1}(2-x)^{\frac{1}{1-x}}$；

(7) $\lim\limits_{x\to\infty}\left(\frac{1-3x}{4-3x}\right)^{x}$；

(8) $\lim\limits_{x\to 0}(1+\sin x^2)^{\frac{1}{1-\cos x}}$.

3 数列与级数

3.1 数列

3.1.1 数列的概念

引例 1 观察几列数,看它们有何共同点:

$$4, 5, 6, 7, 8, 9, 10. \quad ①$$

$$1, \frac{1}{2}, \frac{1}{3}, \frac{1}{4}, \frac{1}{5}, \cdots \quad ②$$

$$1, 0.1, 0.01, 0.001, 0.0001, \cdots \quad ③$$

$$-1, 1, -1, 1, -1, 1, \cdots \quad ④$$

$$2, 2, 2, 2, 2, \cdots \quad ⑤$$

上述例子的共同特点是:(1) 均是一列数;(2) 有一定次序.

按一定次序排列的一列数叫做**数列**.

数列的项:数列中的每一个数都叫做这个数列的**项**. 各项依次叫做这个数列的第 1 项(或首项),第 2 项,…,第 n 项,…

数列的一般形式:$a_1, a_2, a_3, \cdots, a_n, \cdots$,或简记为$\{a_n\}$,其中 a_n 是数列的第 n 项.

如:数列 ①:$a_n = n+3(1 \leqslant n \leqslant 7)$;

数列 ③:$a_n = \frac{1}{10^{n-1}}(n \geqslant 1)$;

数列 ④:$a_n = (-1)^n(n \geqslant 1)$.

如果数列$\{a_n\}$的第 n 项 a_n 与 n 之间的关系可以用一个公式来表示,那么这个公式就叫做这个数列的**通项公式**. 项数有限的数列称为**有穷数列**. 例如,数列 ① 是有穷数列. 项数无限的数列称为无穷数列. 例如,数列 ②③④⑤ 都是无穷数列.

例 1 根据下面数列$\{a_n\}$的通项公式,写出前 5 项:

(1) $a_n = \frac{n}{n+1}$;(2) $a_n = (-1)^n n$.

分析 由通项公式定义可知,只要将通项公式中 n 依次取 1,2,3,4,5,即可得到数列的前 5 项.

解 (1) $n = 1,2,3,4,5$. $a_1 = \frac{1}{2}$;$a_2 = \frac{2}{3}$;$a_3 = \frac{3}{4}$;$a_4 = \frac{4}{5}$;$a_5 = \frac{5}{6}$.

(2) $n=1,2,3,4,5.\ a_1=-1;a_2=2;a_3=-3;a_4=4;a_5=-5.$

例 2　写出下面数列的一个通项公式：

(1) $1,3,5,7,\cdots$;

(2) $\frac{2^2-1}{2},\frac{3^2-1}{3},\frac{4^2-1}{4},\frac{5^2-1}{5},\cdots$;

(3) $-\frac{1}{1\times2},\frac{1}{2\times3},-\frac{1}{3\times4},\frac{1}{4\times5},\cdots$.

解　(1) $a_n=2n-1$; (2) $a_n=\frac{(n+1)^2-1}{n+1}$; (3) $a_n=(-1)^n\frac{1}{n(n+1)}$.

3.1.2　等差数列

一般地，如果一个数列从第二项起，每一项与它前一项的差等于同一个常数，这个数列就叫做**等差数列**，这个常数就叫做等差数列的**公差**（常用字母“d”表示）.

等差数列的通项公式：　　$a_n=a_1+(n-1)d$.

如数列 $1,2,3,4,5,6,\cdots$　(1)

公差为 1，通项 $a_n=1+(n-1)\times1=n$;

$10,8,6,4,2,\cdots$　(2)

公差为 -2，通项 $a_n=10+(n-1)\times(-2)=12-2n$;

$\frac{1}{5},\frac{2}{5},\frac{3}{5},\frac{4}{5},1,\cdots$　(3)

公差为$\frac{1}{5}$，通项 $a_n=\frac{1}{5}+(n-1)\times\frac{1}{5}=\frac{n}{5}$.

数列$\{a_n\}$中，$a_1+a_2+a_3+\cdots+a_n$ 称为数列$\{a_n\}$的前 n 项和，记为 s_n.

等差数列的前 n 项和公式 1：

$$s_n=\frac{n(a_1+a_n)}{2}.$$

证明　$s_n=a_1+a_2+a_3+\cdots+a_{n-1}+a_n$,　①

$s_n=a_n+a_{n-1}+a_{n-2}+\cdots+a_2+a_1$.　②

①＋② 得 $2s_n=(a_1+a_n)+(a_2+a_{n-1})+(a_3+a_{n-2})+\cdots+(a_n+a_1)$.

$\because a_1+a_n=a_2+a_{n-1}=a_3+a_{n-2}=\cdots$

$\therefore 2s_n=n(a_1+a_n)$. 由此得 $s_n=\frac{n(a_1+a_n)}{2}$.

用上述公式要求 s_n 必须具备三个条件：n,a_1,a_n.

$a_n=a_1+(n-1)d$ 代入公式 1 即得

等差数列的前 n 项和公式 2：

$$s_n=na_1+\frac{n(n-1)d}{2}.$$

例 3 分别求数列(1)(2)(3)的前5项,前10项,前15项的和.

解 数列(1),$d=1$,通项 $a_n=1+(n-1)\times 1=n$.

利用公式1:$s_5=\dfrac{5(1+5)}{2}=15$.

数列(2),$d=-2$,通项 $a_n=10+(n-1)\times(-2)=12-2n$.

利用公式2:$s_{10}=10\times 10+\dfrac{10\times(10-1)\times(-2)}{2}=10$.

数列(3),$d=\dfrac{1}{5}$,通项 $a_n=\dfrac{1}{5}+(n-1)\times\dfrac{1}{5}=\dfrac{n}{5}$.

利用公式2:$s_{15}=15\times\dfrac{1}{5}+\dfrac{15\times(15-1)\times\dfrac{1}{5}}{2}=24$.

3.1.3 等比数列

如果一个数列从第二项起,每一项与它的前一项的比等于同一个常数,那么这个数列就叫做**等比数列**.这个常数叫做等比数列的**公比**,公比通常用字母 q 表示($q\neq 0$),即$\dfrac{a_n}{a_{n-1}}=q(q\neq 0)$.

等比数列的通项公式1:

$$a_n=a_1q^{n-1}(a_1q\neq 0).$$

如数列

$1,2,4,8,16,\cdots$ (4)

$5,25,125,625,\cdots$ (5)

$1,-\dfrac{1}{2},\dfrac{1}{4},-\dfrac{1}{8},\cdots$ (6)

对于数列(4),$a_n=2^{n-1}$,$q=\dfrac{a_n}{a_{n-1}}=2$;

对于数列(5),$a_n=5^n$,$q=\dfrac{a_n}{a_{n-1}}=5$;

对于数列(6),$a_n=(-1)^{n+1}\dfrac{1}{2^{n-1}}$,$q=\dfrac{a_n}{a_{n-1}}=-\dfrac{1}{2}$.

等比数列的前 n 项和公式:

当 $q\neq 1$ 时,$s_n=\dfrac{a_1(1-q^n)}{1-q}$ 或 $s_n=\dfrac{a_1-a_nq}{1-q}$;

当 $q=1$ 时,$s_n=na_1$.

例 4 分别求数列(5)(6)的前3项,前6项的和.

解 数列(5),$a_1=5$,$q=5$,$s_3=\dfrac{5\times(1-5^3)}{1-5}=155$;

数列(6)，$a_1=1,q=-\frac{1}{2},a_6=(-1)^7\times\frac{1}{2^5}=-\frac{1}{32}$，

$$s_6=\frac{1-\left(-\frac{1}{32}\right)\times\left(-\frac{1}{2}\right)}{1-\left(-\frac{1}{2}\right)}=\frac{63}{96}.$$

例 5　求等比数列(4) 从第 5 项到第 10 项的和.

解　由 $a_1=1,a_2=2$ 得 $q=2$；

$s_4=\frac{1\times(1-2^4)}{1-2}=15,s_{10}=\frac{1\times(1-2^{10})}{1-2}=1\ 023$；

从第 5 项到第 10 项的和为 $s_{10}-s_4=1\ 008$.

特殊数列求和——常用数列的前 n 项和：

$1+2+3+\cdots+n=\frac{n(n+1)}{2}$；

$1+3+5+\cdots+(2n-1)=n^2$；

$1^2+2^2+3^2+\cdots+n^2=\frac{n(n+1)(2n+1)}{6}$；

$1^3+2^3+3^3+\cdots+n^3=\left[\frac{n(n+1)}{2}\right]^2$.

习题 3.1

1. 写出下列数列的通项公式.

(1) $0,-2,-4,-6,\cdots$；　　(2) $\frac{1}{3},-\frac{1}{9},\frac{1}{27},-\frac{1}{81},\cdots$；

(3) $1^2,-2^2,3^3,-4^4,\cdots$；　　(4) $1,\frac{2}{3},\frac{3}{5},\frac{4}{7},\cdots$.

2. 在等差数列$\{a_n\}$中，

(1) 已知 $d=\frac{2}{3},a_{10}=2$，求 a_1,s_{10}；

(2) 已知 $a_1=1, a_8=48$,求 d, s_3.

3. 在等比数列 $\{a_n\}$ 中,

(1) 已知 $a_1=1, q=-2$,求 s_6;

(2) 已知 $a_1=8, q=-2, s_n=88$,求 n 及 a_n.

3.2 数项级数

3.2.1 引例

对无穷数列 $\{(-1)^{n+1}\}$ 求和,即 $1-1+1-1+1-\cdots$ 到底等于什么?当时人们一方面认为 $(1-1)+(1-1)+\cdots=0$;另一方面 $1-(1-1)-(1-1)-\cdots=1$,那么岂非 $0=1$?

由此可见,无限个数相加不能用简单地用有限个数相加的概念,但无限多个数的和也不是孤立的.

在很多实际问题中我们经常会碰到这样无限多个数相加的问题,把它抽象出来就得到了级数的定义.

3.2.2 数项级数的概念

给定一个无穷数列 $\{u_n\}$,把它的各项依次用加号连接起来的表达式

$$u_1+u_2+\cdots+u_n+\cdots \tag{1}$$

称为(常数项) **数项级数**或**无穷级数**,简称**级数**,$u_1, u_2, \cdots, u_n, \cdots$ 称为级数(1) 的项,u_n 称为级数(1) 的通项或第 n 项. 级数(1) 简写为 $\sum\limits_{n=1}^{\infty} u_n$.

数项级数(1) 的前 n 项之和,记为

$$s_n=\sum_{k=1}^{n} u_k=u_1+u_2+\cdots+u_n. \tag{2}$$

上式称为数项级数(1) 的前 n 项部分和. 当 n 依次取 $1,2,3,\cdots$ 时,级数(1) 对应着一个

部分和数列$\{s_n\}$，根据该数列是否收敛，我们就得到数项级数(1)收敛与发散的定义.

如果数项级数(1)的部分和数列$\{s_n\}$收敛于s，即$\lim\limits_{n\to\infty}s_n=s$，则称数项级数(1)**收敛**，称$s$为数项级数(1)的和，记为

$$s=\sum_{n=1}^{\infty}u_n=u_1+u_2+\cdots+u_n+\cdots.$$

如果$\{s_n\}$是发散数列，则称数项级数(1)**发散**.

当数项级数(1)收敛时，其和与部分和的差

$$r_n=s-s_n=u_{n+1}+u_{n+2}+\cdots$$

称为数项级数(1)的**余项**.

例 1　讨论等比级数(又称**几何级数**)

$$a+aq+aq^2+\cdots+aq^n+\cdots \tag{3}$$

的收敛性($a\neq 0$).

解　当$q\neq 0$时，级数(3)的前n项部分和

$$s_n=a+aq+aq^2+\cdots+aq^{n-1}=\frac{a-aq^n}{1-q}.$$

当$|q|<1$时，$\lim\limits_{n\to\infty}s_n=\lim\limits_{n\to\infty}\dfrac{a-aq^n}{1-q}=\dfrac{a}{1-q}$，级数(3)收敛，其和为$\dfrac{a}{1-q}$.

当$|q|>1$时，$\lim\limits_{n\to\infty}s_n=\infty$，级数(3)发散.

当$q=1$时，$s_n=na$，级数(3)发散.

当$q=-1$时，$s_{2k}=0$，$s_{2k+1}=a$，$k=0,1,2,\cdots$，级数(3)发散.

总之，级数(3)，当$|q|<1$时收敛，当$|q|\geqslant 1$时发散.

由此，$1-1+1-1+1-\cdots$是发散的.

例 2　讨论级数

$$\frac{1}{1\times 4}+\frac{1}{4\times 7}+\frac{1}{7\times 10}+\cdots+\frac{1}{(3n-2)(3n+1)}+\cdots$$

的收敛性.

解　通项u_n可表示为

$$u_n=\frac{1}{(3n-2)(3n+1)}=\frac{1}{3}\left(\frac{1}{3n-2}-\frac{1}{3n+1}\right).$$

级数的前n项部分和s_n为

$$\begin{aligned}s_n&=\frac{1}{1\times 4}+\frac{1}{4\times 7}+\frac{1}{7\times 10}+\cdots+\frac{1}{(3n-2)(3n+1)}\\&=\frac{1}{3}\left[\left(1-\frac{1}{4}\right)+\left(\frac{1}{4}-\frac{1}{7}\right)+\left(\frac{1}{7}-\frac{1}{10}\right)+\cdots+\left(\frac{1}{3n-2}-\frac{1}{3n+1}\right)\right]\\&=\frac{1}{3}\left(1-\frac{1}{3n+1}\right).\end{aligned}$$

由于

$$\lim_{n\to\infty}s_n=\lim_{n\to\infty}\frac{1}{3}\left(1-\frac{1}{3n+1}\right)=\frac{1}{3}.$$

因此所给级数收敛，且它的和为$\frac{1}{3}$.

例 3　讨论级数$\sum\limits_{n=1}^{\infty}\ln\frac{n+1}{n}$的收敛性.

解　级数的前 n 项部分和 s_n 为

$$\begin{aligned}s_n&=\sum_{k=1}^{n}\ln\frac{k+1}{k}=\ln\frac{2}{1}+\ln\frac{3}{2}+\ln\frac{4}{3}+\cdots+\ln\frac{n+1}{n}\\&=\ln\left(\frac{2}{1}\times\frac{3}{2}\times\frac{4}{3}\times\cdots\times\frac{n+1}{n}\right)=\ln(n+1).\end{aligned}$$

由于$\lim\limits_{n\to\infty}s_n=\lim\limits_{n\to\infty}\ln(n+1)=\infty$，因此所给级数是发散的.

3.2.3　级数的性质

由于级数$\sum\limits_{n=1}^{\infty}u_n$的收敛与它的部分和数列$\{s_n\}$的收敛是等价的，根据数列极限的性质，可以得出收敛级数的几个性质.

性质 1　若级数$\sum\limits_{n=1}^{\infty}u_n$收敛于和 s，则级数$\sum\limits_{n=1}^{\infty}ku_n$也收敛，且其和是 ks，其中 k 为常数.

性质 2　如果收敛级数$\sum\limits_{n=1}^{\infty}u_n$与$\sum\limits_{n=1}^{\infty}v_n$分别收敛于和 s,σ，则对任意常数 a,b，级数$\sum\limits_{n=1}^{\infty}(au_n+bv_n)$也收敛，且其和为 $as+b\sigma$.

性质 3　去掉、增加或改变级数的有限项，不会改变级数的收敛性.

性质 4　如果级数$\sum\limits_{n=1}^{\infty}u_n$收敛，则对这级数的项任意加括号后所成的级数

$$(u_1+\cdots+u_{n_1})+(u_{n_1+1}+\cdots+u_{n_2})+\cdots+(u_{n_{k-1}+1}+\cdots+u_{n_k})+\cdots$$

仍收敛，且其和不变.

说明　从级数加括号后的收敛，不能推断它在未加括号前也收敛. 例如

$$(1-1)+(1-1)+\cdots+(1-1)+\cdots=0$$

收敛于零，但级数

$$1-1+1-1+\cdots$$

却是发散的.

性质 5(级数收敛的必要条件)　若级数(1) 收敛，则$\lim\limits_{n\to\infty}u_n=0$.

与之等价的命题是：若$\lim\limits_{n\to\infty}u_n \neq 0$，则级数(1) 发散.

注意：级数的通项趋于零不能判断级数收敛，如本节例 3，虽然

$$\lim_{n\to\infty}u_n = \lim_{n\to\infty}\ln\frac{n+1}{n} = 0,$$

但该级数是发散的.

例 4 讨论下列级数的收敛性：

(1) $\sum\limits_{n=1}^{\infty}\dfrac{3+(-1)^n}{2^n}$；　　(2) $\sum\limits_{n=1}^{\infty}\dfrac{n}{3n+1}$.

解 (1) 因为$\sum\limits_{n=1}^{\infty}\dfrac{3}{2^n}=3$，$\sum\limits_{n=1}^{\infty}\dfrac{1}{2^n}$ 收敛，$\sum\limits_{n=1}^{\infty}\dfrac{(-1)^n}{2^n}=\sum\limits_{n=1}^{\infty}\left(-\dfrac{1}{2}\right)^n$ 收敛.

由性质 2，$\sum\limits_{n=1}^{\infty}\dfrac{3+(-1)^n}{2^n}$ 收敛.

(2) 通项 $u_n=\dfrac{n}{3n+1}$，因为$\lim\limits_{n\to\infty}u_n=\dfrac{1}{3}\neq 0$，所以$\sum\limits_{n=1}^{\infty}\dfrac{n}{3n+1}$ 发散.

习题 3.2

1. 判断题：

(1) 若$\lim\limits_{n\to\infty}u_n=0$，则级数$\sum\limits_{n=1}^{\infty}u_n$ 收敛；

(2) 若$\lim\limits_{n\to\infty}u_n\neq 0$，则级数$\sum\limits_{n=1}^{\infty}u_n$ 发散；

(3) 若级数$\sum\limits_{n=1}^{\infty}u_n$ 发散，则$\lim\limits_{n\to\infty}u_n\neq 0$；

(4) 若级数$\sum\limits_{n=1}^{\infty}u_n$ 发散，则必有$\lim\limits_{n\to\infty}u_n=\infty$；

(5) 若级数$\sum\limits_{n=1}^{\infty}u_n$，$\sum\limits_{n=1}^{\infty}v_n$ 都发散，则级数$\sum\limits_{n=1}^{\infty}(u_n+v_n)$ 必发散；

(6) 若级数$\sum\limits_{n=1}^{\infty}(u_n+v_n)$ 收敛，则级数$\sum\limits_{n=1}^{\infty}u_n$，$\sum\limits_{n=1}^{\infty}v_n$ 都收敛；

(7) 若级数$\sum\limits_{n=1}^{\infty}u_n$ 收敛，$\sum\limits_{n=1}^{\infty}v_n$ 发散，则级数$\sum\limits_{n=1}^{\infty}(u_n+v_n)$ 必发散；

(8) 若级数$\sum\limits_{n=1}^{\infty}(u_n+v_n)$ 发散，则级数$\sum\limits_{n=1}^{\infty}u_n$，$\sum\limits_{n=1}^{\infty}v_n$ 都发散.

2. 判断下列级数的收敛性：

(1) $\sum\limits_{n=1}^{\infty}\dfrac{1}{\sqrt{n+1}+\sqrt{n}}$；　　(2) $\sum\limits_{n=1}^{\infty}\left(\dfrac{1}{2^n}+\dfrac{1}{3^n}\right)$；

(3) $\sum_{n=1}^{\infty}\frac{1}{n(n+1)}$;　　(4) $\sum_{n=1}^{\infty}\frac{1+n}{3-5n}$.

3.3　数项级数的审敛法

3.3.1　正项级数

每一项都非负的级数称为**正项级数**.

引例　看一个正项级数(**正整数平方倒数和**)

$$\sum_{n=1}^{\infty}\frac{1}{n^2}=1+\frac{1}{2^2}+\frac{1}{3^3}+\cdots+\frac{1}{n^2}+\cdots.$$

(1) 该级数是否收敛?(2) 如果该级数收敛,收敛到多少?

我们可以看出求它的前 n 和是非常困难的,因此我们希望从级数的一般项来判断其敛散性.虽然在大多数情况下,并不能求出其和,但只要知道某个级数收敛,就可以用部分和作为其和的近似值,这对实际问题已经足够了.

因为正项级数

$$\sum_{n=1}^{\infty}u_n=u_1+u_2+\cdots+u_n+\cdots$$

的每一项是非负的,即 $u_n\geqslant 0$,因此部分和数列 $\{s_n\}$ 是一个单调增加数列,$s_n\geqslant s_{n-1}$.

由正项级数的这个特点,有:正项级数 $\sum_{n=1}^{\infty}u_n$ 收敛的充分必要条件是它的部分和数列 $\{s_n\}$ 有界.

例 1　判别级数 $\sum_{n=1}^{\infty}\sin\frac{\pi}{2^n}$ 的敛散性.

解　因为对 $0<x<\frac{\pi}{2}$,有 $\sin x<x$ 成立.

所以 $\forall n\in\mathbf{N}$,有 $\sin\frac{\pi}{2^n}<\frac{\pi}{2^n}$,

$$\begin{aligned}故\ s_n&=\sin\frac{\pi}{2}+\sin\frac{\pi}{2^2}+\sin\frac{\pi}{2^3}+\cdots+\sin\frac{\pi}{2^n}\\&<\pi\left(\frac{1}{2}+\frac{1}{2^2}+\frac{1}{2^3}+\cdots+\frac{1}{2^n}\right)\\&=\pi\left(1-\frac{1}{2^n}\right)<\pi,\end{aligned}$$

所以级数 $\sum_{n=1}^{\infty}\sin\frac{\pi}{2^n}$ 收敛.

3.3.2 正项级数的审敛法

1.（比较审敛法） 设$\sum\limits_{n=1}^{\infty}u_n$与$\sum\limits_{n=1}^{\infty}v_n$为正项级数，

(1) 若级数$\sum\limits_{n=1}^{\infty}v_n$收敛，且$u_n\leqslant v_n$，则级数$\sum\limits_{n=1}^{\infty}u_n$也收敛；

(2) 若级数$\sum\limits_{n=1}^{\infty}v_n$发散，且$u_n\geqslant v_n$，则级数$\sum\limits_{n=1}^{\infty}u_n$也发散.

设正项级数$\sum\limits_{n=1}^{\infty}u_n$，$\sum\limits_{n=1}^{\infty}v_n$，若$\lim\limits_{n\to\infty}\dfrac{u_n}{v_n}=l(0<l<+\infty)$，则级数$\sum\limits_{n=1}^{\infty}u_n$，$\sum\limits_{n=1}^{\infty}v_n$具有相同的敛散性.

例 2 判定级数$\sum\limits_{n=1}^{\infty}\dfrac{1}{n\cdot 2^n}$的收敛性.

解 因为$\sum\limits_{n=1}^{\infty}\dfrac{1}{n\cdot 2^n}\leqslant\dfrac{1}{2^n}$，而级数$\sum\limits_{n=1}^{\infty}\dfrac{1}{2^n}$是以$\dfrac{1}{2}$为公比的几何级数，它是收敛的，依据审敛法 1 知，级数$\sum\limits_{n=1}^{\infty}\dfrac{1}{n\cdot 2^n}$是收敛的.

例 3 讨论p-级数$\sum\limits_{n=1}^{\infty}\dfrac{1}{n^p}$的敛散性.

解 (1) 当$p<0$时，$\dfrac{1}{n^p}\to+\infty(n\to\infty)$，由必要条件可得，级数$\sum\limits_{n=1}^{\infty}\dfrac{1}{n^p}$发散.

(2) 当$p=1$时，是调和级数，所以发散.

(3) 当$p<1$时，因$\dfrac{1}{n^p}>\dfrac{1}{n}$，而级数$\sum\limits_{n=1}^{\infty}\dfrac{1}{n}$发散，由审敛法 2 可得级数发散.

(4) 当$p>1$时，对原级数依次按一项、二项、四项、八项 … 等规律加括号得新级数：

$$1+\left(\frac{1}{2^p}+\frac{1}{3^p}\right)+\left(\frac{1}{4^p}+\frac{1}{5^p}+\frac{1}{6^p}+\frac{1}{7^p}\right)+\left(\frac{1}{8^p}+\cdots+\frac{1}{15^p}\right)+\cdots$$

$$<1+\underbrace{\left(\frac{1}{2^p}+\frac{1}{2^p}\right)}_{\text{共二项}}+\underbrace{\left(\frac{1}{4^p}+\cdots+\frac{1}{4^p}\right)}_{\text{共四项}}+\underbrace{\left(\frac{1}{8^p}+\cdots+\frac{1}{8^p}\right)}_{\text{共八项}}+\cdots$$

$$<1+\frac{1}{2^{p-1}}+\left(\frac{1}{2^{p-1}}\right)^2+\left(\frac{1}{2^{p-1}}\right)^3+\cdots.$$

而$\dfrac{1}{2^{p-1}}<1$，所以等比级数$\sum\limits_{n=1}^{\infty}\dfrac{1}{2^{p-1}}$收敛. 由定理 2 可得级数$1+\left(\dfrac{1}{2^p}+\dfrac{1}{3^p}\right)+\left(\dfrac{1}{4^p}+\dfrac{1}{5^p}+\dfrac{1}{6^p}+\dfrac{1}{7^p}\right)+\left(\dfrac{1}{8^p}+\cdots+\dfrac{1}{15^p}\right)+\cdots$收敛. 对正项级数而言，加括号不改变级

数的敛散性,所以级数 $\sum_{n=1}^{\infty}\frac{1}{n^p}$ 收敛.

综上所述,p-级数 $\sum_{n=1}^{\infty}\frac{1}{n^p}$,当 $p\leqslant 1$ 时发散,当 $p>1$ 时收敛. 这是一个很重要的级数,此结论以后可以直接用. 有时我们经常用此级数的结论来判别其它级数的敛散性.

例 4 判定级数 $\sum_{n=1}^{\infty}\frac{n+1}{n^3+1}$ 的收敛性.

解 $\frac{n+1}{n^3+1}<\frac{2n}{n^3}=\frac{2}{n^2}$. 级数 $\sum_{n=1}^{\infty}\frac{1}{n^2}$ 是收敛的 p-级数,由级数的性质知,级数 $\sum_{n=1}^{\infty}\frac{2}{n^2}$ 也是收敛的. 由比较审敛法知,级数 $\sum_{n=1}^{\infty}\frac{n+1}{n^3+1}$ 是收敛的.

例 4 是将级数与 p-级数作比较以判定其收敛性. 下面将这种比较用极限形式表述,更便于使用.

比较审敛法的苦难是必须预先找到一个作为比较用的基本级数,而且该级数的敛散性是已知的. 自然提出这样的问题:能否通过极限自身判断级数的敛散性呢?

2. (比值审敛法,达朗贝尔(d'Alembert)判别法) 设 $\sum_{n=1}^{\infty}u_n$ 为正项级数,

若 $\lim\limits_{n\to\infty}\frac{u_{n+1}}{u_n}=\lambda$,则当 $\lambda<1$ 时级数 $\sum_{n=1}^{\infty}u_n$ 收敛;

当 $\lambda>1\left(\text{或}\lim\limits_{n\to\infty}\frac{u_{n+1}}{u_n}=+\infty\right)$ 时级数 $\sum_{n=1}^{\infty}u_n$ 发散;

当 $\lambda=1$ 时,级数 $\sum_{n=0}^{\infty}u_n$ 的收敛性不能确定.

注:在比值审敛法中,若 $\lambda>1$ 或 $\lim\limits_{n\to\infty}\frac{u_{n+1}}{u_n}=+\infty$,则数列 $\{u_n\}$ 为递增数列(从某项开始),必有 $\lim\limits_{n\to\infty}u_n\neq 0$. 这一事实以后会常用到.

例 5 判定级数 $\sum_{n=1}^{\infty}\frac{n}{3^n}$ 的收敛性.

解 $$\lim_{n\to\infty}\frac{u_{n+1}}{u_n}=\lim_{n\to\infty}\frac{\frac{n+1}{3^{n+1}}}{\frac{n}{3^n}}=\frac{1}{3}\lim_{n\to\infty}\frac{n+1}{n}=\frac{1}{3}<1.$$

由比值审敛法知,级数 $\sum_{n=1}^{\infty}\frac{n}{3^n}$ 收敛.

例 6 判定级数 $\sum_{n=1}^{\infty}\frac{a^n}{n!}$($a>0$,为常数) 的收敛性.

解 $\lim\limits_{n\to\infty}\dfrac{u_{n+1}}{u_n}=\lim\limits_{n\to\infty}\dfrac{\dfrac{a^{n+1}}{(n+1)!}}{\dfrac{a^n}{n!}}=\lim\limits_{n\to\infty}\dfrac{a}{n+1}=0<1$,

故级数 $\sum\limits_{n=1}^{\infty}\dfrac{a^n}{n!}$ 收敛.

例 7 **(正整数平方倒数和)** 判定级数

$$1+\frac{1}{2^2}+\frac{1}{3^3}+\cdots+\frac{1}{n^n}+\cdots$$

的收敛性.

解

$$\lim_{n\to\infty}\frac{u_{n+1}}{u_n}=\lim_{n\to\infty}\frac{\dfrac{1}{(n+1)^{n+1}}}{\dfrac{1}{n^n}}=\lim_{n\to\infty}\left(\frac{n}{n+1}\right)^n\frac{1}{n+1}.$$

又
$$\lim_{n\to\infty}\left(\frac{n}{n+1}\right)^n=\lim_{n\to\infty}\frac{1}{\left(1+\dfrac{1}{n}\right)^n}=\frac{1}{\mathrm{e}},$$

所以
$$\lim_{n\to\infty}\frac{u_{n+1}}{u_n}=\lim_{n\to\infty}\left(\frac{n}{n+1}\right)^n\frac{1}{n+1}=0.$$

故级数 $\sum\limits_{n=1}^{\infty}\dfrac{1}{n^n}$ 收敛.

3. 根值判别法(也称柯西判别法)

设正项级数 $\sum\limits_{n=1}^{\infty}u_n$,若有 $\lim\limits_{n\to\infty}\sqrt[n]{u_n}=l$,

则(1) 当 $l<1$ 时,级数 $\sum\limits_{n=1}^{\infty}u_n$ 收敛;

(2) 当 $l>1$(包括 $l=+\infty$) 时,级数 $\sum\limits_{n=1}^{\infty}u_n$ 发散;

(3) 当 $l=1$ 时,级数 $\sum\limits_{n=1}^{\infty}u_n$ 可能收敛,也可能发散,要另行判定.

例 8 判别下列级数的敛散性.

(1) $\sum\limits_{n=1}^{\infty}\left(\dfrac{3n}{5n+2}\right)^n$; (2) $\sum\limits_{n=1}^{\infty}\left(\dfrac{an}{n+1}\right)^n(a\geqslant0)$; (3) $\sum\limits_{n=1}^{\infty}\dfrac{1}{[\ln(n+1)]^n}$.

解 (1) 因为 $\lim\limits_{n\to\infty}\sqrt[n]{\left(\dfrac{3n}{5n+2}\right)^n}=\lim\limits_{n\to\infty}\dfrac{3n}{5n+2}=\dfrac{3}{5}<1$,所以原级数收敛.

(2) 因为 $\lim\limits_{n\to\infty}\sqrt[n]{\left(\dfrac{an}{n+1}\right)^n}=\lim\limits_{n\to\infty}\dfrac{an}{n+1}=a$,所以,当 $0\leqslant a<1$ 时,级数收敛;当

$a>1$ 时，$\sum\limits_{n=1}^{\infty}\left(\dfrac{an}{n+1}\right)^n$ 发散.

(3) 因为$\lim\limits_{n\to\infty}\sqrt[n]{\dfrac{1}{[\ln(n+1)]^n}}=\lim\limits_{n\to\infty}\dfrac{1}{\ln(n+1)}=0<1$，所以原级数收敛.

3.3.3　交错级数及其审敛法

正负相间的级数称为**交错级数**. 形如：$\sum\limits_{n=1}^{\infty}(-1)^{n-1}u_n$，$\sum\limits_{n=1}^{\infty}(-1)^n u_n$，其中 $u_n>0$.

现给出交错级数的一个重要的审敛法.

(莱布尼茨(Leibniz) 准则)　若交错级数 $\sum\limits_{n=1}^{\infty}(-1)^{n-1}u_n$ 满足条件：

(1) $u_n\geqslant u_{n+1}(n=1,2,\cdots)$；

(2) $\lim\limits_{n\to\infty}u_n=0$.

则级数收敛，且其和 $s\leqslant u_1$.

例 9　判定交错级数

$$1-\frac{1}{2}+\frac{1}{3}-\frac{1}{4}+\cdots+(-1)^{n-1}\frac{1}{n}+\cdots$$

的收敛性.

解　$u_n=\dfrac{1}{n}$，满足 $u_n\geqslant u_{n+1}$，且$\lim\limits_{n\to\infty}u_n=\lim\limits_{n\to\infty}\dfrac{1}{n}=0$，所以级数$\sum\limits_{n=1}^{\infty}(-1)^{n-1}\dfrac{1}{n}$ 收敛，且其和 $s\leqslant 1$.

例 10　判定交错级数$\sum\limits_{n=1}^{\infty}(-1)^{n-1}\dfrac{1}{n\cdot 3^n}$ 的收敛性.

解　$u_n=\dfrac{1}{n\cdot 3^n}$，显然$\dfrac{1}{(n+1)3^{n+1}}<\dfrac{1}{n\cdot 3^n}$，且$\lim\limits_{n\to\infty}u_n=\lim\limits_{n\to\infty}\dfrac{1}{n\cdot 3^n}=0$，所以级数收敛.

3.3.4　绝对收敛与条件收敛

下面讨论任意项级数$\sum\limits_{n=1}^{\infty}u_n$ 的审敛法. 将级数各项 u_n 取绝对值，得正项级数$\sum\limits_{n=1}^{\infty}|u_n|$.

任意项级数$\sum\limits_{n=1}^{\infty}u_n$ 的收敛性与正项级数$\sum\limits_{n=1}^{\infty}|u_n|$ 的收敛性有以下关系：

若正项级数$\sum\limits_{n=1}^{\infty}|u_n|$ 收敛，则任意项级数$\sum\limits_{n=1}^{\infty}u_n$ 必收敛.

注意：反过来不成立，不能由级数$\sum\limits_{n=1}^{\infty}u_n$ 收敛断言级数$\sum\limits_{n=1}^{\infty}|u_n|$ 是收敛的.

若级数$\sum\limits_{n=1}^{\infty}|u_n|$收敛,则称级数$\sum\limits_{n=1}^{\infty}u_n$绝对收敛;若级数$\sum\limits_{n=1}^{\infty}u_n$收敛,而级数$\sum\limits_{n=1}^{\infty}|u_n|$发散,则称级数$\sum\limits_{n=1}^{\infty}u_n$条件收敛.

例 11 判定下列级数是绝对收敛或条件收敛.

(1) $\sum\limits_{n=1}^{\infty}\dfrac{(-1)^{\frac{n(n+1)}{2}}}{2^n}$; (2) $\sum\limits_{n=1}^{\infty}\dfrac{(-1)^{n-1}}{n^2}\sin\dfrac{n\pi}{3}$;

(3) $\sum\limits_{n=1}^{\infty}\dfrac{(-1)^n}{\sqrt[3]{n}}$; (4) $\sum\limits_{n=1}^{\infty}\dfrac{a^n}{n}$($a$ 为常数).

解 (1) 因为$|u_n|=\left|\dfrac{(-1)^{\frac{n(n+1)}{2}}}{2^n}\right|=\dfrac{1}{2^n}$,而级数$\sum\limits_{n=1}^{\infty}\dfrac{1}{2^n}$收敛,所以原级数绝对收敛.

(2) 因为$|u_n|=\left|\dfrac{(-1)^{n-1}}{n^2}\sin\dfrac{n\pi}{3}\right|\leqslant\dfrac{1}{n^2}$,而级数$\sum\limits_{n=1}^{\infty}\dfrac{1}{n^2}$收敛,所以原级数绝对收敛.

(3) 因为$|u_n|=\left|\dfrac{(-1)^n}{\sqrt[3]{n}}\right|=\dfrac{1}{\sqrt[3]{n}}$,而$p=\dfrac{1}{3}$,所以级数$\sum\limits_{n=1}^{\infty}\dfrac{1}{\sqrt[3]{n}}$发散. 而$u_n=\dfrac{1}{\sqrt[3]{n}}>\dfrac{1}{\sqrt[3]{n+1}}=u_{n+1}$,且$\lim\limits_{n\to\infty}\dfrac{1}{\sqrt[3]{n}}=0$,所以交错级数$\sum\limits_{n=1}^{\infty}\dfrac{(-1)^n}{\sqrt[3]{n}}$属于莱布尼兹级数,故收敛,所以原级数条件收敛.

(4) 因为$\left|\dfrac{a^n}{n}\right|=\dfrac{|a|^n}{n}$,对常数$a$要分情况加以讨论.

当$|a|>1$时,$\lim\limits_{n\to\infty}\dfrac{a^n}{n}\neq 0$(可以用洛必达法则的推论),所以级数$\sum\limits_{n=1}^{\infty}\dfrac{a^n}{n}$发散;

当$a=1$时,则$\sum\limits_{n=1}^{\infty}\dfrac{a^n}{n}=\sum\limits_{n=1}^{\infty}\dfrac{1}{n}$是调和级数,发散;

当$a=-1$时,则$\sum\limits_{n=1}^{\infty}\dfrac{a^n}{n}=\sum\limits_{n=1}^{\infty}\dfrac{(-1)^n}{n}$属于莱布尼兹级数,故收敛,是条件收敛;

当$|a|<1$时,对级数$\sum\limits_{n=1}^{\infty}\left|\dfrac{a^n}{n}\right|$,用比值判别法可得$\lim\limits_{n\to\infty}\dfrac{\dfrac{|a^{n+1}|}{n+1}}{\dfrac{|a^n|}{n}}=\lim\limits_{n\to\infty}\dfrac{n|a|}{n+1}<1$,所以原级数绝对收敛.

习题 3.3

1. 用比较审敛法判定下列级数的收敛性：

(1) $\sum_{n=1}^{\infty}\frac{1}{\sqrt{n}}$；　　(2) $\sum_{n=1}^{\infty}\frac{n-2}{n^2(n+1)}$.

2. 用比值审敛法判定下列级数的收敛性：

(1) $\sum_{n=1}^{\infty}\frac{n^3}{a^n}(a>1)$；　　(2) $\sum_{n=1}^{\infty}\frac{n^4}{(n+1)!}$.

3. 判定下列级数的收敛性，若级数收敛，是绝对收敛还是条件收敛：

(1) $\sum_{n=1}^{\infty}(-1)^n\frac{1}{\sqrt{n}}$；　　(2) $\sum_{n=1}^{\infty}(-1)^n\frac{n}{2n-1}$；

(3) $\sum_{n=1}^{\infty}(-1)^{n-1}\frac{1}{(2n-1)^n}$；　　(4) $\sum_{n=1}^{\infty}(-1)^n\frac{n^2}{(\sqrt{2})^n}$.

4 增量与导数

本章将通过解决求变速直线运动的瞬时速度和曲线的切线斜率等实际问题，讨论函数中两个变量之间的一种相对的动态变化关系，进而得到描述这种相对的动态变化关系的两个微分学中的重要概念：导数与微分．并给出计算导数与微分的一般方法．

4.1 增量与连续

在自然界中有许多现象都是连续不断地变化的，如气温随着时间的变化而连续变化；又如金属轴的长度随气温有极微小的改变也是连续变化的等等．这些现象反映在数量关系上就是我们所说的连续性．函数的连续性反映在几何上就是看作一条不间断的曲线．

4.1.1 增量

当变量 x 的取值由 2 变到 2.01 时，终值 2.01 与初值 2 之间的差，就叫做变量 x 的增量．

更一般的，当变量 u 从它的初值 u_0 变到终值 u_1 时，终值与初值之差 $u_1 - u_0$ 就叫做变量 u 的**增量**，又叫做 u 的**改变量**，记作 Δu，即 $\Delta u = u_1 - u_0$．

增量可以是正的，可以是负的，也可以是零．当 $u_1 > u_0$ 时，Δu 是正的；而当 $u_1 < u_0$ 时，Δu 是负的．

注：Δu 是一个完整的符号，不能看做是符号 Δ 与 u 的乘积．这里变量 u 可以是自变量 x，也可以是函数 y．如果是 x，则称 $\Delta x = x_1 - x_0$ 为自变量的增量；如果是 y，则称 $\Delta y = y_1 - y_0$ 为函数的增量．有时为了方便，自变量 x 与 y 的终值不写成 x_1 和 y_1，而直接写作 $x_0 + \Delta x$ 和 $y_0 + \Delta y$．

若函数 $y = f(x)$ 在 x_0 的某个领域内有定义，当自变量 x 在点 x_0 处有一改变量 Δx 时，函数 y 的相应改变量则为

$$\Delta y = f(x_0 + \Delta x) - f(x_0).$$

例 1 求函数 $y = x^3 + 2x$ 在 $x = 1$，$\Delta x = 0.01$ 时的改变量．

解 由函数改变量的定义可知，当 $x = 1$，$\Delta x = 0.01$ 时，

$$\Delta y = f(x + \Delta x) - f(x) = f(1.01) - f(1) = 3.050\,301 - 3 = 0.050\,301.$$

4.1.2　连续的概念

我们来观察下面的函数图像.

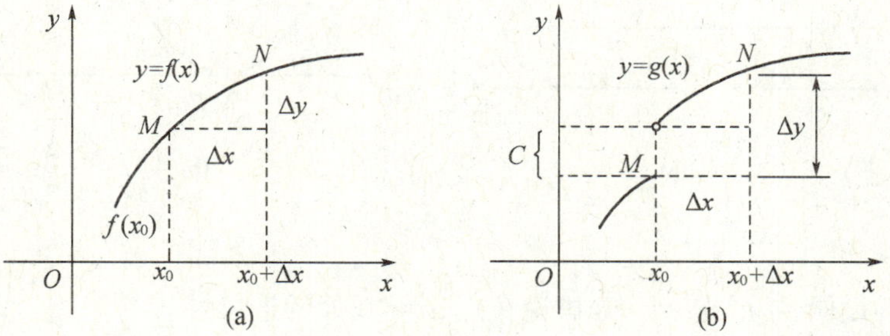

图 4.1

对比两个图像，可以发现，在4.1(a)所示的图像中，在 x_0 处图像是连续的，当自变量 $\Delta x \to 0$ 时，对应的函数的改变量 $\Delta y \to 0$；在4.1(b)所示的图像中，在 x_0 处图像是断开的，当自变量 $\Delta x \to 0$ 时，对应的函数的改变量 $\Delta y \not\to 0$. 这就是函数在 x_0 处是否连续的本质特征.

一般地，函数在某一点的连续性有如下定义：

设函数 $y = f(x)$ 在 x_0 的某一个邻域 $U(x_0, \delta)$ 内有定义，若

$$\lim_{\Delta x \to 0} \Delta y = 0 \left(\text{或} \lim_{\Delta x \to 0}[f(x_0 + \Delta x) - f(x_0)] = 0\right),$$

则称函数 $f(x)$ 在点 x_0 处**连续**.

由于

$$\begin{aligned}\lim_{\Delta x \to 0}[f(x_0 + \Delta x) - f(x_0)] &= \lim_{x \to x_0}[f(x) - f(x_0)] \\ &= \lim_{x \to x_0} f(x) - f(x_0) = 0.\end{aligned}$$

可得到函数 $y = f(x)$ 在点 x_0 处连续的下列等价定义：

设函数 $y = f(x)$ 在点 x_0 及其左右附近有定义，若 $\lim\limits_{x \to x_0} f(x) = f(x_0)$，则称函数 $y = f(x)$ 在点 x_0 处**连续**.

由定义可知，一个函数 $f(x)$ 在点 x_0 连续必须满足下列三个条件(通常称为三要素)：

(1) 函数 $y = f(x)$ 在点 x_0 及其左右附近有定义；

(2) $\lim\limits_{x \to x_0^-} f(x) = \lim\limits_{x \to x_0^+} f(x) = A$，即有极限；

(3) $A = f(x_0)$.

注：上述三个条件中有一个及一个以上不满足的，称点 x_0 为函数 $f(x)$ 的**间断点**. 如图 4.2 所示. 其中，图 4.2(a) 中该点处左、右极限不相等，即该点处极限不存在；图 4.2(b) 中该点处极限存在，但该点处函数没有定义.

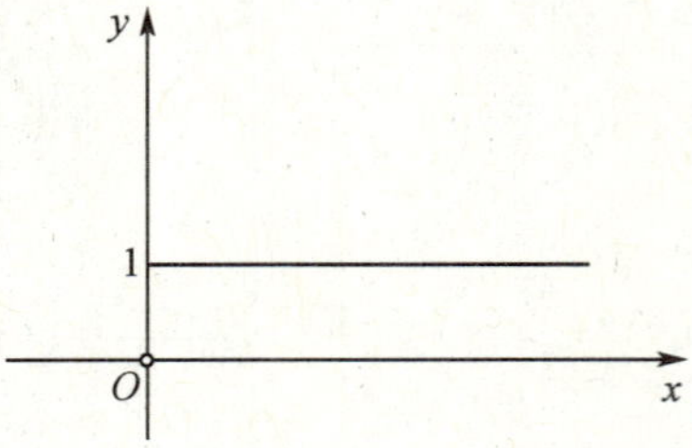

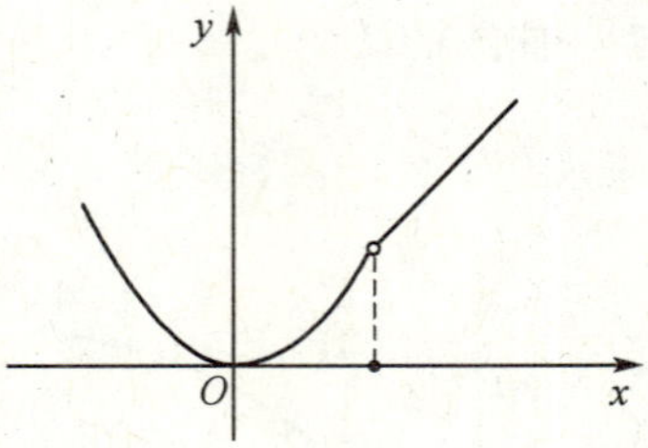

图 4.2

例 2 设函数 $f(x)=\dfrac{1}{x}$,讨论在点 $x=0$ 处的连续性.

解 函数 $f(x)$ 在 $x=0$ 无定义,故 $x=0$ 是函数 $f(x)$ 的间断点.

例 3 讨论函数 $f(x)=\begin{cases} x^2, & x\geqslant 1, \\ \dfrac{\sin x}{x}, & 0<x<1 \end{cases}$ 在 $x=1$ 处的连续性.

解 因为 $\lim\limits_{x\to 1^+}f(x)=\lim\limits_{x\to 1^+}x^2=1,\lim\limits_{x\to 1^-}f(x)=\lim\limits_{x\to 1^-}\dfrac{\sin x}{x}=\sin 1$,

所以 $\lim\limits_{x\to 1}f(x)$ 不存在,故函数 $f(x)$ 在 $x=1$ 处不连续.

函数在一点处连续的定义,很自然地可以推广到一个区间上.

若函数 $f(x)$ 在区间 I 上每一点都连续,则称函数 $f(x)$ 在 I 上连续,或称 $f(x)$ 为 I 上的**连续函数**.

若函数 $f(x)$ 在开区间 (a,b) 上连续,又在端点 a 处右连续,在端点 b 处左连续,即有

$$\lim_{x\to a^+}f(x)=f(a),\lim_{x\to b^-}f(x)=f(b),$$

则称函数 $f(x)$ 在闭区间 $[a,b]$ 上**连续**.

4.1.3 初等函数的连续性

结论:基本初等函数、初等函数在其定义区间内连续.

因此我们有:

(1) 求初等函数的连续区间就是求定义区间.

例如,$y=\dfrac{1}{(x-1)(x-2)}$ 的连续区间是 $(-\infty,1)\cup(1,2)\cup(2,+\infty)$.

(2) 若 $\lim\limits_{x\to a}\varphi(x)=u_0$,函数 $y=f(u)$ 在 u_0 处连续,则 $\lim\limits_{x\to a}f[\varphi(x)]=f[\lim\limits_{x\to a}\varphi(x)]$,即极限符号“$\lim\limits_{x\to a}$”与连续的函数符号“$f$”可交换次序.

例 4 求 $\lim\limits_{x\to 1}\ln^2(7x-6)$.

解　因为 $y=\ln^2(7x-6)$ 是初等函数，在定义域 $\left(\frac{6}{7},+\infty\right)$ 上是连续的，所以在 $x=1$ 也是连续的. 根据连续的定义，有极限值等于函数值，所以 $\lim\limits_{x\to 1}\ln^2(7x-6)=\ln^2(7\times 1-6)=0$.

4.1.4　闭区间上连续函数的性质

最值定理　若函数 $f(x)$ 在闭区间 $[a,b]$ 上连续，则 $f(x)$ 在闭区间 $[a,b]$ 上可同时取得最大值与最小值.

几何解释：连续曲线 $y=f(x)$ 在闭区间 $[a,b]$ 上一定有最低点和最高点(如图 4.3 所示).

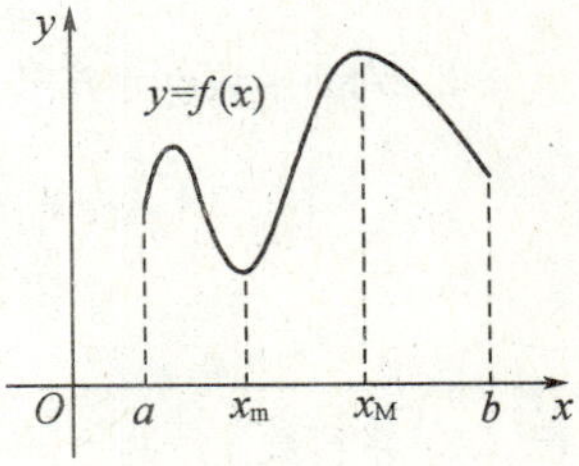

图 4.3

零点存在定理　若函数 $f(x)$ 在闭区间 $[a,b]$ 上连续，且 $f(a)\cdot f(b)<0$，则在 (a,b) 内至少存在一点 ξ，使得 $f(\xi)=0$.

几何解释：连续曲线弧 $y=f(x)$ 的两个端点位于 x 轴不同侧，则这段曲线弧与 x 轴至少有一个交点.(如图 4.4 所示)

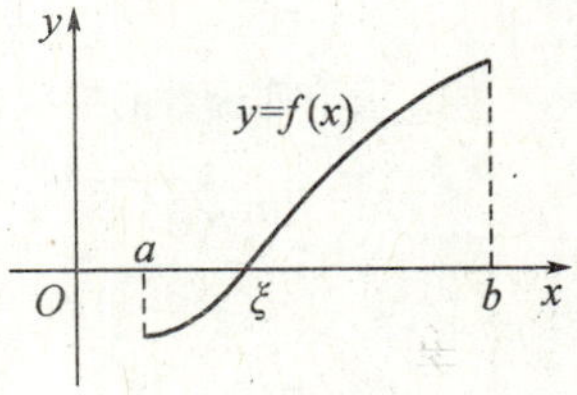

图 4.4

介值定理　若函数 $f(x)$ 在闭区间 $[a,b]$ 上连续，且 $f(a)\neq f(b)$，c 为介于 $f(a)$ 与 $f(b)$ 的任意数，则在 (a,b) 内至少存在一点 ξ，使得 $f(\xi)=c$.

几何解释：位于连续曲线弧 $y=f(x)$ 高低两点间的水平直线 $y=c$ 与这段曲线弧至少有一个交点(如图 4.5 所示).

注：由最值定理与介值定理知，对于在闭区间 $[a,b]$ 上连续函数 $f(x)$，可取得介于其在闭区间 $[a,b]$ 上的最大值与最小值之间的任意一个数.

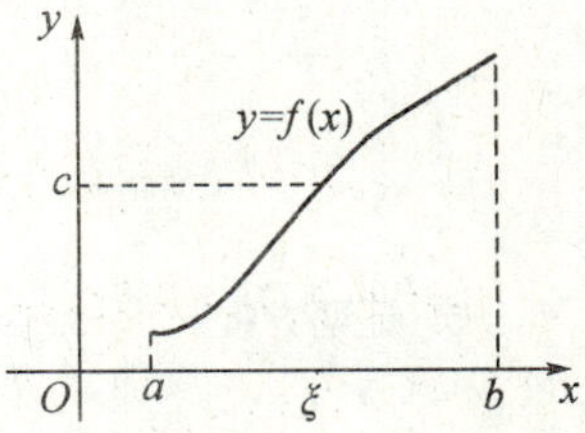

图 4.5

例 5　证明方程 $x^3-x-3=0$ 在 $(1,2)$ 内至少有一个实根.

证明　设函数 $f(x)=x^3-x-3$，显然函数在闭区间 $[1,2]$ 上连续，且 $f(1)=-3<0$，$f(2)=3>0$，所以，方程 $x^3-x-3=0$ 在 $(1,2)$ 内至少有一个实根.

习题 4.1

1. 求下列函数的间断点：

(1) $f(x)=\dfrac{|x|}{x}$；

(2) $f(x)=\begin{cases}x, & 0\leqslant x\leqslant 1,\\ 2-x, & 1<x\leqslant 2.\end{cases}$

2. 判断函数 $y=\dfrac{\sin x}{x}$ 在 $x=0$ 处是否连续.

3. 求函数 $f(x)=\dfrac{(x-1)(x-3)}{x^2-1}$ 的连续区间.

4. 求下列函数的极限：

(1) $\lim\limits_{x\to 0}\sqrt[3]{x^2+1}$；

(2) $\lim\limits_{x\to 0}\ln\left(\dfrac{\sin 2x}{x}-1\right)$；

(3) $\lim\limits_{x\to 0}\dfrac{\ln(1+x)}{x}$；

(4) $\lim\limits_{x\to 0}\dfrac{e^x-1}{x}$.

5. 证明方程 $x^5-3x=1$ 在区间$(1,2)$上至少有一个实数根.

6. 设函数 $f(x)=\begin{cases}\sqrt{x^2+4}, & x<0,\\ a, & x=0,\\ 2x+b, & x>0,\end{cases}$ 则常数 a,b 取何值时，函数 $f(x)$ 在其定义域内连续？

4.2 导数的概念及基本公式

4.2.1 导数的概念

引例(变速运动的瞬时速度) 一质点做变速直线运动,若质点的运行路程 s 与运行时间 t 的关系为 $s = s(t)$,求质点在 t_0 时刻的"瞬时速度".

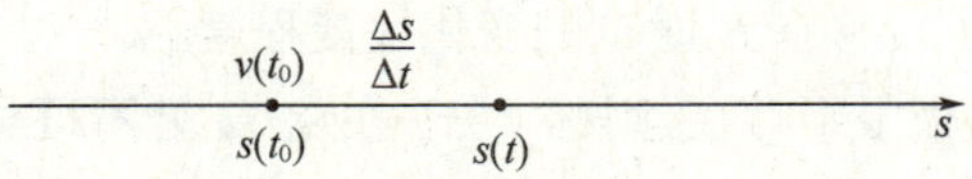

图 4.6

分析 如果质点做匀速直线运动,那就好办了,给一个时间的增量 Δt,那么质点在时刻 t_0 与时刻 $t_0 + \Delta t$ 间隔内的平均速度就是质点在时刻 t_0 的"瞬时速度".

$$v_0 = \bar{v} = \frac{\Delta s}{\Delta t} = \frac{s(t) - s(t_0)}{t - t_0}.$$

可我们要解决的问题没有这么简单,质点作变速直线运动,它的运行速度时刻都在发生变化,那该怎么办呢?首先在时刻 t_0 任给时间一个增量 Δt,考虑质点由 t_0 到 $t_0 + \Delta t$ 这段时间的平均速度

$$\bar{v} = \frac{\Delta s}{\Delta t} = \frac{s(t_0 + \Delta t) - s(t_0)}{\Delta t}.$$

当时间间隔 Δt 很小时,其平均速度就可以近似地看做时刻 t_0 的瞬时速度.用极限思想来解释就是:当 $\Delta t \to 0$,对平均速度取极限:

$$\lim_{\Delta t \to 0} \frac{\Delta s}{\Delta t} = \lim_{\Delta t \to 0} \frac{s(t_0 + \Delta t) - s(t_0)}{\Delta t}. \tag{1}$$

如果这个极限存在的话,其极限值称为质点在时刻 t_0 的瞬时速度.

我们发现上述的瞬时速度问题,最终是运用 $\lim\limits_{\Delta t \to 0} \dfrac{\Delta s}{\Delta t}$,即函数值的增量与自变量增量比值的极限来表示的.很多实际问题,最终也都运用函数值的增量与自变量增量比值的极限来表示,故我们给出其一个数学名称叫导数.

设函数 $y = f(x)$ 在 x_0 的某一邻域内有定义,当自变量 x 在 x_0 处有增量 Δx 时,函数 $y = f(x)$ 相应的增量为 $\Delta y = f(x_0 + \Delta x) - f(x_0)$,若

$$\lim_{\Delta x \to 0} \frac{\Delta y}{\Delta x} = \lim_{\Delta x \to 0} \frac{f(x_0 + \Delta x) - f(x_0)}{\Delta x} \tag{2}$$

存在,则称函数 $f(x)$ 在点 x_0 处**可导**,并称该极限值为函数 $f(x)$ 在点 x_0 处的**导数**,记作 $f'(x_0)$,或 $y'\Big|_{x=x_0}$,$\dfrac{\mathrm{d}y}{\mathrm{d}x}\Big|_{x=x_0}$,$\dfrac{\mathrm{d}f}{\mathrm{d}x}\Big|_{x=x_0}$,

即
$$f'(x_0)=\lim_{\Delta x\to 0}\frac{\Delta y}{\Delta x}=\lim_{\Delta x\to 0}\frac{f(x_0+\Delta x)-f(x_0)}{\Delta x}. \tag{3}$$

由此可见，导数就是函数增量 Δy 与自变量增量 Δx 之比 $\frac{\Delta y}{\Delta x}$ 的极限，一般地，我们称 $\frac{\Delta y}{\Delta x}$ 为函数关于自变量的**平均变化率**，所以导数 $f'(x_0)$ 为 $f(x)$ 在点 x_0 处关于 x 的**变化率**.

所以导数的本质就是变化率，它描述了非均匀变化现象的变化快慢程度. 如 t_0 时刻的瞬时速度就反映了位移在 t_0 时刻的变化快慢程度.

若(2)式或(3)式极限不存在，则称 $f(x)$ 在点 x_0 处**不可导**.

例 1　设函数 $f(x)=|x|$，判断该函数在 $x=1$ 及 $x=0$ 处是否可导?

解　在 $x=1$ 处，我们有 $\lim\limits_{\Delta x\to 0}\frac{|1+\Delta x|-|1|}{\Delta x}=\lim\limits_{\Delta x\to 0}\frac{(1+\Delta x)-1}{\Delta x}=1$，所以函数 $f(x)=|x|$ 在 $x=1$ 处可导，且 $f'(1)=1$.

在 $x=0$ 处，我们考虑 $\lim\limits_{\Delta x\to 0}\frac{|0+\Delta x|-|0|}{\Delta x}$. 因为右极限 $\lim\limits_{\Delta x\to 0^+}\frac{|0+\Delta x|-|0|}{\Delta x}=\lim\limits_{\Delta x\to 0^+}\frac{\Delta x}{\Delta x}=1$，而左极限 $\lim\limits_{\Delta x\to 0^-}\frac{|0+\Delta x|-|0|}{\Delta x}=\lim\limits_{\Delta x\to 0^-}\frac{-\Delta x}{\Delta x}=-1$，左、右极限不相等，所以，$\lim\limits_{\Delta x\to 0}\frac{|0+\Delta x|-|0|}{\Delta x}$ 不存在，所以函数 $f(x)=|x|$ 在 $x=0$ 处不可导.

例 2　求函数 $y=x^2$ 在 $x=x_0$ 处的导数.

解　给自变量 x 在 $x=x_0$ 处以增量 Δx，对应的函数的增量是
$$\Delta y=f(x_0+\Delta x)-f(x_0)=(x_0+\Delta x)^2-x_0^2=2x_0\Delta x+(\Delta x)^2.$$
因此，有
$$\frac{\Delta y}{\Delta x}=\frac{2x_0\Delta x+(\Delta x)^2}{\Delta x}=2x_0+\Delta x.$$
令 $\Delta x\to 0$，对上式两端取极限，得
$$f'(x_0)=\lim_{\Delta x\to 0}\frac{\Delta y}{\Delta x}=\lim_{\Delta x\to 0}\frac{2x_0\Delta x+(\Delta x)^2}{\Delta x}=\lim_{\Delta x\to 0}(2x_0+\Delta x)=2x_0.$$
显然，上式中的 x_0 可以是区间 $(-\infty,+\infty)$ 内的任意值. 因此，函数 $f(x)=x^2$ 在区间 $(-\infty,+\infty)$ 内的每一点都可导.

下面我们讨论函数在一个区间上的可导性.

若函数 $y=f(x)$ 在区间 (a,b) 内每一点都可导，则称函数在区间 (a,b) 内**可导**. 这时，对任意给定的值 $x\in(a,b)$，都有唯一确定的导数值与之对应，因此就构成了 x 的一个新函数，称为**导函数**，记作
$$y',f'(x),\frac{\mathrm{d}y}{\mathrm{d}x}\text{或}\frac{\mathrm{d}f(x)}{\mathrm{d}x},$$

即

$$f'(x)=\lim_{\Delta x\to 0}\frac{\Delta y}{\Delta x}=\lim_{\Delta x\to 0}\frac{f(x+\Delta x)-f(x)}{\Delta x}.$$

注：显然，函数 $y=f(x)$ 在 x_0 处的导数，就是导函数 $f'(x)$ 在点 $x=x_0$ 处的函数值，即

$$f'(x_0)=f'(x)\Big|_{x=x_0}.$$

以后在不会混淆的情况下，我们把导函数称为导数.

例 3　具有 PN 结的半导体器件，其电流微变和引起这个变化的电压微变之比称为低频跨导. 一种 PN 结的半导体器件，其转移特性曲线方程为 $I=5U^2$，求电压 $U=-2$ V 时的低频跨导.

解　低频跨导是电流微变和引起这个变化的电压微变之比，它在 $U=-2$ V 时的变化率为

$$\lim_{\Delta U\to 0}\frac{\Delta I}{\Delta U}=\lim_{\Delta U\to 0}\frac{5(-2+\Delta U)^2-5(-2)^2}{\Delta U}=-20.$$

回顾一下，在引入极限的概念之后，接着引入了单侧极限的概念. 类似于"左、右极限"，下面我们给出左、右导数的概念.

设函数 $y=f(x)$ 在点 x_0 的某右邻域 $(x_0, x_0+\delta)$ 内有定义，若

$\lim\limits_{\Delta x\to 0^+}\dfrac{\Delta y}{\Delta x}=\lim\limits_{\Delta x\to 0^+}\dfrac{f(x_0+\Delta x)-f(x_0)}{\Delta x}$ 存在，则称 $f(x)$ 在点 x_0 处右可导，该极限值称为 $f(x)$ 在 x_0 处的**右导数**，记为 $f'_+(x_0)$，即

$$f'_+(x_0)=\lim_{\Delta x\to 0^+}\frac{f(x_0+\Delta x)-f(x_0)}{\Delta x}.$$

类似地，我们可定义**左导数** $f'_-(x_0)=\lim\limits_{\Delta x\to 0^-}\dfrac{f(x_0+\Delta x)-f(x_0)}{\Delta x}$.

右导数和左导数统称为**单侧导数**.

注：若函数 $y=f(x)$ 在点 x_0 的某领域内有定义，则 $f'(x_0)$ 存在的充要条件是 $f'_+(x_0)$ 与 $f'_-(x_0)$ 都存在，且 $f'_+(x_0)=f'_-(x_0)$.

例 4　设函数 $f(x)=\begin{cases}1+x, & x\geqslant 0,\\ 1-x, & x<0,\end{cases}$ 讨论 $f(x)$ 在 $x_0=0$ 处是否可导.

解　因为 $\dfrac{f(0+\Delta x)-f(0)}{\Delta x}=\begin{cases}1, & \Delta x>0,\\ -1, & \Delta x<0,\end{cases}$

所以 $f'_+(0)=\lim\limits_{\Delta x\to 0^+}\dfrac{f(0+\Delta x)-f(0)}{\Delta x}=1$,

$f'_-(0)=\lim\limits_{\Delta x\to 0^-}\dfrac{f(0+\Delta x)-f(0)}{\Delta x}=-1$，所以 $f'_+(0)\neq f'_-(0)$.

4.2.2 导数的几何意义

导数的几何意义：若函数 $y=f(x)$ 在 x_0 点处可导，则其导数 $f'(x_0)$ 在数值上就等于曲线 $y=f(x)$ 在点 $(x_0,f(x_0))$ 处切线的斜率.

由此可推出 $f'(x_0)=\tan\alpha$，若 $f'(x_0)=0$，则 $\alpha=0$，此时曲线过点 P_0 处的切线平行于 x 轴；若 $f'(x_0)$ 不存在，则 $\alpha=\pm\frac{\pi}{2}$，此时曲线过点 P_0 处的切线垂直于 x 轴.

由导数的几何意义，可以得到曲线在点 $(x_0,f(x_0))$ 的切线与法线方程.

曲线在 $P_0(x_0,y_0)$ 的**切线方程**为

$$y-y_0=f'(x_0)(x-x_0).$$

大家都知道，曲线在点 $P_0(x_0,y_0)$ 处的法线是过此点且与切线垂直的直线，所以它的斜率为 $-\frac{1}{f'(x_0)}(f'(x_0)\neq 0)$，所以

法线方程为 $y-y_0=-\frac{1}{f'(x_0)}(x-x_0)$.

当 $f'(x_0)=0$ 时，法线方程为 $x=x_0$；

当 $f'(x_0)=\pm\infty$ 时，法线方程为 $y=y_0$.

例 5 求曲线 $y=x^2$ 在点 $(2,4)$ 处的切线方程及法线方程.

解 因为 $y'\Big|_{x=2}=4$，所以所求切线方程为 $y-4=4(x-2)$，即 $4x-y-4=0$，所求的法线方程为 $y-4=-\frac{1}{4}(x-2)$，即 $x+4y-18=0$.

4.2.3 可导与连续的关系

函数的连续性保证了曲线的“不断”，而函数的可导则既保证了曲线的“不断”，又保证了曲线的“流畅”或“光滑”.

可导与连续的关系：可导一定连续，连续不一定可导.

我们观察函数 $y=|x|$ 的图像.

图像是连续的，那么是不是可导呢？

我们发现图像在 $x=0$ 处突然拐弯，出现了“尖点”或“不流畅、不光滑”的点（如图 4.7），在例 1 中我们已经证明，函数 $y=|x|$ 在 $x=0$ 处不可导.

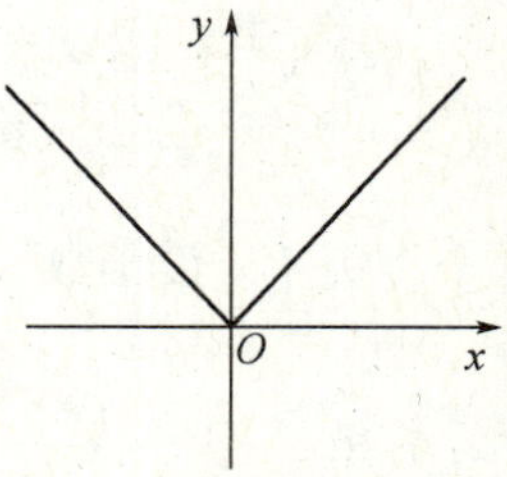

图 4.7

例 6 讨论函数 $f(x)=\sqrt[3]{x}$ 在 $x=0$ 处的连续性和可导性.

解 因为 $\lim\limits_{x\to 0}\sqrt[3]{x}=0=f(0)$，所以 $f(x)$ 在 $x=0$ 处连续.

因为$\lim\limits_{\Delta x\to 0}\dfrac{f(0+\Delta x)-f(0)}{\Delta x}=\lim\limits_{\Delta x\to 0}\dfrac{\sqrt[3]{\Delta x}-0}{\Delta x}=\lim\limits_{\Delta x\to 0}(\Delta x)^{-\frac{2}{3}}=+\infty$，

所以在 $x=0$ 处不可导.

4.2.4 基本初等函数的求导公式

基本初等函数的导数在初等函数的求导中起着十分重要的作用，为了便于熟练掌握，归纳如下：

1. $C'=0$（C 为常数）；
2. $(x^{\alpha})'=\alpha x^{\alpha-1}$（其中 α 为实数）；
3. $(\sin x)'=\cos x$；
4. $(\cos x)'=-\sin x$；
5. $(\tan x)'=\sec^2 x$；
6. $(\cot x)'=-\csc^2 x$；
7. $(\sec x)'=\sec x\cdot\tan x$；
8. $(\csc x)'=-\csc x\cdot\cot x$；
9. $(a^x)'=a^x\ln a(a>0,a\neq 1)$，特别地$(\mathrm{e}^x)'=\mathrm{e}^x$；
10. $(\log_a x)'=\dfrac{1}{x\ln a}(a>0,a\neq 1)$，特别地$(\ln x)'=\dfrac{1}{x}$；
11. $(\arcsin x)'=\dfrac{1}{\sqrt{1-x^2}},x\in(-1,1)$；
12. $(\arccos x)'=-\dfrac{1}{\sqrt{1-x^2}},x\in(-1,1)$；
13. $(\arctan x)'=\dfrac{1}{1+x^2},x\in\mathbf{R}$；
14. $(\mathrm{arccot}\,x)'=-\dfrac{1}{1+x^2},x\in\mathbf{R}$.

上面的求导公式，有的可以用导数的定义直接推出，有的还要用到后面的求导法则进行推导，这里不做推导.

习题 4.2

1. 某物体作直线运动的方程为 $s=t^2-t+1$，试求：

(1) 物体在 1 秒到 $1+\Delta t$ 秒的平均速度；

(2) 物体在 1 秒时的瞬时速度.

2. 根据导数的定义，求下列函数的导数：

(1) $y = x^2 + 3$；　　　　(2) $y = \sin 2x$.

3. 求下列函数在 $x = 1$ 处的导数：

(1) $y = x^3$；　　　　(2) $y = \ln x$.

4. 求曲线 $y = \ln x$ 在 $x = \mathrm{e}$ 的切线方程和法线方程.

5. 讨论曲线 $y = \sqrt[3]{x}$ 在 $x = 0$ 处是否连续？是否可导？是否有切线？

6. 讨论函数 $f(x) = \begin{cases} x^2, & x \leqslant 0, \\ 2x, & x > 0 \end{cases}$ 在 $x = 0$ 处的连续性和可导性.

4.3 导数的运算

定义法求导适合较为简单的函数. 但是，对于较复杂的初等函数，利用定义就可能非常麻烦了. 我们知道，初等函数是由基本初等函数经过四则运算和复合而得到的，所以我们要探讨四则运算和复合运算的求导法则，以及反函数的求导法则，进而解决初等函数的求导问题.

4.3.1 导数的四则运算法则

法则 设函数 $u(x)$，$v(x)$ 在点 x 处可导，则它们的和、差、积与商在 x 处也可导，

且

(1) $(u(x)\pm v(x))'=u'(x)\pm v'(x)$；

(2) $(u(x)v(x))'=u(x)v'(x)+u'(x)v(x)$；

(3) $\left(\frac{v(x)}{u(x)}\right)'=\frac{v'(x)u(x)-v(x)u'(x)}{u^2(x)}(u(x)\neq 0)$.

证明略.

例 1 设函数 $f(x)=x\sin x+3e^x-\sqrt{2}$，求 $f'(x)$，$f'(0)$.

解 $f'(x)=(x\sin x)'+(3e^x)'-(\sqrt{2})'=\sin x+x\cos x+3e^x$，
将 $x=0$ 代入得 $f'(0)=3$.

例 2 设 $y=\tan x$，求 y'.

解 $y'=(\tan x)'=\left(\frac{\sin x}{\cos x}\right)'=\frac{(\sin x)'\cos x-\sin x(\cos x)'}{\cos^2 x}=\frac{\cos^2 x+\sin^2 x}{\cos^2 x}=\frac{1}{\cos^2 x}$，

即
$$(\tan x)'=\sec^2 x.$$

同理可得 $(\cot x)'=-\csc^2 x$；$(\sec x)'=\tan x\cdot\sec x$；$(\csc x)'=-\csc x\cdot\cot x$.

例 3 已知某物体做直线运动，运动方程为 $s=(t+3)(t+2)+\ln t$，s(单位：m)，t(单位：s). 求在 $t=3$ s 时物体的速度?

解 物体运动的速度为

$$v=\frac{ds}{dt}=[(t+3)(t+2)+\ln t]'=[(t+3)(t+2)]'+(\ln t)'$$
$$=(t+3)'(t+2)+(t+3)(t+2)'+\frac{1}{t}=2t+\frac{1}{t}+5.$$

$t=3$ s 时的速度为 $v\Big|_{t=3}=\left(2t+\frac{1}{t}+5\right)\Big|_{t=3}=\frac{34}{3}$ (m/s).

例 4 电路中某点处的电流 i 是通过该点处的电量 q 关于时间 t 的瞬时变化率，如果某一电路中的电量为 $q(t)=t^3+2t$. 求

(1) 电流函数 $i(t)$；

(2) $t=2$ 时的电流是多少?

解 (1) $i(t)=\frac{dq}{dt}=3t^2+2$.

(2) $i(2)=i(t)\Big|_{t=2}=(3t^2+2)\Big|_{t=2}=14$.

4.3.2 复合函数的求导法则

我们知道 y' 也可为 $\frac{dy}{dx}$. 于是，进一步的有

$$y' = \frac{dy}{dx} = \frac{dy}{du} \cdot \frac{du}{dx},$$

即

$$y' = y'_u \cdot u'_x.$$

下面，用一个例子来验证一下.

已知函数 $y = (2x+3)^2$，求 y'.

因为 $y = (2x+3)^2 = 4x^2 + 12x + 9$，

所以 $y'_x = (4x^2)' + (12x)' + (9)' = 8x + 12 = 4(2x+3)$.

另一方面，$y = (2x+3)^2$ 可以看作是由 $y = u^2, u = 2x+3$ 复合而成的函数.

由于 $y'_u = 2u = 2(2x+3), u'_x = (2x+3)' = 2$，

因而 $y'_u \cdot u'_x = 2(2x+3) \cdot 2 = 4(2x+3)$.

于是，在本例中有等式 $y'_x = y'_u \cdot u'_x$，

一般地，有，

若函数 $y = f(u), u = \varphi(x)$ 均可导，则复合函数 $y = f[\varphi(x)]$ 也可导，且

$$y'_x = y'_u \cdot u'_x \text{或} y'_x = f'(u) \cdot \varphi'(x) \text{或} \frac{dy}{dx} = \frac{dy}{du} \cdot \frac{du}{dx}.$$

这就是复合函数的求导法则.

在对复合函数进行求导时，我们就使用此法则. 其中的关键是对复合函数的分解，同时要搞清楚 y'_x, y'_u, u'_x 这三个记号所表示的导数的不同.

例 5 求 $y = \cos 2x$ 的导数.

解 令 $y = \cos u, u = 2x$，则 $y'_x = y'_u \cdot u'_x = -\sin u \cdot 2 = -2\sin 2x$.

注意，u 必须回代为 $2x$.

例 6 求 $y = (2x-3)^5$ 的导数.

解 令 $y = u^5, u = 2x-3$，则 $y'_x = y'_u \cdot u'_x = 5u^4 \cdot 2 = 10(2x-3)^4$.

例 7 求 $y = e^{\sqrt{x}}$ 的导数.

解 熟悉复合函数的分解过程之后，可以不写出分解过程. 但要默记中间变量.

$$y' = e^{\sqrt{x}} \cdot (\sqrt{x})' = e^{\sqrt{x}} \cdot \frac{1}{2\sqrt{x}}.$$

注：对于有两个及两个以上中间变量的复合函数求导，同样遵循复合函数的链式求导法则. 即先将复合函数分解，再将每个函数分别求导，然后相乘，最后回代.

4.3.3 隐函数的求导法

前面我们介绍的都是以 $y = f(x)$ 的形式出现的显式函数的求导法则. 但在实际中，有许多函数关系式是隐藏在一个方程中，这个函数不一定能写成 $y = f(x)$ 的形式，例如 $xy + e^x + e^y - e = 0$ 所确定的函数就不能写成 $y = f(x)$ 的形式. 尽管有时能

够表示，但从问题的需要来说没有这个必要.

一般地，通常把由二元方程 $F(x,y)=0$ 所确定的 y 与 x 的关系式称为**隐函数**.

隐函数求导的具体解法如下：

(1) 对方程 $F(x,y)=0$ 的两端同时关于 x 求导，在求导过程中把 y 看成 x 的函数，也就是把它作为中间变量来看待(有时也可以把 x 看作函数，y 看作自变量).

(2) 求导之后得到一个关于 y' 的一次方程，解此方程，便得 y' 的表达式. 当然，在此表达式内可能会含有 y，这没关系，让它保留在式子中就可以了.

例 8　设 $xy+e^x+e^y-e=0$，求 y'.

解　对 $xy+e^x+e^y-e=0$ 两边关于 x 求导得

$y+x\cdot y'+e^x+e^y\cdot y'=0$，所以 $(x+e^y)\cdot y'=-(y+e^x)$，

即 $y'=-\dfrac{y+e^x}{x+e^y}$.

例 9　求由方程 $y=\cos(x+y)$ 所确定的 $y=f(x)$ 的导数.

解　两边同时对 x 求导数得

$$y'=-\sin(x+y)(1+y').$$

解得 $y'=-\dfrac{\sin(x+y)}{1+\sin(x+y)}$.

有些函数求导时，如果先对等式两边取对数，然后按隐函数求导法则求导数，往往可使运算简化，这种方法称为对数求导法.

具体的求法，我们以实例来说明.

例 10　设 $y=x^{\sin x}(x>0)$，求 $\dfrac{dy}{dx}$.

这类函数，我们称其为幂指函数，在我们前面所介绍的公式和法则中，还没有这类函数的导数. 下面我们就来解决它.

解　对 $y=x^{\sin x}$ 两边取对数，得到 $\ln y=\ln x^{\sin x}=\sin x\ln x$，由隐函数求导法则，方程 $\ln y=\sin x\ln x$ 两边关于 x 求导数，得 $\dfrac{1}{y}\cdot y'=\cos x\ln x+\dfrac{\sin x}{x}$，于是，

$$y'=y\left(\cos x\ln x+\frac{\sin x}{x}\right)=x^{\sin x}\left(\cos x\ln x+\frac{\sin x}{x}\right)$$

对于幂指函数求导，有时可以直接根据对数的性质以及复合函数的求导法则求导，无须转化为隐函数. 如：

因为 $y=x^{\sin x}=e^{\ln x^{\sin x}}=e^{\sin x\ln x}$，所以它是由 $y=e^u$，$u=\sin x\ln x$ 复合而成的，故 $y'=\dfrac{dy}{du}\cdot\dfrac{du}{dx}=e^{\sin x\ln x}\left(\cos x\ln x+\sin x\cdot\dfrac{1}{x}\right)=x^{\sin x}\left(\cos x\ln x+\sin x\cdot\dfrac{1}{x}\right)$.

例 11　求 $y=\sqrt[5]{\dfrac{(x-1)(x-3)}{(x-2)^3(x-4)}}$ 的导数.

解　如果直接用四则运算法则来解，比较麻烦.

两边取对数，得

$$\ln y=\frac{1}{5}[\ln(x-1)+\ln(x-3)-3\ln(x-2)-\ln(x-4)].$$

两边同时对 x 求导数，得

$$\frac{1}{y}\cdot y'=\frac{1}{5}\left(\frac{1}{x-1}+\frac{1}{x-3}-\frac{3}{x-2}-\frac{1}{x-4}\right).$$

$$y'=\frac{1}{5}\cdot\sqrt[5]{\frac{(x-1)(x-3)}{(x-2)^3(x-4)}}\cdot\left(\frac{1}{x-1}+\frac{1}{x-3}-\frac{3}{x-2}-\frac{1}{x-4}\right).$$

注：当函数关系式是由若干个简单函数以及幂指函数，经过乘方、开方、乘、除等运算组合而成的时候，应考虑用取对数求导法求这类函数的导数.

4.3.4　参数方程的求导法

我们在确定变量关系的时候，有时需要引入参数变量，例如在刻画物体的运动轨迹时，常常要引入时间变量，这对讨论物体的运动规律很有帮助.

一般地，我们把$\begin{cases}x=\varphi(t),\\y=\psi(t)\end{cases}$称为参数方程，它通过参数 t 确定了变量 x,y 之间的函数. 而在求函数的导数时，一般不需要消去参数 t. 通常我们有，

若 $\varphi(t),\psi(t)$ 都可导，且 $\varphi'(t)\neq 0$，则 $y'=\dfrac{\mathrm{d}y}{\mathrm{d}x}=\dfrac{\frac{\mathrm{d}y}{\mathrm{d}t}}{\frac{\mathrm{d}x}{\mathrm{d}t}}=\dfrac{y'_t}{x'_t}$.

例 12　求曲线$\begin{cases}x=2t,\\y=t^3\end{cases}$在点$(2,1)$处的切线方程.

解　$t=1$ 时对应于曲线上的点$(2,1)$.

因为$\dfrac{\mathrm{d}y}{\mathrm{d}x}=\dfrac{y'_t}{x'_t}=\dfrac{3t^2}{2}$，所以切线斜率 $k=\left.\dfrac{3t^2}{2}\right|_{t=1}=\dfrac{3}{2}$.

则所求切线方程为 $y-1=\dfrac{3}{2}(x-2)$，即 $3x-2y-4=0$.

4.3.5　高阶导数

我们知道，物体的运动方程 $s=s(t)$ 的导数 $s'(t)$ 是速度 $v(t)$，而速度 $v(t)$ 相对于时间的变化率 $v'(t)$ 是加速度 $a(t)$，而 $a(t)$ 是 $s(t)$ 经过两次求导得到的，即 $a(t)=(s'(t))'$，那么，我们把 $a(t)$ 称为 $s(t)$ 的二阶导数.

一般地，有，

设函数 $y=f(x)$ 的导数为 $f'(x)$，若 $f'(x)$ 可导，则称$[f'(x)]'$为$f(x)$的**二阶导**

数，记作 y''，$f''(x)$ 或 $\dfrac{d^2y}{dx^2}$；

若 $f''(x)$ 的导数存在，则称 $f''(x)$ 的导数 $[f''(x)]'$ 为 $y=f(x)$ 的**三阶导数**，记作 y'''，$f'''(x)$ 或 $\dfrac{d^3y}{dx^3}$；

类似地，若 $y=f(x)$ 的 $n-1$ 阶导数可导，则称其导数为 $y=f(x)$ 的 n 阶导数，记作 $y^{(n)}$，$f^{(n)}(x)$ 或 $\dfrac{d^ny}{dx^n}$.

因此，我们把函数的二阶和二阶以上的导数称为函数的**高阶导数**.

显然，高阶导数的计算方法同一阶导数的计算方法，从一阶求起，逐阶求导.

例 13　求函数 $y=xe^x$ 的三阶导数.

解　$y'=e^x+xe^x=(x+1)e^x$；$y''=e^x+(x+1)e^x=(x+2)e^x$；

$y'''=e^x+(x+2)e^x=(x+3)e^x$.

例 14　求函数 $y=e^{2x}$ 的 n 阶导数 $y^{(n)}$.

解　求 n 阶导数的方法是先求出一阶、二阶、三阶导数等，然后观察每次求导的变化规律，最后写出 n 阶导数.

$y'=2\cdot e^{2x}$；

$y''=(y')'=2\cdot(2e^{2x})=2^2e^{2x}$.

对于 $y=e^{2x}$，显然每次求导后的变化规律是系数乘以 2，所以 $y^{(n)}=2^ne^{2x}$.

例 15　设某物体作直线运动，运动方程为 $s=t^3-t^2+1$，求 $t=2$ s时的速度和加速度.

解　$v(t)=\dfrac{ds}{dt}=3t^2-2t$，$a(t)=\dfrac{d^2s}{dt^2}=6t-2$，

所以 $v(2)=8(\text{m/s})$；$a(2)=10(\text{m/s}^2)$.

习题 4.3

1. 求下列各函数的导数.

(1) $y=\sqrt[3]{x}$；　　(2) $y=2^x+\dfrac{1}{x}$；

(3) $y=x^2\cos x\ln x$；　　(4) $y=\dfrac{x-1}{x+1}$.

2. 求函数 $y=\frac{\arctan x}{1+x^2}$ 在 $x=0, x=1$ 点处的导数值.

3. 求下列函数的导数：

(1) $y=\frac{1}{3x-7}$；

(2) $y=3\arcsin(\sqrt{x})$；

(3) $y=\tan(3x-1)$；

(4) $y=xe^{-x}+x^2e^{\frac{x}{2}}$；

(5) $y=\cos^3(\cos x)$；

(6) $y=\ln^3(x+1)$.

4. 求曲线 $y=x\cdot\ln x$ 在 $x=e$ 处的切线方程和法线方程.

5. 求下列方程确定的隐函数 y 的导数：

(1) $e^y+xy-5=0$；

(2) $y+x\cos y=1$.

6. 求参数方程 $\begin{cases}x=t-\sin t,\\ y=1-\cos t\end{cases}$ 确定的函数 y 的导数.

7. 求下列各函数的二阶导数：

(1) $y=3x\cos x$；

(2) $y=e^{\frac{1}{x}}$.

8. 设函数 $f(x)=e^x \cdot \sin x$，求 $f''(0)$.

9. 设质点作直线运动，运动规律为 $s(t)=3e^{2t}\cos t$，求质点的初始速度和初始加速度.

4.4 偏导数

对于二元函数，把其中一个自变量固定不变，而研究另一个自变量的变化率，这样就可以把多元函数转化为一元函数来对待并求其导数. 这就是下面要讨论的二元函数的偏导数.

4.4.1 二元函数的偏导数

设函数 $z=f(x,y)$ 在点 (x_0,y_0) 的某一邻域内有定义，当 y 固定在 y_0，而 x 在 x_0 处取得增量 Δx 时，相应的函数的增量为 $\Delta_x z=f(x_0+\Delta x,y_0)-f(x_0,y_0)$（称为**偏增量**）. 如果极限

$$\lim_{\Delta x\to 0}\frac{\Delta_x z}{\Delta x}=\lim_{\Delta x\to 0}\frac{f(x_0+\Delta x,y_0)-f(x_0,y_0)}{\Delta x} \tag{1}$$

存在，则称此极限为函数 $z=f(x,y)$ 在点 (x_0,y_0) 处**对 x 的偏导数**，记作

$$\left.\frac{\partial z}{\partial x}\right|_{(x_0,y_0)},\left.\frac{\partial f}{\partial x}\right|_{(x_0,y_0)},z'_x(x_0,y_0) \text{ 或 } f'_x(x_0,y_0).$$

类似地，如果极限

$$\lim_{\Delta y\to 0}\frac{\Delta_y z}{\Delta y}=\lim_{\Delta y\to 0}\frac{f(x_0,y_0+\Delta y)-f(x_0,y_0)}{\Delta y} \tag{2}$$

存在，则称此极限为函数 $z=f(x,y)$ 在点 (x_0,y_0) 处**对 y 的偏导数**，记作

$$\left.\frac{\partial z}{\partial y}\right|_{(x_0,y_0)},\left.\frac{\partial f}{\partial y}\right|_{(x_0,y_0)},z'_y(x_0,y_0) \text{ 或 } f'_y(x_0,y_0).$$

当函数 $z=f(x,y)$ 在点 (x_0,y_0) 处对 x 和 y 的偏导数都存在时，我们称 $f(x,y)$ 在点 (x_0,y_0) 处**可偏导**.

如果函数 $z=f(x,y)$ 在某区域 D 内每一点 (x,y) 处都可偏导，那么 $f(x,y)$ 关于 x 和 y 的偏导数仍然是 x,y 的二元函数，我们称它们为 $f(x,y)$ 的**偏导函数**，记作

$$\frac{\partial z}{\partial x},\frac{\partial z}{\partial y};\ \frac{\partial f}{\partial x},\frac{\partial f}{\partial y};\ z'_x,z'_y \text{ 或 } f'_x(x,y),f'_y(x,y).$$

为了简便，偏导函数也简称为偏导数.

对于二元以上的函数,用同样的方法可以定义偏导数.

从偏导数的定义可以看出,求多元函数对一个自变量的偏导数时,实际上只需将其他自变量看成常数,按照一元函数的求导法则进行即可.

例 1 求函数 $z=x^2y^2$ 的偏导数.

解 保持自变量 y 不变,$\frac{\partial z}{\partial x}=2xy^2$;

保持自变量 x 不变,$\frac{\partial z}{\partial y}=2x^2y$.

例 2 求函数 $z=\frac{x}{\sqrt{x^2+y^2}}$ 的偏导数$\left.\frac{\partial z}{\partial x}\right|_{\substack{x=0\\y=1}}$,$\left.\frac{\partial z}{\partial y}\right|_{\substack{x=0\\y=1}}$.

解 $\left.\frac{\partial z}{\partial x}\right|_{\substack{x=0\\y=1}}=\left.\left[\frac{1}{\sqrt{x^2+y^2}}-\frac{x^2}{\sqrt{(x^2+y^2)^3}}\right]\right|_{\substack{x=0\\y=1}}=1$;

$\left.\frac{\partial z}{\partial y}\right|_{\substack{x=0\\y=1}}=\left.\left[-\frac{xy}{\sqrt{(x^2+y^2)^3}}\right]\right|_{\substack{x=0\\y=1}}=0$.

例 3 设函数 $z=xy+x^3$,求$\frac{\partial z}{\partial x}+\frac{\partial z}{\partial y}$.

解 由于$\frac{\partial z}{\partial x}=y+3x^2$,$\frac{\partial z}{\partial y}=x$. 因此

$$\frac{\partial z}{\partial x}+\frac{\partial z}{\partial y}=y+3x^2+x.$$

4.4.2 高阶偏导数

由上面的例子可以看出:函数 $z=f(x,y)$ 对于 x 或 y 的偏导数仍是 x,y 的二元函数,如果$\frac{\partial z}{\partial x}$,$\frac{\partial z}{\partial y}$对自变量 x 和 y 的偏导数也存在,则他们的偏导数称为 $f(x,y)$ 的**二阶偏导数**,记为

$$\frac{\partial}{\partial x}\left(\frac{\partial z}{\partial x}\right)=\frac{\partial^2 z}{\partial x^2},\frac{\partial}{\partial y}\left(\frac{\partial z}{\partial y}\right)=\frac{\partial^2 z}{\partial y^2}\text{(纯导数)}.$$

$$\frac{\partial}{\partial y}\left(\frac{\partial z}{\partial x}\right)=\frac{\partial^2 z}{\partial x\partial y},\frac{\partial}{\partial x}\left(\frac{\partial z}{\partial y}\right)=\frac{\partial^2 z}{\partial y\partial x}\text{(混合偏导数)}.$$

或简记为 z''_{xx},z''_{xy},z''_{yy},z''_{yx} 或 f''_{xx},f''_{xy},f''_{yx},f''_{yy}.

例 4 设函数 $u=e^{ax}\cos by$,求二阶偏导数.

解 $\frac{\partial u}{\partial x}=ae^{ax}\cos by$,$\frac{\partial u}{\partial y}=-be^{ax}\sin by$;$\frac{\partial^2 u}{\partial x^2}=a^2e^{ax}\cos by$,$\frac{\partial^2 u}{\partial y^2}=-b^2e^{ax}\cos by$,

$\frac{\partial^2 u}{\partial x\partial y}=-abe^{ax}\sin by$,$\frac{\partial^2 u}{\partial y\partial x}=-abe^{ax}\sin by$.

例 5 设函数 $z=x^3y^2-3xy^3-xy+1$,求$\frac{\partial^2 z}{\partial x^2}$,$\frac{\partial^2 z}{\partial y\partial x}$,$\frac{\partial^2 z}{\partial x\partial y}$,$\frac{\partial^2 z}{\partial y^2}$及$\frac{\partial^3 z}{\partial x^3}$.

解　$\frac{\partial z}{\partial x}=3x^2y^2-3y^3-y,\frac{\partial z}{\partial y}=2x^3y-9xy^2-x;\frac{\partial^2 z}{\partial x^2}=6xy^2,\frac{\partial^3 z}{\partial x^3}=6y^2,$

$\frac{\partial^2 z}{\partial y^2}=2x^3-18xy;\frac{\partial^2 z}{\partial x\partial y}=6x^2y-9y^2-1,\frac{\partial^2 z}{\partial y\partial x}=6x^2y-9y^2-1.$

问题：混合偏导数都相等吗？

例 6　设函数 $f(x,y)=\begin{cases}\frac{x^3y}{x^2+y^2}, & (x,y)\neq(0,0),\\ 0, & (x,y)=(0,0),\end{cases}$ 求 $f(x,y)$ 的二阶混合偏导数.

解　当 $(x,y)\neq(0,0)$ 时,

$$f'_x(x,y)=\frac{3x^2y(x^2+y^2)-2x\cdot x^3y}{(x^2+y^2)^2}=\frac{3x^2y}{x^2+y^2}-\frac{2x^4y}{(x^2+y^2)^2},$$

$$f'_y(x,y)=\frac{x^3}{x^2+y^2}-\frac{2x^3y^2}{(x^2+y^2)^2};$$

当 $(x,y)=(0,0)$ 时,按定义可知

$$f'_x(0,0)=\lim_{\Delta x\to 0}\frac{f(\Delta x,0)-f(0,0)}{\Delta x}=\lim_{\Delta x\to 0}\frac{0}{\Delta x}=0,$$

$$f'_y(0,0)=\lim_{\Delta y\to 0}\frac{f(0,\Delta y)-f(0,0)}{\Delta y}=\lim_{\Delta y\to 0}\frac{0}{\Delta y}=0,$$

$$f''_{xy}(0,0)=\lim_{\Delta y\to 0}\frac{f'_x(0,\Delta y)-f'_x(0,0)}{\Delta y}=0,$$

$$f''_{yx}(0,0)=\lim_{\Delta x\to 0}\frac{f'_y(\Delta x,0)-f'_y(0,0)}{\Delta x}=1,$$

显然 $f''_{xy}(0,0)\neq f''_{yx}(0,0)$.

问题：具备怎样的条件才能使混合偏导数相等？

结论：如果函数 $z=f(x,y)$ 的两个二阶混合偏导数 $\frac{\partial^2 z}{\partial y\partial x}$ 及 $\frac{\partial^2 z}{\partial x\partial y}$ 在区域 D 内连续,那么在该区域内这两个二阶混合偏导数必相等.

习题 4.4

1. 求下列函数的偏导数：

(1) $z=x^3y-xy^3$；　　(2) $z=\frac{3}{y^3}-\frac{1}{\sqrt[3]{x}}+\ln 5$；

(3) $z = xe^{-xy}$；　　　　(4) $z = \dfrac{x+y}{x-y}$；

(5) $z = \arctan\dfrac{y}{x}$；　　　　(6) $z = \sin(xy) + \cos^2(xy)$.

2. 求下列函数的所有二阶偏导数：

(1) $z = x^3 + y^3 - 2x^2y^2$；　　　　(2) $z = \arctan\dfrac{x}{y}$；

(3) $z = x^y$；　　　　(4) $z = e^y\cos x$.

4.5　线性主部和微分

在实际问题中，往往需要我们计算函数的增量. 但增量的精确值通常很难算. 而对于一些实际问题，只需要知道增量的近似值. 那么如何能方便地求出增量的近似值呢？这就是我们所要研究的微分.

4.5.1　微分的概念

引例　一边长为 x 的正方形金属薄片，受热后边长增加 Δx，问其面积增加多少？

分析　由已知可得受热前的面积 $S = x^2$，那么，受热后面积的增量是

$$\Delta S = (x+\Delta x)^2 - x^2 = 2x\Delta x + (\Delta x)^2.$$

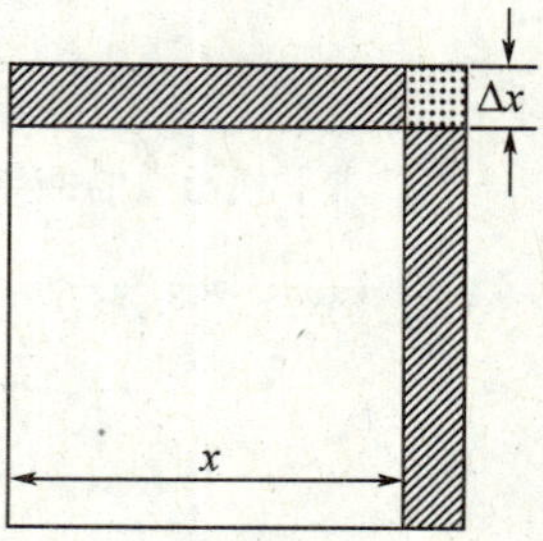

图 4.8

从几何图形上，可以看到，面积的增量可分为两个部分，一是两个矩形的面积总和 $2x\Delta x$(阴影部分)；二是右上角的正方形的面积$(\Delta x)^2$. 其中，$2x\Delta x$ 是 Δx 的线性部分，$(\Delta x)^2$ 是 Δx 高阶无穷小部分.

这样一来，当 Δx 非常微小的时候，而$(\Delta x)^2$ 可以忽略不

记，面积的增量主要部分就是 $2x\Delta x$，也就是说，可以用 $2x\Delta x$ 来代替面积的增量. 这时，我们把 $2x\Delta x$ 称作函数增量 ΔS 的线性主部.

通常，函数增量 Δy 的精确值很难求，于是我们就用它的线性主部来近似的表示它，再赋予它一个数学名词 —— 微分. 具体的来说：

设函数 $y=f(x)$ 当自变量 x 从 x_0 改变到 $x_0+\Delta x$ 时，函数值的改变量 $\Delta y=f(x_0+\Delta x)-f(x_0)$，若 Δy 可以表示为 Δx 线性函数 $A\cdot\Delta x$（A 是与 Δx 无关、与 x_0 有关的常数）与一个比 Δx 更高阶的无穷小之和，即

$$\Delta y=A\cdot\Delta x+o(\Delta x),$$

则称函数 $f(x)$ 在 x_0 处可微，而 $A\cdot\Delta x$ 即为函数 $f(x)$ 在点 x_0 处的微分，记作 $\mathrm{d}y\Big|_{x=x_0}$，即

$$\mathrm{d}y\Big|_{x=x_0}=A\cdot\Delta x.$$

$A\cdot\Delta x$ 通常称为 $\Delta y=A\cdot\Delta x+o(\Delta x)$ 的**线性主部**.

解决了微分的概念之后，接下来就要解决如何求微分了. 我们已经知道了关系式 $\mathrm{d}y\Big|_{x=x_0}=A\Delta x$，可 A 是一个什么东西?怎么求呢?

可以证明，当函数 y 在点 x_0 处可微时，$\mathrm{d}y\Big|_{x=x_0}=A\Delta x$ 中的 A 为函数 y 的导数.（证明从略）

注：函数 $f(x)$ 在点 x_0 处可导和可微是等价的，函数 $y=f(x)$ 在点 x_0 处的微分可表示为

$$\mathrm{d}y\Big|_{x=x_0}=f'(x_0)\Delta x.$$

例 1 求函数 $y=x^3+2x$ 在 $x=1,\Delta x=0.01$ 时的改变量和微分.

解 由函数改变量、微分的定义可知，当 $x=1,\Delta x=0.01$ 时，

$\Delta y=f(x+\Delta x)-f(x)=f(1.01)-f(1)=3.050\,301-3=0.050\,301$，

$\mathrm{d}y=y'\Delta x=(3x^2+2)\Delta x=0.05$.

若函数 $y=f(x)$ 在定义域中任意点 x 处可微，则称函数 $f(x)$ 是**可微函数**，它在 x 处的微分记作 $\mathrm{d}y$ 或 $\mathrm{d}f(x)$，即 $\mathrm{d}y=f'(x)\cdot\Delta x$.

为了便于讨论，在数学上有一个约定：

自变量 x 的增量等于自变量的微分，即 $\Delta x=\mathrm{d}x$.

因此函数 $y=f(x)$ 的微分通常记为 $\mathrm{d}y=f'(x)\mathrm{d}x$.

注意到导数的一种表示符号：$\dfrac{\mathrm{d}y}{\mathrm{d}x}$. 现在，函数的导数可以赋予一种新的解释：导数就是函数的微分 $\mathrm{d}y$ 与自变量的微分 $\mathrm{d}x$ 的商. 因此，导数也叫做**微商**.

例 2 求函数 $y=\sin x$ 的微分.

解 由微分的定义可知，$dy = f'(x)dx$，
所以

$$dy = d(\sin x) = (\sin x)'dx = \cos x dx.$$

4.5.2 微分的几何意义

如图 4.9 所示，设曲线方程为 $y = f(x)$，PT 是曲线上点 $P(x, y)$ 处的切线，且设 PT 的倾斜角为 α，则 $\tan\alpha = f'(x)$.

在曲线上取一点 $Q(x+\Delta x, y+\Delta y)$，则 $PM = \Delta x$，$MQ = \Delta y$，$MN = PM \cdot \tan\alpha$，所以 $MN = \Delta x \cdot f'(x) = dy$，因此函数的微分 $dy = f'(x) \cdot \Delta x$ 是当 x 改变了 Δx 时曲线过点 P 的切线纵坐标的改变量，这就是微分的几何意义.

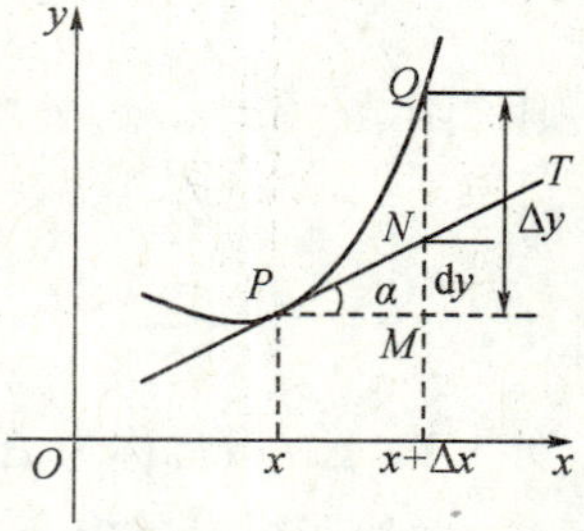

图 4.9

4.5.3 微分的运算法则与公式

因为微分 $dy = f'(x)dx$，所以由导数的运算法则与公式，我们能立刻推导出微分的运算法则与公式，现列出如下，以便查阅.

1. 基本微分法则

(1) $d(u \pm v) = du \pm dv$；

(2) $d(uv) = vdu + udv$；

(3) $d\left(\dfrac{u}{v}\right) = \dfrac{vdu - udv}{v^2}$；

(4) $df(g(x)) = f'(u)du = f'(g(x))g'(x)dx$，其中 $u = g(x)$.

在法则 4 中 $df(u) = f'(u)du$. 这与(1)式在形式上是一样的. 这就是说，不论 u 是自变量还是中间变量，函数 $y = f(u)$ 的微分形式总是 $df(u) = f'(u)du$. 这个性质称为**一阶微分形式的不变性**.

2. 基本微分公式

(1) $dC = 0$(C 为常数)；

(2) $d(x^\alpha) = \alpha x^{\alpha-1}dx$($\alpha$ 为任意常数)；

(3) $d(\sin x) = \cos x dx$，$d(\cos x) = -\sin x dx$；

(4) $d(\tan x) = \sec^2 x dx$，$d(\cot x) = -\csc^2 x dx$；

(5) $d(\sec x) = \sec x \cdot \tan x dx$，$d(\csc x) = -\csc x \cdot \cot x dx$；

(6) $d(a^x) = a^x \ln a dx$，$d(e^x) = e^x dx$；

(7) $d(\log_a x) = \dfrac{1}{x\ln a}dx$，$d(\ln x) = \dfrac{1}{x}dx$；

(8) $d(\arcsin x) = \dfrac{1}{\sqrt{1-x^2}}dx$，$x \in (-1, 1)$；

$$\mathrm{d}(\arccos x)=-\frac{1}{\sqrt{1-x^2}}\mathrm{d}x, x\in(-1,1);$$

(9) $\mathrm{d}(\arctan x)=\frac{1}{1+x^2}\mathrm{d}x, \mathrm{d}(\mathrm{arccot} x)=-\frac{1}{1+x^2}\mathrm{d}x.$

例 3　求函数 $y=\frac{2x+1}{3x-5}$ 的微分.

解　$\mathrm{d}y=\mathrm{d}\left(\frac{2x+1}{3x-5}\right)=\frac{(3x-5)\mathrm{d}(2x+1)-(2x+1)\mathrm{d}(3x-5)}{(3x-5)^2}$

$$=\frac{2(3x-5)\mathrm{d}x-3(2x+1)\mathrm{d}x}{(3x-5)^2}=\frac{-13\mathrm{d}x}{(3x-5)^2}.$$

例 4　求函数 $y=\cos^2(3x+1)$ 的微分.

解　$\mathrm{d}y=\mathrm{d}(\cos^2(3x+1))=2\cos(3x+1)\mathrm{d}(\cos(3x+1))$

$$=-2\cos(3x+1)\sin(3x+1)\mathrm{d}(3x+1)$$

$$=-6\cos(3x+1)\sin(3x+1)\mathrm{d}x$$

$$=-3\sin(6x+2)\mathrm{d}x.$$

4.5.4　微分的应用

1. 近似计算

当 $y=f(x)$ 在 x_0 可微时有 $\Delta y\approx \mathrm{d}y\Big|_{x=x_0}$，

所以 $f(x_0+\Delta x)-f(x_0)\approx f'(x_0)\Delta x$，

即 $f(x_0+\Delta x)\approx f(x_0)+f'(x_0)\Delta x$，

所以，当 Δx 很小时，我们可以由下列式子近似地计算出 $f(x_0+\Delta x)$，

$$f(x_0+\Delta x)\approx f(x_0)+f'(x_0)\Delta x.$$

例 5　求 $\sin 31°$ 的近似值.

解　$f(x)=\sin x, f'(x)=\cos x, x_0=30°=\frac{\pi}{6}, \Delta x=1°=\frac{\pi}{180}$，

于是，$f(x_0)=\sin\frac{\pi}{6}=\frac{1}{2}, f'(x_0)=\cos\frac{\pi}{6}=\frac{\sqrt{3}}{2}$，

所以 $\sin 31°=f(x_0+\Delta x)\approx f(x_0)+f'(x_0)\Delta x$

$$=\frac{1}{2}+\frac{\sqrt{3}}{2}\cdot\frac{\pi}{180}\approx 0.515\,1.$$

例 6　计算 $\sqrt{1.05}$ 的近似值.

解　设 $f(x)=\sqrt{1+x}$，因为当 $|x|$ 很小时，$f(x)\approx f(0)+f'(0)x$，

所以 $\sqrt{1+x}\approx\sqrt{1+0}+\frac{1}{2}(1+x)^{-\frac{1}{2}}\Big|_{x=0}\cdot x$；

将 $x = 0.05$ 代入得

$$\sqrt{1.05} \approx 1 + \frac{1}{2} \times 0.05 = 1.025.$$

习题 4.5

1. 设函数 $y = \ln x$,试求在 $x = 1$ 处,$\Delta x = 0.002$ 时的函数改变量 Δy 及微分 dy.

2. 求下列函数的微分:

(1) $y = \frac{1}{x^2}$;　　(2) $y = e^{2x+1}$;

(3) $y = \cos^2 x$;　　(4) $y = x \cdot e^x + \ln(x+1)$.

3. 填空:

(1) $d(\quad) = 2dx$;　　(2) $d(\quad) = e^x dx$;

(3) $d(\quad) = \frac{dt}{t}$;　　(4) $d(\quad) = \frac{dx}{\cos^2 x}$;

(5) $d(\quad) = \frac{dx}{x+1}$;　　(6) $d(\quad) = e^{\sqrt{x}} d(\sqrt{x})$;

(7) $d(\quad) = \cos 2x dx$;　　(8) $d(\quad) = \frac{2x}{1+x^2} dx$.

4. 利用微分求近似值:

(1) $e^{-0.03}$;　　(2) $\sqrt{80}$.

5. 一半径为 10 厘米的金属圆片加垫后,伸长 0.05 厘米,面积大约增加了多少平方厘米?

4.6 导数的应用

由于两个无穷小量之比的极限或两个无穷大量之比的极限，有的存在，有的不存在，所以通常称这两种极限为未定式，简记“$\frac{0}{0}$”和“$\frac{\infty}{\infty}$”. 本节学习的洛必达法则是求这种极限的简便而重要的方法.

4.6.1 “$\frac{0}{0}$”型和“$\frac{\infty}{\infty}$”型的洛必达法则

若函数 $f(x)$ 与 $g(x)$ 满足条件：

(1) $\lim\limits_{x\to x_0}f(x)=\lim\limits_{x\to x_0}g(x)=0$（或$\lim\limits_{x\to x_0}f(x)=\infty,\lim\limits_{x\to x_0}g(x)=\infty$）;

(2) $f(x)$ 与 $g(x)$ 在 x_0 左右附近（点 x_0 可以除外）可导，且 $g'(x)\neq 0$;

(3) $\lim\limits_{x\to x_0}\dfrac{f'(x)}{g'(x)}=A$（或 ∞）.

则必有

$$\lim_{x\to x_0}\frac{f(x)}{g(x)}=\lim_{x\to x_0}\frac{f'(x)}{g'(x)}=A（或\ \infty）.$$

这个法则告诉我们，当 $x\to x_0$ 时，如果$\dfrac{f(x)}{g(x)}$为“$\frac{0}{0}$”型或“$\frac{\infty}{\infty}$”型未定式，那么在上述条件下求极限$\lim\limits_{x\to x_0}\dfrac{f(x)}{g(x)}$可改为求极限$\lim\limits_{x\to x_0}\dfrac{f'(x)}{g'(x)}$.

例 1 求$\lim\limits_{x\to 2}\dfrac{x^2-4}{x-2}$.

解 $\lim\limits_{x\to 2}\dfrac{x^2-4}{x-2}=\lim\limits_{x\to 2}\dfrac{x+2}{1}=4.$

例 2 求$\lim\limits_{x\to 0}\dfrac{1-\cos x}{x^2}$.

解 $\lim\limits_{x\to 0}\dfrac{1-\cos x}{x^2}=\lim\limits_{x\to 0}\dfrac{\sin x}{2x}=\dfrac{1}{2}.$

例 3 求 $\lim\limits_{x\to+\infty}\dfrac{x^5}{e^x}$.

解 $\lim\limits_{x\to+\infty}\dfrac{x^5}{e^x}=\lim\limits_{x\to+\infty}\dfrac{5x^4}{e^x}=\lim\limits_{x\to+\infty}\dfrac{20x^3}{e^x}=\lim\limits_{x\to+\infty}\dfrac{60x^2}{e^x}=\lim\limits_{x\to+\infty}\dfrac{120x}{e^x}=\lim\limits_{x\to+\infty}\dfrac{120}{e^x}=0.$

4.6.2 函数的单调性

我们来讨论函数的单调性与其导数之间的关系，从而提供一种判别函数单调性的方法. 我们先来看一下，函数 $y=f(x)$ 的单调性在几何上有什么特性. 如图 4.10 所示,可以发现,如果函数 $y=f(x)$ 在 $[a,b]$ 上单调增加,则它的图像是一条沿 x 轴正向上升的曲线,曲线上各点处的切线斜率是非负的,即 $y'=f'(x)\geqslant 0$;如果函数 $y=f(x)$ 在 $[a,b]$ 上单调减少,则它的图像是一条沿 x 轴正向下降的曲线,曲线上各点处的切线斜率是非正的,即 $y'=f'(x)\leqslant 0$. 由此可见函数的单调性与导数的符号有着紧密的联系,那么能否用导数的符号来判定函数的单调性呢?回答是肯定的.

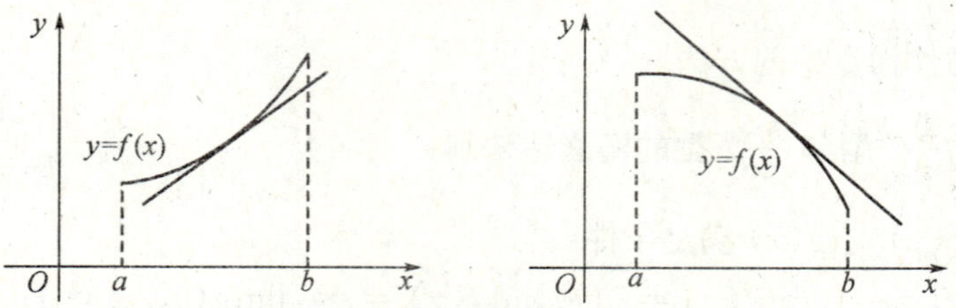

图 4.10

设函数 $y=f(x)$ 在 $[a,b]$ 上连续,在 (a,b) 内可导,

(1) 如果在 (a,b) 内 $f'(x)>0$,则函数 $y=f(x)$ 在 $[a,b]$ 上**单调增加**;

(2) 如果在 (a,b) 内 $f'(x)<0$,则函数 $y=f(x)$ 在 $[a,b]$ 上**单调减少**.

例 4 判定函数 $y=e^{-x}$ 的单调性.

解 函数的定义域为 $(-\infty,+\infty)$,

$$y'=-e^{-x}=-\frac{1}{e^x}<0,$$

故 $y=e^{-x}$ 在 $(-\infty,+\infty)$ 上单调减少.

有时有些函数在它的定义域上不是单调的,但我们用导数等于零的点来划分函数的定义域后,把函数的定义域分成若干个小区间,在这些小区间内导数或者大于零或者小于零,从而可以判断函数在各个小区间上的函数的单调性,把这样的小区间称为单调区间.

一般地,函数 $f(x)$ 在其定义区间上可能不是单调的,但可以用导数为零的点(也叫函数的驻点)以及导数不存在的点作为分界点,把定义区间分成若干个小区间(在这些小区间上 $f(x)$ 往往是单调的),然后用列表的方式来讨论函数的单调区间,表中用"↗"表示单调增加,用"↘"表示单调减少.

例 5 确定函数 $y=\frac{1}{3}x^3-2x^2+3x$ 的单调区间.

解 函数的定义域为 $(-\infty,+\infty)$,$y'=x^2-4x+3=(x-1)(x-3)$,令 $y'=0$,得 $x_1=1$,$x_2=3$,这两个点把定义域 $(-\infty,+\infty)$ 分成三个小区间,列表如下:

x	$(-\infty,1)$	1	$(1,3)$	3	$(3,+\infty)$
y'	+	0	−	0	+
y	↗		↘		↗

所以函数在 $(-\infty,1)$ 与 $(3,+\infty)$ 内是单调增加的，在 $(1,3)$ 内是单调减少的.

4.6.3　曲线的凹凸性及其判别法

为了准确地描绘函数的图像，仅知道函数的单调性和极值、最值是不够的，还应知道它的弯曲方向以及不同弯曲方向的分界点. 这一节，我们就专门研究曲线的凹凸性与拐点.

设函数 $y=f(x)$ 在区间 (a,b) 可导，如果曲线 $y=f(x)$ 上每一点处的切线都位于该曲线的下方，则称曲线 $y=f(x)$ 在区间 (a,b) 内是凹的；如果曲线 $y=f(x)$ 上每一点处的切线都位于该曲线的上方，则称曲线 $y=f(x)$ 在区间 (a,b) 内是凸的.

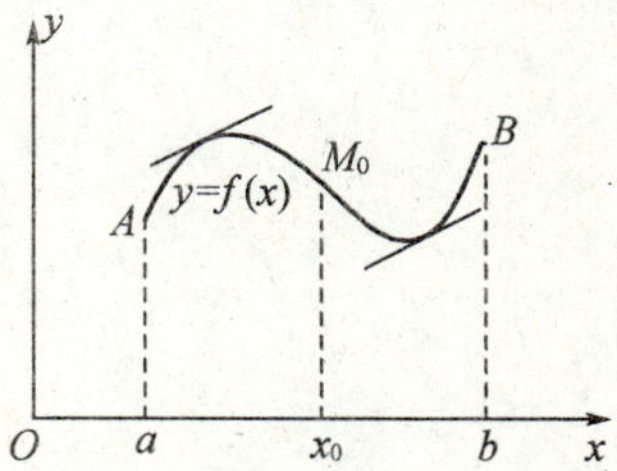

图 4.11

从图 4.11 可以看出，曲线弧 $\widehat{AM_0}$ 是凸的，曲线弧 $\widehat{M_0B}$ 是凹的.

下面我们不加证明地给出曲线凹凸性的判定定理.

设 $y=f(x)$ 在区间 (a,b) 内具有二级导数，如果在 (a,b) 内恒有 $f''(x)>0$，则曲线 $y=f(x)$ 在 (a,b) 内是凹的；如果在 (a,b) 内恒有 $f''(x)<0$，则曲线 $y=f(x)$ 在 (a,b) 内是凸的.

若把区间改为无穷区间，结论仍然成立.

例 6　判定曲线 $y=\ln x$ 的凹凸性.

解　函数的定义域为 $(0,+\infty)$，

$$y'=\frac{1}{x},\ y''=-\frac{1}{x^2}.$$

由于在 $(0,+\infty)$ 内恒有 $y''<0$，故曲线 $y=\ln x$ 在 $(0,+\infty)$ 内是凸的.

例 7　判定曲线 $y=x^3$ 的凹凸性.

解　函数的定义域为 $(-\infty,+\infty)$，

$$y'=3x^2,\ y''=6x.$$

由于在 $(-\infty,0)$ 内恒有 $y''<0$，而在 $(0,+\infty)$ 上恒有 $y''>0$，故曲线 $y=x^3$ 在 $(-\infty,0)$ 内是凸的，而在 $(0,+\infty)$ 内是凹的，这时点 $(0,0)$ 为曲线由凸变凹的分界点. 如图 4.12

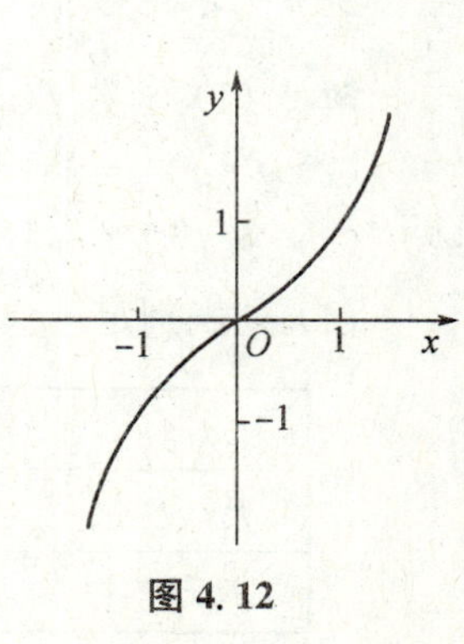

图 4.12

所示.

列表如下：

x	$(-\infty,0)$	0	$(0,+\infty)$
y''	$-$	0	$+$
y	凸		凹

这种曲线凸凹的分界点,就叫做拐点.

4.6.4　函数的极值

设函数 $y=f(x)$ 的图像如图 4.13 所示.

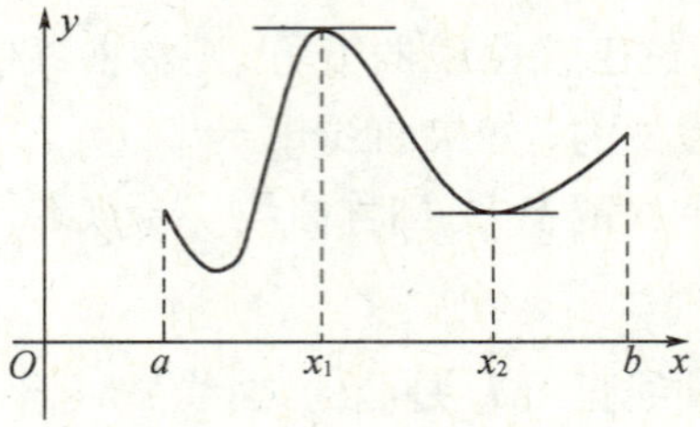

图 4.13

从图中可以看出:在 $x=x_1$ 处, $f(x_1)$ 比 x_1 附近两侧的函数值都大,在 $x=x_2$ 处, $f(x_2)$ 比 x_2 附近两侧的函数值都小,这种局部的最大最小值具有很大的实际意义. 对此我们引入如下结论：

设函数 $y=f(x)$,在点 x_0 及其附近有定义,若对点 x_0 附近任一点 $x(x\neq x_0)$,均有

(1) $f(x)<f(x_0)$,则称 $f(x_0)$ 为 $y=f(x)$ 的**极大值**, x_0 为**极大值点**；

(2) $f(x)>f(x_0)$,则称 $f(x_0)$ 为 $y=f(x)$ 的**极小值**, x_0 为**极小值点**.

函数的极大值和极小值统称为极值,相应的极大值点和极小值点统称为极值点.

例 8　求函数 $f(x)=\dfrac{1}{3}x^3-9x+4$ 的极值.

解　(1) 函数 $f(x)$ 的定义域为$(-\infty,+\infty)$；

(2) $f'(x)=x^2-9=(x+3)(x-3)$；

(3) 令 $f'(x)=0$ 得 $x_1=-3$ 和 $x_2=3$；

(4) 列表判定.

x	$(-\infty,-3)$	-3	$(-3,3)$	3	$(3,+\infty)$
$f'(x)$	$+$	0	$-$	0	$+$
$f(x)$	↗	极大值 22	↘	极小值 -14	↗

因此，函数 $f(x)$ 在 $x=-3$ 处取得极大值 $f(-3)=22$，在 $x=3$ 处取得极小值 $f(3)=-14$.

例 9　求函数 $f(x)=x^3-3x^2-9x+5$ 在 $[-2,6]$ 上的最大值和最小值.

解　(1) $f'(x)=3x^2-6x-9=3(x+1)(x-3)$；

(2) 令 $f'(x)=0$，解得驻点 $x_1=-1$ 和 $x_2=3$；

(3) 计算 $f(-2)=3, f(-1)=10, f(3)=-22, f(6)=59$；

(4) 比较得到最大值为 $f(6)=59$，最小值为 $f(3)=-22$.

如果函数 $f(x)$ 在一个开区间或无穷区间内可导，且有唯一的极值点 x_0，而函数确有最大值或最小值，那么，当 $f(x_0)$ 是极大值时，$f(x_0)$ 就是该区间上的最大值；当 $f(x_0)$ 是极小值时，$f(x_0)$ 就是该区间上的最小值. 在实际问题中往往遇到这样的情形，这时可以当作极值问题来解决，不必与区间的端点值相比较.

例 10　如图 4.14 所示，有一块边长为 a 的正方形铁皮，从其四个角截去大小相同的四个小正方形，作成一个无盖的容器，问截去的小正方形的边长为多少时，该容器的体积最大？

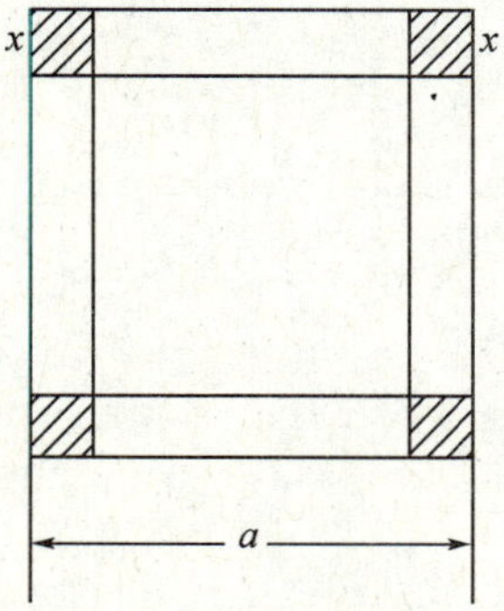

图 4.14

解　设截去的小正方形的边长为 x，则做成的无盖容器的体积为

$$V(x)=(a-2x)^2x, x\in\left(0,\frac{a}{2}\right).$$

问题归结为求函数 $V(x)=(a-2x)^2x$ 在 $\left(0,\frac{a}{2}\right)$ 内的最大值.

因为 $V'(x)=(a-2x)(a-6x)$，令 $V'(x)=0$ 得唯一解 $x=\frac{a}{6}$，于是有

$$V_{\max}\left(\frac{a}{6}\right)=\frac{2}{27}a^3,$$即

当截去的小正方形边长为 $\frac{a}{6}$ 时，体积最大，为 $\frac{2}{27}a^3$.

习题 4.6

1. 求下列函数的极限：

(1) $\lim\limits_{x\to -2}\dfrac{x^3+3x^2+2x}{x^2-x-6}$；

(2) $\lim\limits_{x\to 0}\dfrac{\ln x-x}{x-\sin x}$；

(3) $\lim\limits_{x\to 1}\left(\dfrac{2}{x^2-1}-\dfrac{1}{x-1}\right)$；

(4) $\lim\limits_{x\to 0}\dfrac{\ln(1+3x)}{x^3}$.

2. 求下列函数的单调区间：

(1) $y=x+\cos x$；

(2) $y=x^4-8x^2+2$.

3. 求下列函数的极值：

(1) $y=x^3-3x^2-9x+14$；

(2) $y=\dfrac{1+3x}{\sqrt{4+5x^2}}$.

4. 求下列函数的最大值和最小值：

(1) $y=2x^3-3x^2, x\in[-1,4]$；

(2) $y=1-2\sin x, x\in[0,2\pi]$.

5. 求下列曲线的凹凸区间和拐点：

(1) $y=x^3-5x^2+3x+5$；

(2) $y=xe^{-2x}$.

5 原函数与不定积分

前面我们学习了一元函数微分学，即求已知函数的导数或微分的问题. 从本章起，我们将研究与微分学相反的问题：已知某一函数的导数 $F'(x)=f(x)$，求 $F(x)$，即去求已知函数 $f(x)$ 原来的函数 $F(x)$，使 $F'(x)=f(x)$，实际上，这是求导数的逆运算问题，也是积分学的基本问题之一.

5.1 不定积分的概念

5.1.1 问题的引入

在微分学中，我们已经讨论了求已知函数的导数(或微分)的问题. 但是，在科学技术和经济问题中，我们经常需要解决与求导数(或微分)相反的问题，即已知函数的导数(或微分)，求其函数本身.

看以下两个问题：

例如已知某产品的成本 C 是其产量 x 的函数 $C=C(x)$，则该产品成本关于产量的变化率(边际成本)是成本对产量的导数 $C'(x)$. 反之，若已知成本的变化率 $C'(x)$，求该产品的成本函数 $C=C(x)$，是一个与求导数相反的问题.

再例如已知曲线 $y=x^2+1$ 在 $x=0$ 处切线的斜率是函数在该点的导数值，即 $k=y'\Big|_{x=0}=0$.

但是，如果已知某曲线在 $x=0$ 处的切线斜率为 0，求该曲线的方程，也是一个与求导数相反的问题.

5.1.2 原函数与不定积分的概念

若在某个区间 I 上，函数 $F(x)$ 与 $f(x)$ 满足关系式：

$$F'(x)=f(x) \text{ 或 } \mathrm{d}F(x)=f(x)\mathrm{d}x,$$

则称 $F(x)$ 为 $f(x)$ 在 I 上的一个**原函数**.

例如：$(x^2)'=2x$，故 x^2 是 $2x$ 在 $\mathbf{R}$ 上的一个原函数；而 $(\sin x)'=\cos x$，故 $\sin x$ 是 $\cos x$ 在 $\mathbf{R}$ 上的一个原函数.

然而 $(x^2+1)'=2x$，$(x^2-\sqrt{2})'=2x$，说明 x^2，x^2+1，$x^2-\sqrt{2}$ 等都是 $2x$ 的原函

数，于是，我们自然会想到以下两个问题：

1. 已知函数 $f(x)$ 应具备什么条件才能保证它存在原函数？

2. 如果 $f(x)$ 存在原函数，那么它的原函数有几个？相互之间有什么关系？

结论是：

1. 如果函数 $f(x)$ 在某区间 I 上连续，则 $f(x)$ 在 I 上一定存在原函数.

2. 如果函数 $F(x)$ 是 $f(x)$ 的一个原函数，则 $f(x)$ 有无限多个原函数，且 $F(x)+C$ 就是 $f(x)$ 的所有原函数(称为原函数族).

若函数 $F(x)$ 是 $f(x)$ 的一个原函数，则把 $f(x)$ 的全体原函数 $F(x)+C$ 称为 $f(x)$ 的不定积分，记作 $\int f(x)\mathrm{d}x$，即 $\int f(x)\mathrm{d}x = F(x)+C$.

其中 $\int$ 叫积分号，$f(x)$ 叫被积函数，$f(x)\mathrm{d}x$ 叫被积表达式，x 叫积分变量.

例 1 求 $\int x^2\mathrm{d}x$.

解 由于 $\left(\frac{x^3}{3}\right)' = x^2$，所以 $\frac{1}{3}x^3$ 是 x^2 的一个原函数，因此

$$\int x^2\mathrm{d}x = \frac{1}{3}x^3 + C.$$

例 2 计算不定积分 $\int \sin x\mathrm{d}x$.

解 因为 $(-\cos x)' = \sin x$，所以

$$\int \sin x\mathrm{d}x = -\cos x + C.$$

例 3 求不定积分 $\int \frac{1}{x}\mathrm{d}x(x\neq 0)$.

解 当 $x>0$ 时，$(\ln x)' = \frac{1}{x}$，所以 $\int \frac{1}{x}\mathrm{d}x = \ln x + C$；

当 $x<0$ 时，$[\ln(-x)]' = \frac{1}{-x}(-1) = \frac{1}{x}$，所以 $\int \frac{1}{x}\mathrm{d}x = \ln(-x)+C$，

由绝对值的性质有

$$\ln|x| = \begin{cases}\ln x, & x>0,\\ \ln(-x), & x<0,\end{cases}$$

从而

$$\int \frac{1}{x}\mathrm{d}x = \ln|x| + C(x\neq 0).$$

例 4 求在平面上经过点(0,1)，且在任一点处的斜率为其横坐标的 3 倍的曲线方程.

解 设曲线方程为 $y=f(x)$，由于在任一点 (x,y) 处的切线斜率 $k=3x$，则

有 $y' = 3x$，

即
$$y = \int 3x\mathrm{d}x = \frac{3}{2}x^2 + C.$$

又由于曲线经过点(0,1)，得 $C = 1$，所以 $y = \frac{3}{2}x + 1$.

由积分的定义知，积分运算与微分运算有如下互逆关系：

(1) $\left[\int f(x)\mathrm{d}x\right]' = f(x)$ 或 $\mathrm{d}\left[\int f(x)\mathrm{d}x\right] = f(x)\mathrm{d}x$；

(2) $\int F'(x)\mathrm{d}x = F(x) + C$ 或 $\int \mathrm{d}F(x) = F(x) + C$.

5.1.3　不定积分的几何意义

函数 $f(x)$ 的不定积分 $\int f(x)\mathrm{d}x = F(x) + C$ 是 $f(x)$ 的原函数族. C 每取一个值 C_0，就确定了 $f(x)$ 的一个原函数，在直角坐标系中就确定了一条曲线 $y = F(x) + C_0$，这条曲线叫做函数 $f(x)$ 的一条积分曲线. 而所有这些积分曲线构成一个曲线族，称为 $f(x)$ 的积分曲线族(图 5.1)，这就是不定积分的几何意义.

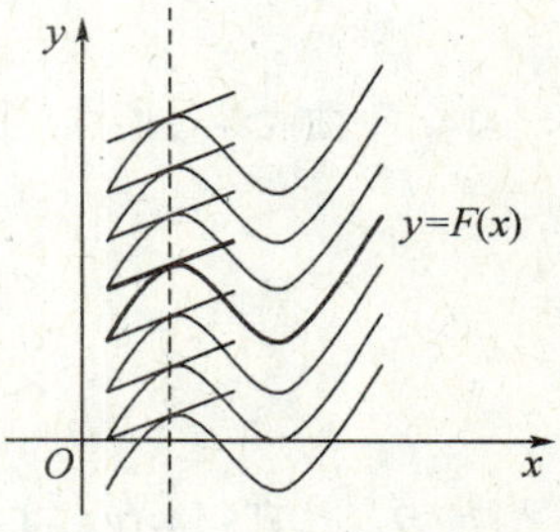

图 5.1

积分曲线族具有两个特点：

(1) 积分曲线族中任一条曲线在点 x 处的切线斜率都等于 $f(x)$；

(2) 积分曲线族中任一条曲线，都可以由另一条曲线沿 y 轴上下平移而得.

习题 5.1

1. 试求下列函数 $f(x)$ 的一个原函数 $F(x)$：

(1) $f(x) = x^{\frac{1}{2}}$；　　(2) $f(x) = \mathrm{e}^x + x$；　　(3) $f(x) = \mathrm{e}^{2x}$.

2. 由不定积分的定义，写出下列不定积分：

(1) $\int x^{-3}\mathrm{d}x$；　　(2) $\int \frac{1}{1+x^2}\mathrm{d}x$；　　(3) $\int 2^x\mathrm{d}x$.

3. 写出下列各式的结果：

(1) $\left[\int e^x(\sin x+\cos x)dx\right]'$；　　(2) $d\left[\int \frac{1}{\sqrt{x}(1+x^2)}dx\right]$；

(3) $\int (x\sin x\ln x)'dx$；　　(4) $\int d\left(\frac{1}{\arccos\sqrt{1-x^2}}\right)$.

4. 一曲线经过原点，且在任一点处的切线斜率 $k=3x^2+1$，求该曲线方程.

5.2　积分的基本公式和法则　直接积分法

5.2.1　积分的基本公式

根据不定积分的定义，我们可以从导数的基本公式，得到相应的积分公式.

例如，因为

$$\left(\frac{x^{\alpha+1}}{\alpha+1}\right)'=x^\alpha(\alpha\neq-1),$$

所以

$$\int x^\alpha dx=\frac{x^{\alpha+1}}{\alpha+1}+C(\alpha\neq-1).$$

类似地，有以下基本积分公式：

1. $\int dx=x+C$；

2. $\int x^\alpha dx=\frac{x^{\alpha+1}}{\alpha+1}+C(\alpha\neq-1)$；

3. $\int \frac{1}{x}dx=\ln|x|+C$；

4. $\int a^x dx=\frac{a^x}{\ln a}+C(a>0$ 且 $a\neq1)$；

5. $\int e^x dx=e^x+C$；

6. $\int \sin x \mathrm{d}x = -\cos x + C$；

7. $\int \cos x \mathrm{d}x = \sin x + C$；

8. $\int \sec^2 x \mathrm{d}x = \tan x + C$；

9. $\int \csc^2 x \mathrm{d}x = -\cot x + C$；

10. $\int \sec x \tan x \mathrm{d}x = \sec x + C$；

11. $\int \csc x \cot x \mathrm{d}x = -\csc x + C$；

12. $\int \frac{1}{1+x^2} \mathrm{d}x = \arctan x + C$；

13. $\int \frac{1}{\sqrt{1-x^2}} \mathrm{d}x = \arcsin x + C$.

以上基本积分公式，是计算不定积分的基础，必须熟记.

例 1　求下列不定积分：

(1) $\int \frac{1}{x^2} \mathrm{d}x$；　　　　(2) $\int \sqrt{x} \mathrm{d}x$.

解　(1) $\int \frac{1}{x^2} \mathrm{d}x = \int x^{-2} \mathrm{d}x = \frac{x^{-2+1}}{-2+1} + C = -\frac{1}{x} + C$.

(2) $\int \sqrt{x} \mathrm{d}x = \int x^{\frac{1}{2}} \mathrm{d}x = \frac{x^{\frac{1}{2}+1}}{\frac{1}{2}+1} + C = \frac{2}{3} x^{\frac{3}{2}} + C$.

5.2.2　积分的基本运算法则

法则一　两个函数的代数和的积分等于各个函数积分的代数和，即

$$\int [f_1(x) \pm f_2(x)] \mathrm{d}x = \int f_1(x) \mathrm{d}x \pm \int f_2(x) \mathrm{d}x.$$

法则一对于有限个函数的代数和也是成立的.

法则二　被积表达式中的常数因子可以提到积分号的前面，即当 k 为不等于零的常数时，有

$$\int k f(x) \mathrm{d}x = k \int f(x) \mathrm{d}x.$$

例 2　求 $\int (\mathrm{e}^x + \sin x) \mathrm{d}x$.

解　由积分的基本公式和法则，得

$$\int (\mathrm{e}^x + \sin x) \mathrm{d}x = \int \mathrm{e}^x \mathrm{d}x + \int \sin x \mathrm{d}x = \mathrm{e}^x - \cos x + C.$$

5.2.3 直接积分法

直接利用积分的基本公式和法则求积分的方法称为直接积分法.这也是其他积分方法的基础.

例 3 求$\int x\left(3-\frac{1}{x}\right)\mathrm{d}x$.

解 $\int x\left(3-\frac{1}{x}\right)\mathrm{d}x=\int(3x-1)\mathrm{d}x=3\int x\mathrm{d}x-\int\mathrm{d}x=\frac{3}{2}x^2-x+C.$

例 4 $\int\frac{x^3+2x^2-3x+4}{x^2}\mathrm{d}x$.

解

$$\begin{aligned}\int\frac{x^3+2x^2-3x+4}{x^2}\mathrm{d}x&=\int\left(x+2-\frac{3}{x}+4x^{-2}\right)\mathrm{d}x\\&=\int x\mathrm{d}x+2\int\mathrm{d}x-3\int\frac{1}{x}\mathrm{d}x+4\int x^{-2}\mathrm{d}x\\&=\frac{x^2}{2}+2x-3\ln|x|-\frac{4}{x}+C.\end{aligned}$$

例 5 求$\int\left(x^2+\sin x-\frac{1}{1+x^2}\right)\mathrm{d}x$.

解

$$\begin{aligned}\int\left(x^2+\sin x-\frac{1}{1+x^2}\right)\mathrm{d}x&=\int x^2\mathrm{d}x+\int\sin x\mathrm{d}x-\int\frac{1}{1+x^2}\mathrm{d}x\\&=\frac{1}{3}x^3-\cos x-\arctan x+C.\end{aligned}$$

有些函数看上去不能利用基本公式和性质进行直接积分,但经过化简或恒等变形,也可以直接进行积分.

例 6 求$\int 2^x\mathrm{e}^x\mathrm{d}x$.

解 $\int 2^x\mathrm{e}^x\mathrm{d}x=\int(2\mathrm{e})^x\mathrm{d}x=\frac{(2\mathrm{e})^x}{\ln(2\mathrm{e})}+C=\frac{(2\mathrm{e})^x}{\ln2+1}+C.$

例 7 求$\int\left(x+\frac{1}{x}\right)^2\mathrm{d}x$.

解 $\int\left(x+\frac{1}{x}\right)^2\mathrm{d}x=\int\left(x^2+2+\frac{1}{x^2}\right)\mathrm{d}x=\frac{1}{3}x^3+2x-\frac{1}{x}+C.$

例 8 求$\int\frac{(1-x)^2}{x}\mathrm{d}x$.

解

$$\begin{aligned}\int\frac{(1-x)^2}{x}\mathrm{d}x&=\int\frac{1-2x+x^2}{x}\mathrm{d}x=\int\left(\frac{1}{x}-2+x\right)\mathrm{d}x\\&=\ln|x|-2x+\frac{1}{2}x^2+C.\end{aligned}$$

例 9 求 $\int \tan^2 x\mathrm{d}x$.

解 因为 $\tan^2 x = \dfrac{\sin^2 x}{\cos^2 x} = \dfrac{1-\cos^2 x}{\cos^2 x} = \dfrac{1}{\cos^2 x} - 1$,

所以 $\int \tan^2 x\mathrm{d}x = \int\left(\dfrac{1}{\cos^2 x} - 1\right)\mathrm{d}x = \tan x - x + C$.

例 10 求 $\int \cos^2 \dfrac{x}{2}\mathrm{d}x$.

解 因为 $\cos^2 \dfrac{x}{2} = \dfrac{1}{2}(1+\cos x)$,

所以原式 $= \int \dfrac{1}{2}(1+\cos x)\mathrm{d}x = \dfrac{1}{2}\int(1+\cos x)\mathrm{d}x = \dfrac{1}{2}(x+\sin x) + C$.

例 11 求 $\int \dfrac{(x+1)^2}{x(x^2+1)}\mathrm{d}x$.

解
$$\int \frac{(x+1)^2}{x(x^2+1)}\mathrm{d}x = \int \frac{x^2+1+2x}{x(x^2+1)}\mathrm{d}x = \int\left(\frac{1}{x} + \frac{2}{1+x^2}\right)\mathrm{d}x$$
$$= \ln|x| + 2\arctan x + C.$$

例 12 某工厂生产一种产品,已知其边际成本 $MC = 160x^{-\frac{1}{3}}$,其中的 x(件)为该产品的产量.若当产量 $x = 512$ 时,成本 $C(512) = 17\ 240$ 元,求成本函数 $C(x)$.

解 据边际成本的含义,有 $C'(x) = 160x^{-\frac{1}{3}}$.所以

$$C(x) = \int 160x^{-\frac{1}{3}}\mathrm{d}x = 160 \times \frac{1}{1+\left(-\frac{1}{3}\right)}x^{-\frac{1}{3}+1} + C = 240x^{\frac{2}{3}} + C.$$

已知 $C(512) = 17\ 240$,代入后得

$$C = 17\ 240 - 240 \times 512^{\frac{2}{3}} = 1\ 880.$$

所以这种产品的成本函数为 $C(x) = 240x^{\frac{2}{3}} + 1\ 880$.

习题 5.2

1. 求下列不定积分:

(1) $\int(\sin x + x^3 - \mathrm{e}^x)\mathrm{d}x$;　　(2) $\int(1+\sqrt[3]{x})^2\mathrm{d}x$;

(3) $\int(5^x + \tan^2 x)\mathrm{d}x$;　　(4) $\int a^x\mathrm{e}^x\mathrm{d}x$;

(5) $\int\left(x\sqrt{x}+\frac{3}{2x}-\sqrt[3]{x}\right)\mathrm{d}x$；　　(6) $\int 3\left(\frac{1}{x}-\frac{1}{\sqrt{x}}\right)\mathrm{d}x$；

(7) $\int\cos^2\frac{x}{2}\mathrm{d}x$；　　(8) $\int\frac{3x^2}{1+x^2}\mathrm{d}x$；

(9) $\int\frac{4x^4+3}{x^5}\mathrm{d}x$；　　(10) $\int\frac{5a^x-2\mathrm{e}^x}{a^x}\mathrm{d}x$；

(11) $\int\frac{\cos 2x}{\cos x-\sin x}\mathrm{d}x$；　　(12) $\int\cot^2 x\mathrm{d}x$.

2. 设生产某产品 x 的总成本 C 是 x 的函数 $C(x)$. 固定成本(即 $C(0)$) 为 20 元,边际成本函数 $C'(x)=2x+10$(元 / 单位),求总成本函数 $C(x)$.

5.3 换元积分法

5.3.1 第一类换元积分法(凑微分法)

第一类换元积分法是与微分学中的复合函数求导法则(或微分形式的不变性) 相对应的积分方法. 为说明此法,先看下面的例子.

例 1 求$\int\cos 5x\mathrm{d}x$.

分析 显然若直接运用相应的基本积分公式将得到错误的结果,即

$$\int\cos 5x\mathrm{d}x=\sin 5x+C.$$

因为 $$(\sin 5x)'=5\cos 5x\neq\cos 5x,$$

所以 $$\int\cos 5x\mathrm{d}x\neq\sin 5x+C.$$

其错误之处在于本题的被积函数 $\cos 5x$ 是 x 的复合函数，而基本积分公式是以 $\cos x$ 这一基本初等函数作为被积函数的.

本题的正确求解如下：

解　$$\int \cos 5x \mathrm{d}x = \frac{1}{5}\int \cos 5x \mathrm{d}(5x) \xlongequal{令 5x=u} \frac{1}{5}\int \cos u \mathrm{d}u$$
$$= \frac{1}{5}\sin u + C \xlongequal{回代 u=5x} \frac{1}{5}\sin 5x + C.$$

验证：$\left(\frac{1}{5}\sin 5x + C\right)' = \cos 5x.$

本题的解题思路是引入新的积分变量 $u = 5x$，从而把原积分化为积分变量为 u 的积分，即把复合函数的积分转化为基本初等函数的积分. 这一处理方法的思想，就是我们将要介绍的第一类换元积分法.

第一换元积分法首先是在被积函数中分解一个"因式"出来，再把这个因式按微分的意义放到微分符号里面去(凑微分)，使得微分符号里面的这个函数形成一个新的积分变量，在新的积分变量下，积分容易求得，所以第一换元积分法又称为凑微分法.

下面我们以具体的示例来说明如何应用第一类换元积分法(凑微分法).

例 1　计算 $\int (3+2x)^{10} \mathrm{d}x.$

解　如果注意到了 $\frac{1}{2}\mathrm{d}(3+2x) = \mathrm{d}x$ 的微分性质，问题就很好办了，只要令 $u = 3+2x$，

$$\int (3+2x)^{10}\mathrm{d}x = \frac{1}{2}\int (3+2x)^{10}\mathrm{d}(3+2x) \xlongequal{令 3+2x=u} \frac{1}{2}\int u^{10}\mathrm{d}u$$
$$= \frac{1}{22}u^{11} + C \xlongequal{回代 u=3+2x} \frac{1}{22}(3+2x)^{11} + C.$$

例 2　计算 $\int \sqrt{2x+3}\,\mathrm{d}x.$

解　被积函数 $\sqrt{2x+3}$ 是 $u^{\frac{1}{2}}$ 和 $u = 2x+3$ 复合而成的，如果把 $\mathrm{d}x$ 凑成 $\mathrm{d}(2x+3)$，其关系式为 $\mathrm{d}x = \frac{1}{2}\mathrm{d}(2x+3)$，于是

$$\int \sqrt{2x+3}\,\mathrm{d}x = \int \frac{1}{2}\sqrt{2x+3}\,\mathrm{d}(2x+3) \xlongequal{令 2x+3=u} \frac{1}{2}\int u^{\frac{1}{2}}\mathrm{d}u$$
$$= \frac{1}{3}u^{\frac{3}{2}} + C \xlongequal{回代 u=2x+3} \frac{1}{3}(2x+3)^{\frac{3}{2}} + C.$$

例 3　计算 $\int x\mathrm{e}^{x^2}\mathrm{d}x.$

解　我们不难发现 $x\mathrm{d}x = \frac{1}{2}\mathrm{d}(x^2)$，这种情况下，令 $u = x^2$，问题就不难解决了，

即

$$\int x\mathrm{e}^{x^2}\mathrm{d}x=\int\frac{1}{2}\mathrm{e}^{x^2}\mathrm{d}x^2\xlongequal{\text{令 }x^2=u}\frac{1}{2}\int\mathrm{e}^u\mathrm{d}u$$

$$=\frac{1}{2}\mathrm{e}^u+C\xlongequal{\text{回代 }u=x^2}\frac{1}{2}\mathrm{e}^{x^2}+C.$$

例 4 计算$\int\frac{\ln x}{x}\mathrm{d}x$.

解 因为 $\ln x$ 中 $x>0$,所以$\frac{1}{x}\mathrm{d}x=\mathrm{d}\ln x$. 于是

$$\int\frac{\ln x}{x}\mathrm{d}x=\int\ln x\mathrm{d}\ln x\xlongequal{\text{令 }\ln x=u}\int u\mathrm{d}u=\frac{1}{2}u^2+C$$

$$\xlongequal{\text{回代 }u=\ln x}\frac{1}{2}\ln^2x+C.$$

由上面的例子可以看出,凑微分是此法的关键所在. 下面列出部分常用的微分式子,熟练运用它们是求积分的基础.

$\mathrm{d}x=\frac{1}{a}\mathrm{d}(ax)=\frac{1}{a}\mathrm{d}(ax+b)$; $\quad x\mathrm{d}x=\frac{1}{2}\mathrm{d}x^2$;

$\frac{1}{x}\mathrm{d}x=\mathrm{d}\ln|x|$; $\quad \frac{1}{x^2}\mathrm{d}x=-\mathrm{d}\left(\frac{1}{x}\right)$;

$\frac{1}{\sqrt{x}}\mathrm{d}x=2\mathrm{d}\sqrt{x}$; $\quad \frac{1}{1+x^2}\mathrm{d}x=\mathrm{d}(\arctan x)$;

$\frac{1}{\sqrt{1-x^2}}\mathrm{d}x=\mathrm{d}(\arcsin x)$; $\quad \mathrm{e}^x\mathrm{d}x=\mathrm{d}(\mathrm{e}^x)$;

$\sin x\mathrm{d}x=-\mathrm{d}(\cos x)$; $\quad \cos x\mathrm{d}x=\mathrm{d}(\sin x)$;

$\sec^2x\mathrm{d}x=\mathrm{d}(\tan x)$; $\quad \csc^2x\mathrm{d}x=-\mathrm{d}(\cot x)$.

当然,凑微分式子绝非只有这些,大家应在熟记基本积分公式和常用的微分式子的基础上,通过大量的练习积累经验,进而逐步掌握这一重要的积分方法. 另外,当运算比较熟练后,变量替换和回代这两个步骤,可以省略.

例 5 计算$\int\cos x\cdot\sin^2x\mathrm{d}x$.

解 原式 $=\int\sin^2x(\sin x)'\mathrm{d}x=\int\sin^2x\mathrm{d}(\sin x)=\frac{1}{3}\sin^3x+C.$

例 6 计算$\int\tan x\mathrm{d}x$.

解 $\int\tan x\mathrm{d}x=\int\frac{\sin x}{\cos x}\mathrm{d}x=\int\frac{-1}{\cos x}\mathrm{d}\cos x=-\int\frac{1}{u}\mathrm{d}u$

$$=-\ln|u|+C=-\ln|\cos x|+C.$$

用同样的方法不难得出

$$\int \cot x \mathrm{d}x = \ln|\sin x| + C.$$

例 7 计算$\int \frac{1}{a^2-x^2}\mathrm{d}x$.

解 由于$\frac{1}{a^2-x^2}=\frac{1}{(a-x)(a+x)}=\frac{1}{2a}\left(\frac{1}{a-x}+\frac{1}{a+x}\right)$，所以

$$\int \frac{1}{a^2-x^2}\mathrm{d}x = \frac{1}{2a}\left(\int \frac{1}{a-x}\mathrm{d}x + \int \frac{1}{a+x}\mathrm{d}x\right)$$

$$= \frac{1}{2a}\int \frac{-1}{a-x}\mathrm{d}(a-x) + \frac{1}{2a}\int \frac{1}{a+x}\mathrm{d}(a+x)$$

$$= \frac{-1}{2a}\ln|a-x| + \frac{1}{2a}\ln|a+x| + C = \frac{1}{2a}\ln\left|\frac{a+x}{a-x}\right| + C.$$

例 8 计算$\int \frac{1}{a^2+x^2}\mathrm{d}x$.

解 $\int \frac{1}{a^2+x^2}\mathrm{d}x = \int \frac{1}{a^2}\frac{1}{1+\left(\frac{x}{a}\right)^2}\mathrm{d}x = \frac{1}{a}\int \frac{1}{1+\left(\frac{x}{a}\right)^2}\mathrm{d}\left(\frac{x}{a}\right) = \frac{1}{a}\arctan\frac{x}{a} + C.$

例 9 计算$\int \frac{1}{\sqrt{a^2-x^2}}\mathrm{d}x$.

解 $\int \frac{1}{\sqrt{a^2-x^2}}\mathrm{d}x = \int \frac{1}{a}\frac{1}{\sqrt{1-\left(\frac{x}{a}\right)^2}}\mathrm{d}x = \int \frac{1}{\sqrt{1-\left(\frac{x}{a}\right)^2}}\mathrm{d}\left(\frac{x}{a}\right)$

$$= \arcsin\left(\frac{x}{a}\right) + C.$$

例 10 计算$\int \frac{1}{x\ln x}\mathrm{d}x$.

解 $\int \frac{1}{x\ln x}\mathrm{d}x = \int \frac{1}{\ln x}\mathrm{d}\ln x = \ln|\ln x| + C.$

例 11 计算$\int \sin^2 x\mathrm{d}x$.

解 $\int \sin^2 x\mathrm{d}x = \int \frac{1-\cos 2x}{2}\mathrm{d}x = \frac{1}{2}\int \mathrm{d}x - \frac{1}{2}\int \cos 2x\mathrm{d}x$

$$= \frac{1}{2}x - \frac{1}{4}\int \cos 2x\mathrm{d}(2x) = \frac{x}{2} - \frac{1}{4}\sin 2x + C.$$

例 12 计算$\int \sec x\mathrm{d}x$.

解 $\int \sec x\mathrm{d}x = \int \frac{1}{\cos x}\mathrm{d}x = \int \frac{\cos x}{\cos^2 x}\mathrm{d}x = \int \frac{1}{1-\sin^2 x}\mathrm{d}\sin x$

$$= \frac{1}{2}\ln\left|\frac{1+\sin x}{1-\sin x}\right| + C = \frac{1}{2}\ln\left|\frac{(1+\sin x)^2}{1-\sin^2 x}\right| + C$$

$$= \ln|\sec x + \tan x| + C.$$

用同样的方法不难得出

$$\int \csc x \mathrm{d}x = -\ln|\csc x + \cot x| + C.$$

不定积分第一类换元积分法是积分计算的一种常用的方法，但是它的技巧性相当强，这不仅要求熟练掌握积分的基本公式，还要有一定的分析能力，要熟悉许多恒等式及微分公式. 这里没有一个可以普遍遵循的解题方法，即使同一个问题，解决者选择的切入点不同，解决途径也就不同. 难易程度和计算量也会大不相同.

习题 5.3

1. 用凑微分法计算下列不定积分：

(1) $\int \cos 4x \mathrm{d}x$；　　(2) $\int \sin \frac{t}{3} \mathrm{d}t$；

(3) $\int \sin^4 x \cos x \mathrm{d}x$；　　(4) $\int \frac{\mathrm{e}^x}{3+\mathrm{e}^x} \mathrm{d}x$；

(5) $\int \frac{\arctan x}{1+x^2} \mathrm{d}x$；　　(6) $\int \frac{\sin x}{1+\cos x} \mathrm{d}x$；

(7) $\int \frac{x}{\sqrt{x^2-3}} \mathrm{d}x$；　　(8) $\int (2x-5)^5 \mathrm{d}x$；

(9) $\int x \sqrt[3]{4+x^2} \mathrm{d}x$；　　(10) $\int (2x-3)(x^2-3x+2)^3 \mathrm{d}x$；

(11) $\int \frac{1}{x\ln^3 x}\mathrm{d}x$；　　　　(12) $\int \frac{\mathrm{e}^{\frac{1}{x}}}{x^2}\mathrm{d}x$.

5.4 第二类换元积分法

首先看下积分 $\int \frac{1}{1+\sqrt{x}}\mathrm{d}x$ 应当如何计算呢?

在我们所掌握的基本公式中以及所能采用的恒等变换中，很难找到一个很好的变换，凑出简便的积分式.从问题的分析角度来说，麻烦的就是这个根号，如果能把根号消去的话，问题是否会变得简单一点了呢?不妨试试看：

令 $\sqrt{x}=t$，于是 $x=t^2$，这时 $\mathrm{d}x=2t\mathrm{d}t$，把这些关系式代入原式，得

$$\int \frac{1}{1+\sqrt{x}}\mathrm{d}x=\int \frac{1}{1+t}2t\mathrm{d}t=2\int\left(1-\frac{1}{1+t}\right)\mathrm{d}t$$

$$=2[t-\ln(1+t)]+C=2[\sqrt{x}-\ln(1+\sqrt{x})]+C.$$

这就得到了解决问题的办法，这一方法就是我们将要介绍的第二类换元积分法.

例 1　计算 $\int \frac{1}{\sqrt{x}+\sqrt[3]{x}}\mathrm{d}x$.

解　令 $x=t^6$，则 $\sqrt{x}=t^3$，$\sqrt[3]{x}=t^2$，$\mathrm{d}x=6t^5\mathrm{d}t$，因此

$$\int \frac{1}{\sqrt{x}+\sqrt[3]{x}}\mathrm{d}x=\int \frac{6t^5}{t^3+t^2}\mathrm{d}t=6\int \frac{t^3}{t+1}\mathrm{d}t$$

$$=6\int \frac{(t^3+1)-1}{t+1}\mathrm{d}t$$

$$=6\int\left(t^2-t+1-\frac{1}{t+1}\right)\mathrm{d}t$$

$$=2t^3-3t^2+6t-6\ln(t+1)+C$$

$$\xlongequal{\text{回代 } t=\sqrt[6]{x}} 2\sqrt{x}-3\sqrt[3]{x}+6\sqrt[6]{x}-6\ln(\sqrt[6]{x}+1)+C.$$

例 2　计算 $\int \sqrt{a^2-x^2}\,\mathrm{d}x$.

解　令 $x=a\sin t$，那么，$\mathrm{d}x=\mathrm{d}a\sin t=a\cos t\mathrm{d}t$，所以有

$$\int \sqrt{a^2-x^2}\,\mathrm{d}x=\int \sqrt{a^2-a^2\sin^2 t}\,a\cos t\mathrm{d}t=a^2\int \cos^2 t\mathrm{d}t$$

$$=a^2\int \frac{1+\cos 2t}{2}\mathrm{d}t=\frac{a^2}{2}t+\frac{a^2}{4}\sin 2t+C.$$

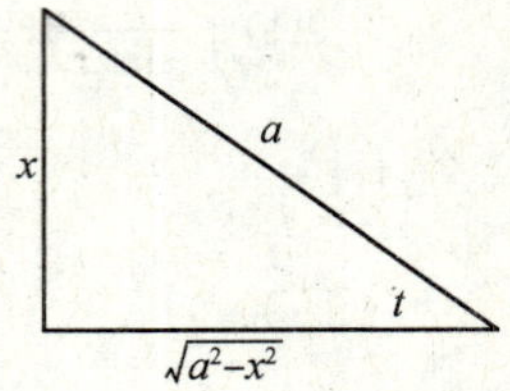

如右图，选择一个直角三角形，于是 $\sin t=\dfrac{x}{a}$，$\cos t=\dfrac{\sqrt{a^2-x^2}}{a}$，所以 $\sin 2t=2\sin t\cos t=\dfrac{2}{a^2}x\sqrt{a^2-x^2}$，所以

$$\int\sqrt{a^2-x^2}\,\mathrm{d}x=\frac{a^2}{2}\arcsin\frac{x}{a}+\frac{x}{2}\sqrt{a^2-x^2}+C.$$

例 3 计算$\displaystyle\int\sqrt{a^2+x^2}\,\mathrm{d}x$.

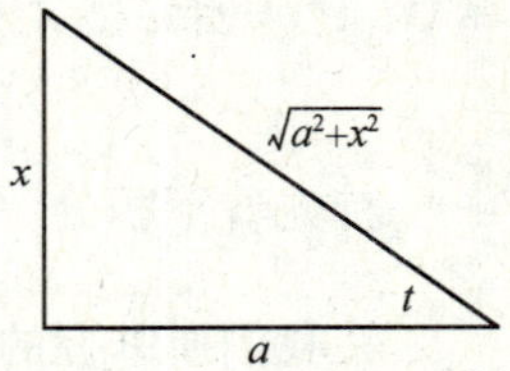

解 注意到 $1+\tan^2 t=\sec^2 t$，于是令 $x=a\tan t$ 有 $\mathrm{d}x=a\sec^2 t\mathrm{d}t$ 代入原式有

$$\begin{aligned}\int\sqrt{a^2+x^2}\,\mathrm{d}x&=\int a\sec t a\sec^2 t\mathrm{d}t\\&=a^2\int\frac{1}{\cos^3 t}\mathrm{d}t=a^2\int\frac{\cos t}{\cos^4 t}\mathrm{d}t\\&=a^2\int\frac{1}{(1-\sin^2 t)^2}\mathrm{d}\sin t\\&=\frac{a^2}{4}\int\left(\frac{1}{1-\sin t}+\frac{1}{1+\sin t}\right)^2\mathrm{d}\sin t\\&=\frac{a^2}{4}\int\left[\frac{1}{(1-\sin t)^2}+\frac{1}{1-\sin t}+\frac{1}{1+\sin t}+\frac{1}{(1+\sin t)^2}\right]\mathrm{d}\sin t\\&=\frac{a^2}{4}\left(\frac{1}{1-\sin t}-\frac{1}{1+\sin t}+\ln\left|\frac{1+\sin t}{1-\sin t}\right|\right)+C_1\\&=\frac{a^2}{2}\sec t\tan t+\frac{a^2}{2}\ln|\sec t+\tan t|+C_1.\end{aligned}$$

所以

$$\begin{aligned}\int\sqrt{a^2+x^2}\,\mathrm{d}x&=\frac{a^2}{2}\frac{\sqrt{a^2+x^2}}{a}\frac{x}{a}+\frac{a^2}{2}\ln\left|\frac{\sqrt{a^2+x^2}}{a}+\frac{x}{a}\right|+C_1\\&=\frac{x}{2}\sqrt{a^2+x^2}+\frac{a^2}{2}\ln|x+\sqrt{a^2+x^2}|+C.\end{aligned}$$

例 4 计算$\displaystyle\int\frac{1}{\sqrt{x^2-a^2}}\mathrm{d}x$.

解 令 $x=a\sec t$，所以 $\mathrm{d}x=a\sec t\tan t\mathrm{d}t$，因此

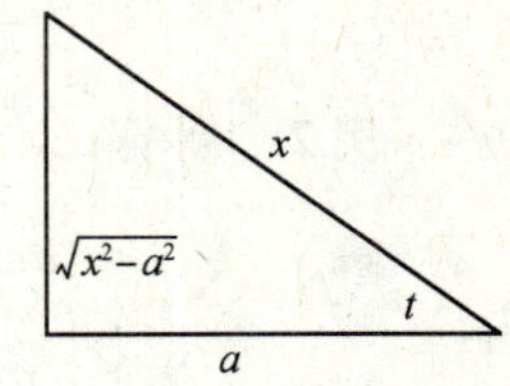

$$\begin{aligned}\int\frac{1}{\sqrt{x^2-a^2}}\mathrm{d}x&=\int\frac{1}{a\tan t}a\sec t\tan t\mathrm{d}t\\&=\int\sec t\mathrm{d}t=\ln|\sec t+\tan t|+C_1\\&=\ln|x+\sqrt{x^2-a^2}|+C.\end{aligned}$$

同样的，对于$\int \frac{1}{\sqrt{a^2+x^2}}\mathrm{d}x$，令 $x=a\tan t$ 代入得

$$\int \frac{1}{\sqrt{a^2+x^2}}\mathrm{d}x=\int \frac{1}{a\sec t}a\sec^2 t\mathrm{d}t=\int \sec t\mathrm{d}t$$

$$=\ln|\sec t+\tan t|+C_1=\ln|x+\sqrt{a^2+x^2}|+C.$$

例 5 计算$\int \frac{\sqrt{1-x^2}}{x^4}\mathrm{d}x$.

解 令 $x=\sin t$，则 $\mathrm{d}x=\cos t\mathrm{d}t$. 把上述关系代入原式，得

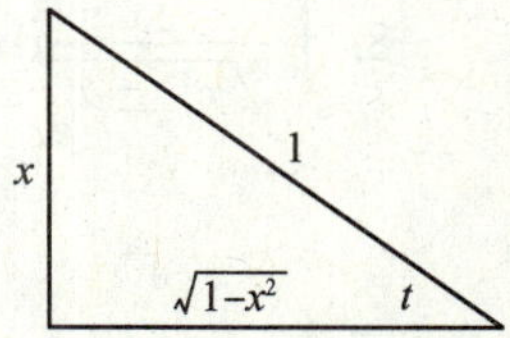

$$\int \frac{\sqrt{1-x^2}}{x^4}\mathrm{d}x=\int \frac{\sqrt{1-\sin^2 t}}{\sin^4 t}\cos t\mathrm{d}t=\int \frac{\cos^2 t}{\sin^4 t}\mathrm{d}t$$

$$=-\int \cot^2 t\mathrm{d}\cot t=-\frac{1}{3}\cot^3 t+C.$$

由右边的三角形不难得知，$\cot t=\frac{\sqrt{1-x^2}}{x}$，于是

$$\int \frac{\sqrt{1-x^2}}{x^4}\mathrm{d}x=-\frac{1}{3}\frac{1-x^2}{x^3}\sqrt{1-x^2}+C.$$

从上面几个例题可以看出，当被积函数含有根式$\sqrt{a^2-x^2}$ 或$\sqrt{x^2\pm a^2}$ 时，可运用第二类换元积分法对被积表达式作如下变换：

(1) 含有$\sqrt{a^2-x^2}$ 时，令 $x=a\sin t$；

(2) 含有$\sqrt{x^2+a^2}$ 时，令 $x=a\tan t$；

(3) 含有$\sqrt{x^2-a^2}$ 时，令 $x=a\sec t$.

需要指出的是：在用以上三角函数变换时，在开根号时都是在主值区间内考虑的，所以通常取正号.

另外，上述方法只是在一般情况下可以这样考虑，它们只是解决问题的一种方法，它的基本思路就是无理函数有理化，但并不意味这种方法一定可行，更不一定最好. 有的情况下，这样做可能根本计算不出结果；有的情况下，即使能算出结果，但计算量相当大，至于如何合理使用它们，学习者只有在练习中去总结了，题目类型做得多了，思路自然就会开阔起来.

通过前面的计算，我们得到了一些基本积分公式，为了便于今后的应用，建议记住如下公式：

1. $\int \tan x\mathrm{d}x=-\ln|\cos x|+C$；

2. $\int \cot x\mathrm{d}x=\ln|\sin x|+C$；

3. $\int \sec x\mathrm{d}x=\ln|\sec x+\tan x|+C$；

4. $\int \csc x \mathrm{d}x = -\ln|\csc x + \cot x| + C$;

5. $\int \frac{1}{a^2 - x^2}\mathrm{d}x = \frac{1}{2a}\ln\left|\frac{a+x}{a-x}\right| + C$;

6. $\int \frac{1}{a^2 + x^2}\mathrm{d}x = \frac{1}{a}\arctan\frac{x}{a} + C$;

7. $\int \frac{1}{\sqrt{a^2 - x^2}}\mathrm{d}x = \arcsin\frac{x}{a} + C$;

8. $\int \frac{1}{\sqrt{x^2 \pm a^2}}\mathrm{d}x = \ln|x + \sqrt{x^2 \pm a^2}| + C$.

习题 5.4

1. 计算下列不定积分：

(1) $\int \frac{1}{1+\sqrt{3+x}}\mathrm{d}x$;

(2) $\int \frac{\sqrt{x}}{1+\sqrt{x}}\mathrm{d}x$;

(3) $\int \frac{1}{\sqrt{(1+x^2)^3}}\mathrm{d}x$;

(4) $\int \frac{\sqrt{x^2-1}}{x}\mathrm{d}x$;

(5) $\int \frac{x}{\sqrt{2-x}}\mathrm{d}x$;

(6) $\int \frac{1}{\sqrt{1+\mathrm{e}^x}}\mathrm{d}x$;

(7) $\int \frac{1}{x^2\sqrt{1-x^2}}\mathrm{d}x$;

(8) $\int \frac{1}{x^2\sqrt{1+x^2}}\mathrm{d}x$.

5.5　分部积分法

前面,我们在复合函数求导法则的基础上,得到了换元法.现在,我们利用两个函数乘积的求导法则,来推出另一种积分法——分部积分法.

设 $u(x)$,$v(x)$ 具有连续的导数,则有

$$\int u(x)\cdot v'(x)\mathrm{d}x=u(x)\cdot v(x)-\int u'(x)\cdot v(x)\mathrm{d}x$$

或

$$\int u(x)\mathrm{d}v(x)=u(x)\cdot v(x)-\int v(x)\mathrm{d}u(x).$$

该结论的主要作用是把左边的不定积分 $\int u(x)\mathrm{d}v(x)$ 转化为右边的不定积分 $\int v(x)\mathrm{d}u(x)$,显然后一个积分较前一个积分要容易,否则,该转化是无意义的.

例 1　求 $\int xe^x\mathrm{d}x$.

解　选 $u(x)=x,v(x)=e^x$,

原式 $=\int x(e^x)'\mathrm{d}x=\int x\mathrm{d}e^x=xe^x-\int e^x\mathrm{d}x=xe^x-e^x+C.$

例 2　求 $\int x^2e^x\mathrm{d}x$.

解　选 $u(x)=x^2,v(x)=e^x$,

原式 $=\int x^2\mathrm{d}e^x=x^2e^x-\int e^x\mathrm{d}x^2=x^2e^x-2\int xe^x\mathrm{d}x$(利用上式结果)

$=x^2e^x-2xe^x+2e^x+C.$

例 3　求 $\int x\cos x\mathrm{d}x$.

解　选 $u(x)=x,v(x)=\sin x$,

原式 $=\int x\mathrm{d}\sin x=x\sin x-\int\sin x\mathrm{d}x=x\sin x+\cos x+C.$

例 4　求 $\int x\cdot\sin(3x-1)\mathrm{d}x$.

解　因为 $\sin(3x-1)=\left[-\frac{1}{3}\cos(3x-1)\right]'$,

所以选 $u(x)=x,v(x)=\cos(3x-1)$,

原式 $=-\frac{1}{3}\int x\mathrm{d}\cos(3x-1)$

$=-\frac{1}{3}x\cos(3x-1)+\frac{1}{3}\int\cos(3x-1)\mathrm{d}x$

$$=-\frac{1}{3}x\cos(3x-1)+\frac{1}{9}\sin(3x-1)+C.$$

例 5 求$\int x^3\cdot\ln x\mathrm{d}x$.

解 选 $u(x)=\ln x, v(x)=\frac{1}{4}x^4$,

$$原式=\int\ln x\mathrm{d}\left(\frac{1}{4}x^4\right)=\frac{1}{4}x^4\cdot\ln x-\int\frac{1}{4}x^4\mathrm{d}\ln x$$

$$=\frac{1}{4}x^4\ln x-\int\frac{1}{x}\cdot\frac{1}{4}x^4\mathrm{d}x$$

$$=\frac{1}{4}x^4\ln x-\frac{1}{4}\int x^3\mathrm{d}x=\frac{1}{4}x^4\ln x-\frac{1}{16}x^4+C.$$

相对于第一类换元积分法，分部积分法计算的被积函数的特点更加明显，一般有以下三个结论：

(1) 被积表达式为 $x^n\mathrm{e}^{ax+b}\mathrm{d}x$ 时，可选 $u(x)=x^n, \mathrm{d}v(x)=\mathrm{e}^{ax+b}\left(即\ v(x)=\frac{1}{a}\mathrm{e}^{ax+b}\right)$;

(2) 被积表达式为 $x^n\sin(ax+b)\mathrm{d}x$ 或 $x^n\cos(ax+b)\mathrm{d}x$ 时，可选 $u(x)=x^n$,

$$\mathrm{d}v(x)=\sin(ax+b)\ 或\ \mathrm{d}v(x)=\cos(ax+b)$$

$$\left(即\ v(x)=-\frac{1}{a}\cos(ax+b)\ 或\ v(x)=\frac{1}{a}\sin(ax+b)\right);$$

(3) 被积表达式为 $x^\alpha\cdot\ln x(\alpha\neq-1)$，可取 $u(x)=\ln x, \mathrm{d}v(x)=x^\alpha\left(即\ v(x)=\frac{1}{\alpha+1}x^{\alpha+1}\right)$.

请思考：$\int(x+1)\mathrm{e}^x\mathrm{d}x, \int x\mathrm{e}^{2x}\mathrm{d}x, \int x^2\sin x\mathrm{d}x, \int\ln x\mathrm{d}x, \int\sqrt{x}\ln x\mathrm{d}x$.

例 6 求$\int\arcsin x\mathrm{d}x$.

解 选 $u(x)=\arcsin x, v(x)=x$,

$$原式=\int\arcsin x\mathrm{d}x=x\arcsin x-\int\frac{x}{\sqrt{1-x^2}}\mathrm{d}x$$

$$=x\arcsin x+\frac{1}{2}\int\frac{1}{\sqrt{1-x^2}}\mathrm{d}(1-x^2)$$

$$=x\arcsin x+\sqrt{1-x^2}+C.$$

例 7 求$\int\mathrm{e}^x\sin x\mathrm{d}x$.

解 选 $u(x)=\sin x, v(x)=\mathrm{e}^x$,

$$原式=\int\sin x\mathrm{d}\mathrm{e}^x=\mathrm{e}^x\cdot\sin x-\int\mathrm{e}^x\mathrm{d}\sin x=\mathrm{e}^x\cdot\sin x-\int\cos x\cdot\mathrm{e}^x\mathrm{d}x.$$

同理$\int \cos x \cdot e^x dx = e^x \cos x + \int e^x \cdot \sin x dx$,

所以$\int e^x \sin x dx = e^x \sin x - e^x \cos x - \int e^x \sin x dx$,

移项得

$$2\int e^x \sin x dx = e^x \sin x - e^x \cos x + C_1,$$

所以
$$\int e^x \sin x dx = \frac{1}{2} e^x (\sin x - \cos x) + C.$$

例 7 中使用的是递推的方法,请注意例 6 与例 7 两类被积函数的特点,并考虑:$\int \arccos x dx$, $\int \arctan x dx$, $\int e^x \cos x dx$.

例 8 计算$\int e^{\sqrt{x}} dx$.

解 令$\sqrt{x} = t$,则 $x = t^2$,所以 $dx = 2t dt$,代入原式得$\int e^{\sqrt{x}} dx = 2\int t e^t dt$,变化到此,再用分部积分法可得

$$\begin{aligned}\int e^{\sqrt{x}} dx &= 2\int t e^t dt = 2\int t de^t = 2te^t - 2\int e^t dt \\ &= 2te^t - 2e^t + C = 2(\sqrt{x} - 1)e^{\sqrt{x}} + C.\end{aligned}$$

例 9 计算$\int x^5 \cos x^3 dx$.

解
$$\begin{aligned}\int x^5 \cos x^3 dx &= \frac{1}{3}\int x^3 \cos x^3 dx^3 = \frac{1}{3}\int x^3 d\sin x^3 \\ &= \frac{1}{3} x^3 \sin x^3 - \frac{1}{3}\int \sin x^3 dx^3 = \frac{1}{3} x^3 \sin x^3 + \frac{1}{3}\cos x^3 + C.\end{aligned}$$

上述两个例子表明,在有的情况下,换元积分方法与分部积分法要结合起来使用.如果方法应用得当,也能比较顺利地解决问题.

习题 5.5

1. 计算下列积分:

(1) $\int x \sin x dx$;　　(2) $\int x \cos 3x dx$;

(3) $\int \arcsin x dx$;　　(4) $\int x e^{-x} dx$;

(5) $\int x\arctan x\mathrm{d}x$；

(6) $\int x^{-2}\ln x\mathrm{d}x$；

(7) $\int \ln(1+x^2)\mathrm{d}x$；

(8) $\int \mathrm{e}^{-x}\sin x\mathrm{d}x$；

(9) $\int \frac{1}{x}\ln(\ln x)\mathrm{d}x$；

(10) $\int \mathrm{e}^{\sqrt[3]{x}}\mathrm{d}x$.

5.6 微分方程的简介

5.6.1 常微分方程的基本概念

凡表示未知函数、未知函数的导数(或微分)与自变量之间的关系的方程称为**微分方程**.未知函数是一元函数的微分方程称为**常微分方程**,未知函数是多元函数的微分方程称为**偏微分方程**,在微分方程中所含未知函数导数的最高阶数称为**微分方程的阶**.由于本章只讨论常微分方程,以下简称为微分方程或方程.

如：
$$xy'+y=3x,y''+3y'+2y=\mathrm{e}^{-x},\frac{\mathrm{d}^3y}{\mathrm{d}x^3}+2\frac{\mathrm{d}y}{\mathrm{d}x}+y=0$$
等也都是常微分方程,分别为一阶、二阶、三阶常微分方程.

例1 验证一阶微分方程 $y'=\frac{2y}{x}$ 的通解为 $y=Cx^2$(C为任意常数),并求满足初始条件 $y(1)=2$ 的特解.

解 由 $y=Cx^2$ 得方程的左边为 $y'=2Cx$,而方程的右边为$\frac{2y}{x}=\frac{2Cx^2}{x}=2Cx$,左边 = 右边,因此对任意常数 C,函数 $y=Cx^2$ 都是方程 $y'=\frac{2y}{x}$ 的解,即为通解.

将初始条件 $y(1)=2$ 代入通解,得 $C=2$,故所求的特解为 $y=2x^2$.

例2 验证函数 $y=C_1\mathrm{e}^x+C_2\mathrm{e}^{2x}$($C_1,C_2$ 为两个相互独立的任意常数)是二阶微分方程 $y''-3y'+2y=0$ 的通解.

解 由 $y=C_1\mathrm{e}^x+C_2\mathrm{e}^{2x}$ 得 $y'=C_1\mathrm{e}^x+2C_2\mathrm{e}^{2x}$,$y''=C_1\mathrm{e}^x+4C_2\mathrm{e}^{2x}$,将 y,y',y''

代入方程的左边得

$$(C_1 e^x + 4C_2 e^{2x}) - 3(C_1 e^x + 2C_2 e^{2x}) + 2(C_1 e^x + C_2 e^{2x})$$
$$= (C_1 - 3C_1 + 2C_1)e^x + (4C_2 - 6C_2 + 2C_2)e^{2x} = 0,$$

因此函数 $y = C_1 e^x + C_2 e^{2x}$ 是微分方程 $y'' - 2y' + y = 0$ 的解. 又因为这个解中有两个相互独立的任意常数 C_1 与 C_2，与方程的阶数相同，所以它是方程的通解.

实际上，并不是任意的微分方程都有解，就是有解存在也不一定能用有效的方法求出其解，以下各节将对一些特定类型的微分方程如何求解进行讨论.

5.6.2 可分离变量的微分方程

形如：

$$\frac{dy}{dx} = f(x)g(y) \tag{1}$$

的一阶微分方程，称为**可分离变量的微分方程**. 该微分方程的特点是等式右边可以分解成两个函数之积，其中一个仅是 x 的函数，另一个仅是 y 的函数.

可分离变量的微分方程 $\frac{dy}{dx} = f(x)g(y)$ 的求解步骤为：

第一步，分离变量，得 $\frac{1}{g(y)}dy = f(x)dx\,(g(y) \neq 0)$；

第二步，两边积分，有 $\int \frac{1}{g(y)}dy = \int f(x)dx$（式中左边对 y 积分，右边对 x 积分），然后求出不定积分，就得到方程(1) 的解.

我们把这种求解过程叫做分离变量法.

例 3 (1) 求方程 $\frac{dy}{dx} = -\frac{x}{y}$ 的通解；(2) 求该方程满足初始条件 $y(0) = 2$ 的特解.

解 (1) 第一步，将方程分离变量，得

$$y\,dy = -x\,dx;$$

第二步，两边积分，有

$$\int y\,dy = \int -x\,dx,$$

然后求出积分，得

$$\frac{1}{2}y^2 = -\frac{1}{2}x^2 + C_1.$$

故方程的通解为

$$x^2 + y^2 = C\,(C = 2C_1 \text{ 是任意常数}).$$

(2) 将初始条件 $y(0) = 2$ 代入以上通解，得 $C = 4$，故所要求的特解为

$$x^2+y^2=4.$$

例 4　求方程$\frac{\mathrm{d}y}{\mathrm{d}x}=x^2y$的通解.

解　第一步,将方程分离变量,得

$$\frac{\mathrm{d}y}{y}=x^2\mathrm{d}x(y\neq 0),$$

第二步,两边积分,有

$$\int\frac{\mathrm{d}y}{y}=\int x^2\mathrm{d}x,$$

然后求出积分,得

$$\ln|y|=\frac{1}{3}x^3+C_1,$$

从而有

$$|y|=\mathrm{e}^{\ln|y|}=\mathrm{e}^{\frac{1}{3}x^3+C_1}=\mathrm{e}^{C_1}\mathrm{e}^{\frac{1}{3}x^3},$$

即

$$y=C\mathrm{e}^{\frac{1}{3}x^3}\text{（其中 }C=\pm\mathrm{e}^{C_1}\neq 0\text{）}.$$

由于$y=0$也是该微分方程的解,故方程的通解为

$$y=C\mathrm{e}^{\frac{1}{3}x^3}\text{（}C\text{ 为任意常数）}.$$

5.6.3　齐次型的微分方程

形如:

$$\frac{\mathrm{d}y}{\mathrm{d}x}=\varphi\left(\frac{y}{x}\right)\tag{2}$$

的一阶微分方程,称为**齐次型的微分方程**,简称齐次方程.

例如$(xy-y^2)\mathrm{d}x-(x^2-2xy)\mathrm{d}y=0$是齐次方程,因为

$$\frac{\mathrm{d}y}{\mathrm{d}x}=\frac{xy-y^2}{x^2-2xy}=\frac{\frac{y}{x}-\left(\frac{y}{x}\right)^2}{1-2\left(\frac{y}{x}\right)}=\varphi\left(\frac{y}{x}\right).$$

齐次方程的特点是每一项所变量的次数都是相同的.

齐次方程$\frac{\mathrm{d}y}{\mathrm{d}x}=\varphi\left(\frac{y}{x}\right)$的求解的步骤为:

第一步,作变量代换$u=\frac{y}{x}$,把齐次方程化为可分离变量的微分方程,因为

$$y=u\cdot x,\frac{\mathrm{d}y}{\mathrm{d}x}=u+x\frac{\mathrm{d}u}{\mathrm{d}x},$$

将它们代入齐次方程,得

$$u+x\frac{\mathrm{d}u}{\mathrm{d}x}=\varphi(u),$$

即

$$x\frac{\mathrm{d}u}{\mathrm{d}x}=\varphi(u)-u;$$

第二步,用分离变量法,得

$$\int\frac{\mathrm{d}u}{\varphi(u)-u}=\int\frac{\mathrm{d}x}{x},$$

然后求出积分;

第三步,换回原变量,以 $u=\frac{y}{x}$ 代回,就得到所给齐次方程的通解.

例 5 求微分方程 $y'=\frac{y}{x}+\tan\frac{y}{x}$ 的通解.

解 第一步,变量代换 $u=\frac{y}{x}$,则 $y=u\cdot x$, $\frac{\mathrm{d}y}{\mathrm{d}x}=u+x\frac{\mathrm{d}u}{\mathrm{d}x}$,代入原方程,得

$$x\frac{\mathrm{d}u}{\mathrm{d}x}=\tan u;$$

第二步,分离变量,得

$$\int\frac{\mathrm{d}u}{\tan u}=\int\frac{\mathrm{d}x}{x},$$

有

$$\ln|\sin u|=\ln|x|+C_1,$$

即

$$\sin u=Cx;$$

第三步,换回原变量,以 $u=\frac{y}{x}$ 代回,即得方程的通解:

$$\sin\frac{y}{x}=Cx.$$

例 6 求微分方程 $(x-2y)y'=2x-y$ 的通解.

解 原方程可化为

$$\frac{\mathrm{d}y}{\mathrm{d}x}=\frac{2x-y}{x-2y}=\frac{2-\frac{y}{x}}{1-2\frac{y}{x}},$$

这是齐次方程.

变量代换 $u=\frac{y}{x}$,则 $y=u\cdot x$, $\frac{\mathrm{d}y}{\mathrm{d}x}=u+x\frac{\mathrm{d}u}{\mathrm{d}x}$,代入以上方程,得

$$u+x\frac{\mathrm{d}u}{\mathrm{d}x}=\frac{2-u}{1-2u},$$

即

$$x\frac{\mathrm{d}u}{\mathrm{d}x}=\frac{2(1-u+u^2)}{1-2u},$$

分离变量,得

$$\frac{(1-2u)\mathrm{d}u}{2(1-u+u^2)}=\frac{\mathrm{d}x}{x},$$

两边积分,有

$$-\frac{1}{2}\ln|1-u+u^2|=\ln|x|+C_1,$$

即

$$1-u+u^2=\frac{C}{x^2},$$

换回原变量,故原方程的通解为

$$x^2-xy+y^2=C.$$

习题 5.6

1. 说出下列微分方程的阶数：

(1) $x\mathrm{d}x+y^3\mathrm{d}y=0$；

(2) $y'=2xy$；

(3) $x(y')^2-2yy'+x=0$；

(4) $\frac{\mathrm{d}^2y}{\mathrm{d}x^2}-9\frac{\mathrm{d}y}{\mathrm{d}x}=3x^2+1$.

2. 下面哪个函数是微分方程 $y''+2y'+y=0$ 的解?

(1) $y=\mathrm{e}^x$；

(2) $y=\mathrm{e}^{-x}$；

(3) $y=x\mathrm{e}^x$；

(4) $y=x^2\mathrm{e}^{-x}$.

3. 求方程 $y+y'=0$ 的通解.

4. 求方程 $y''=2\sin x$ 的通解.

6 定积分及其应用

6.1 定积分的概念和性质

6.1.1 两个实例

1. 曲边梯形的面积问题

在区间$[a,b]$上由连续曲线$y=f(x)(f(x)\geqslant 0)$和直线$x=a,x=b,y=0$所围的平面图形称为**曲边梯形**.

虽然在中学阶段我们已经会求多边形和圆的面积,但由于曲边梯形的一条边是连续曲线,故不能直接用梯形或矩形面积进行计算.

我们的做法是把区间$[a,b]$划分为若干个小区间,在每个小区间上的曲边梯形可近似地看做矩形,于是,每个小区间上的曲边梯形面积的近似地等于该区间上小矩形面积,所有这些小矩形面积之和就是曲边梯形面积的近似值.如果把区间$[a,b]$无限细分,使每一小区间长度趋于零,这时,所有小矩形面积之和的极限就是曲边梯形的面积.

2. 变速直线运动的路程问题

设有一质点作变速直线运动,已知该质点在时刻t的瞬时速度为$v=v(t)$,求该质点由时刻T_0到时刻T_1的运行路程.

和前面的问题类似,质点作匀速直线运动时,其运行路程定义为

$$\text{运行路程}=\text{运行速度}\times\text{运行时间}.$$

但是,我们遇到的问题是变速直线运动,质点运行的速度时刻都在变化着的,因此,我们不能直接应用上述公式.怎么办呢?这又是一个要转换矛盾的问题,为了能用上匀速直线运动的速度公式,我们只有把整个运行时间分成很多小段,使得时间间隔非常小,小到每一段时间内,质点运行的速度几乎不发生变化,即为匀速的.这时,每一段时间内,质点运动的路程之和的极限就是质点运动的路程.

上述两个实例,从各自的具体意义来说是毫不相干的,一个是几何学的面积问题,另一个是物理学的路程问题.但是,我们把它们的计算方法从具体意义中抽象出来的话,其描述过程与模式是完全一致的,其最终结果就是计算同一类型的和式极限.我们把这样一种从具体意义中抽象出来的计算方法用数学语言去描述它的话,就是我们将要介绍的定积分.

6.1.2 定积分的表示

前面我们讲述的两个例子实际上就是：

曲边梯形的面积为 $S=\int_a^b f(x)\mathrm{d}x$；

质点运行的路程为 $s=\int_{T_0}^{T_1} v(t)\mathrm{d}t$.

有些定积分可以直接从几何中的面积公式得到，例如：

$\int_a^b \mathrm{d}x=\int_a^b 1\cdot\mathrm{d}x=$ 高为 1、底为 $b-a$ 的矩形面积 $=b-a$；

$\int_0^a x\mathrm{d}x=$ 是高为 a、底为 a 的直角三角形面积 $=\dfrac{1}{2}a^2$；

$\int_0^R \sqrt{R^2-x^2}\,\mathrm{d}x=$ 半径为 R 的上半圆的面积 $=\dfrac{1}{2}\pi R^2$；

$\int_0^{2\pi} \sin x\mathrm{d}x=0$(正负面积相消后的代数面积为 0).

6.1.3 定积分的性质

在下面的讨论中，假设函数在所讨论的闭区间上都是连续的.

性质 1 $\int_a^b [f(x)\pm g(x)]\mathrm{d}x=\int_a^b f(x)\mathrm{d}x\pm\int_a^b g(x)\mathrm{d}x$.

这就是说，函数的代数和的定积分等于它们的定积分的代数和.

这一性质可以推广到有限个连续函数代数和的定积分的情形.

性质 2 $\int_a^b kf(x)\mathrm{d}x=k\int_a^b f(x)\mathrm{d}x$.

这就是说，常数因子可以提到积分号外.

性质 3 $\int_a^b \mathrm{d}x=b-a$.

这就是说，如果被积函数 $f(x)=1$，那么 $f(x)$ 在区间 $[a,b]$ 上的定积分等于上限 b 减去下限 a 所得的差.

这一性质从定积分的几何意义可以很容易看出.

性质 4(定积分的区间可加性) 对于任意点 c，有

$$\int_a^b f(x)\mathrm{d}x=\int_a^c f(x)\mathrm{d}x+\int_c^b f(x)\mathrm{d}x.$$

应注意，任意点 c 意味着不论 $c\in[a,b]$ 还是 $c\notin[a,b]$，只要 $\int_a^b f(x)\mathrm{d}x$，$\int_a^c f(x)\mathrm{d}x$ 和 $\int_c^b f(x)\mathrm{d}x$ 都存在，就有等式 $\int_a^b f(x)\mathrm{d}x=\int_a^c f(x)\mathrm{d}x+\int_c^b f(x)\mathrm{d}x$ 成立.

例 1 已知$\int_0^2 x^2 \mathrm{d}x = \frac{8}{3}$，$\int_0^3 x^2 \mathrm{d}x = 9$，求$\int_2^3 x^2 \mathrm{d}x$.

解 由性质 4 可知，

$$\int_0^3 x^2 \mathrm{d}x = \int_0^2 x^2 \mathrm{d}x + \int_2^3 x^2 \mathrm{d}x,$$

于是

$$\int_2^3 x^2 \mathrm{d}x = \int_0^3 x^2 \mathrm{d}x - \int_0^2 x^2 \mathrm{d}x,$$

因此

$$\int_2^3 x^2 \mathrm{d}x = 9 - \frac{8}{3} = \frac{19}{3}.$$

性质 5(积分比较性质) 在区间$[a,b]$上若有$f(x) \leqslant g(x)$，则

$$\int_a^b f(x) \mathrm{d}x \leqslant \int_a^b g(x) \mathrm{d}x.$$

推论 在区间$[a,b]$上若$f(x) \geqslant 0$，则

$$\int_a^b f(x) \mathrm{d}x \geqslant 0.$$

性质 6(积分估值定理) $f(x)$在区间$[a,b]$上连续，m，M分别是$f(x)$在区间$[a,b]$上的最小值和最大值，则

$$m(b-a) \leqslant \int_a^b f(x) \mathrm{d}x \leqslant M(b-a).$$

由几何图形，不难得到“以最小值m为高、$[a,b]$区间为底的矩形面积”、“阴影部分曲边梯形的面积”以及“以最大值M为高、$[a,b]$区间为底的矩形面积”三者之间的大小关系. 这从几何上说明了积分估值定理的正确性.

性质 7(积分中值定理) 若$f(x)$在区间$[a,b]$上连续，则在$[a,b]$区间上至少存在一点$\xi \in [a,b]$，使得

$$\int_a^b f(x) \mathrm{d}x = f(\xi)(b-a).$$

说明：因为$f(x)$在区间$[a,b]$上连续，则$f(x)$在$[a,b]$区间上必能取到最小值m和最大值M. 由性质 6 得$m \leqslant \frac{1}{b-a}\int_a^b f(x) \mathrm{d}x \leqslant M$. 再由闭区间上连续函数的介值定理，至少有一点$\xi \in [a,b]$，使得

$$f(\xi) = \frac{1}{b-a}\int_a^b f(x) \mathrm{d}x,$$

即

$$\int_a^b f(x) \mathrm{d}x = f(\xi)(b-a).$$

它的几何意义是：若$f(x)$在区间$[a,b]$上连续，那么至少可以找到一点$\xi \in [a,b]$，使得以$[a,b]$为底，以$f(\xi)$为高的矩形的面积，正好等于由$x=a$，$x=b$，$y=0$以及$y=f(x)$所围的曲边梯形面积(如图 6.1).

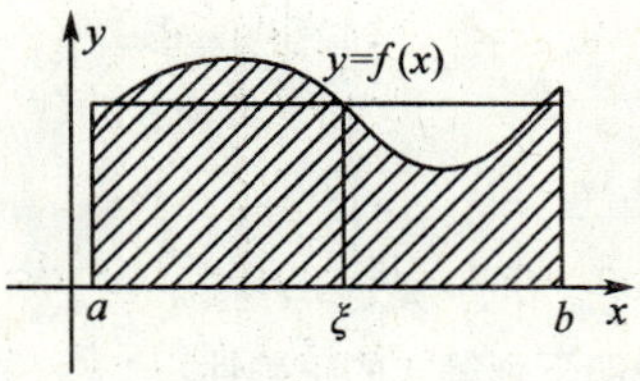

图 6.1

该性质也可从另一个角度来解释：若 $f(x)$ 在区间$[a,b]$上连续，至少可以找到一点 $\xi\in[a,b]$，使得 $f(\xi)$ 为 $f(x)$ 在区间$[a,b]$上的平均值.

例 2 估计积分值$\int_{-1}^{1}e^{-x^2}dx$.

解 设 $f(x)=e^{-x^2}$，则 $f'(x)=-2xe^{-x^2}$，并且 $x>0$ 时有 $f'(x)>0$；$x<0$ 时有 $f'(x)>0$，所以，$f(x)$ 在 $x=0$ 处取最大值，在 $x=1$ 和 $x=-1$ 处取最小值，最大值为 $f(0)=1$，最小值为 $f(1)=f(-1)=e^{-1}$，因此 $2e^{-1}<\int_{-1}^{1}e^{-x^2}dx<2$.

例 3 试比较下列积分的大小：

(1) $\int_0^1 x^2dx$ 与$\int_0^1 x^3dx$；　　(2) $\int_1^2 x^2dx$ 与$\int_1^2 x^3dx$.

解 (1) 因为 $0\leqslant x\leqslant 1$ 时，$x^2\geqslant x^3$，所以$\int_0^1 x^2dx\geqslant\int_0^1 x^3dx$；

(2) 因为 $1\leqslant x\leqslant 2$ 时，$x^2\leqslant x^3$，所以$\int_1^2 x^2dx\leqslant\int_1^2 x^3dx$.

习题 6.1

1. 用定积分表示下面的量：

(1) 由曲线 $y=x^2+1$，$x=0$，$x=3$ 及 x 轴所围成的曲边梯形的面积；

(2) 已知变速直线运动的速度 $v=2t+3$，当物体从第 1 秒开始，经过 2 秒后所经过的路程.

2. 根据定积分的几何意义，判断下列定积分值的正负(不必算)：

(1) $\int_{-2}^{1}xdx$；　　(2) $\int_0^{\pi}\sin xdx$；

(3) $\int_{-\pi}^{-\frac{\pi}{2}} \cos x \mathrm{d}x$;　　　　(4) $\int_{-1}^{2} x^2 \mathrm{d}x$.

3. 根据定积分的几何意义,说明下列等式的正确性:

(1) $\int_{-2}^{3} \mathrm{d}x = 5$;　　　　(2) $\int_{-\pi}^{\pi} \sin x \mathrm{d}x = 0$;

(3) $\int_{0}^{1} (x+1) \mathrm{d}x = \frac{3}{2}$;　　　　(4) $\int_{-1}^{1} \sqrt{1-x^2} \mathrm{d}x = \frac{\pi}{2}$.

4. 利用定积分性质和$\int_{0}^{1} x^2 \mathrm{d}x = \frac{1}{3}$,$\int_{0}^{2} x^2 \mathrm{d}x = \frac{8}{3}$,$\int_{0}^{3} x^2 \mathrm{d}x = 9$,计算下列定积分:

(1) $\int_{0}^{1} (3x^2-2) \mathrm{d}x$;　　　　(2) $\int_{0}^{2} (2x^2-1) \mathrm{d}x$;

(3) $\int_{1}^{2} (2x^2-3) \mathrm{d}x$;　　　　(4) $\int_{3}^{2} (1-x^2) \mathrm{d}x$.

5. 不计算定积分,比较下列定积分的大小:

(1) $\int_{0}^{1} x^2 \mathrm{d}x, \int_{0}^{1} x \mathrm{d}x$;　　　　(2) $\int_{1}^{2} \ln x \mathrm{d}x, \int_{1}^{2} \ln^2 x \mathrm{d}x$;

(3) $\int_{3}^{4} \ln x \mathrm{d}x, \int_{3}^{4} \ln^2 x \mathrm{d}x$;　　　　(4) $\int_{0}^{\frac{\pi}{4}} \sin x \mathrm{d}x, \int_{0}^{\frac{\pi}{4}} \tan x \mathrm{d}x$.

6. 不计算定积分，估计下列定积分的值：

(1) $\int_0^1 (1+x^2)\mathrm{d}x$；　　(2) $\int_1^2 x^3\mathrm{d}x$；

(3) $\int_1^{\mathrm{e}} \ln x\mathrm{d}x$；　　(4) $\int_{-1}^1 \frac{1}{1+x^4}\mathrm{d}x$.

6.2　微积分基本定理

我们已经给出了定积分的基本概念和基本性质，如何方便、快捷地计算定积分.上一章我们学习了不定积分，已经掌握了许多不定积分的计算方法，它们既然都叫积分，就说明它们之间存在某种联系.这一节我们主要就是讨论这两者之间的联系，进而引出微积分基本公式.

6.2.1　牛顿-莱布尼兹公式

若 $f(x)$ 在 $[a,b]$ 上连续，$F(x)$ 是 $f(x)$ 在 $[a,b]$ 上的一个原函数，则

$$\int_a^b f(x)\mathrm{d}x = F(b) - F(a). \tag{1}$$

公式(1)称为牛顿-莱布尼兹公式.又称为微积分基本公式.它建立起定积分和原函数的关系，也就是定积分与不定积分的关系，从而定积分的计算问题就转化为求被积函数的原函数在积分区间上的增量问题.

有了牛顿-莱布尼兹公式，定积分的计算问题就容易多了，我们可以用不定积分的方法，求出被积函数的一个原函数，进而求出定积分的值.

例 1　计算定积分 $\int_0^1 x^2\mathrm{d}x$.

解　由于 $\frac{1}{3}x^3$ 是 x^2 的一个原函数，由牛顿-莱布尼兹公式有

$$\int_0^1 x^2\mathrm{d}x = \frac{1}{3}x^3\Big|_0^1 = \frac{1}{3}(1^3 - 0^3) = \frac{1}{3}.$$

这个计算，相比于我们前面按定义计算，明显简单多了.

例 2　计算定积分 $\int_1^{\sqrt{3}} \frac{1}{1+x^2}\mathrm{d}x$.

解 由于 $\arctan x$ 是 $\dfrac{1}{1+x^2}$ 的一个原函数,由牛顿-莱布尼兹公式有

$$\int_1^{\sqrt{3}}\frac{1}{1+x^2}\mathrm{d}x=\arctan x\Big|_1^{\sqrt{3}}=\arctan\sqrt{3}-\arctan 1$$

$$=\frac{\pi}{3}-\frac{\pi}{4}=\frac{\pi}{12}.$$

例 3 计算定积分 $\displaystyle\int_{-2}^{-1}\frac{1}{x}\mathrm{d}x$.

解 因为 $\displaystyle\int\frac{1}{x}\mathrm{d}x=\ln|x|+C$,

所以 $\displaystyle\int_{-2}^{-1}\frac{1}{x}\mathrm{d}x=\ln|x|\Big|_{-2}^{-1}=\ln 1-\ln 2=-\ln 2$.

例 4 计算 $\displaystyle\int_0^1(x^2+2^x)\mathrm{d}x$.

解 $\displaystyle\int_0^1(x^2+2^x)\mathrm{d}x=\int_0^1x^2\mathrm{d}x+\int_0^1 2^x\mathrm{d}x=\frac{x^3}{3}\Big|_0^1+\frac{2^x}{\ln 2}\Big|_0^1=\frac{1}{3}+\frac{1}{\ln 2}$.

例 5 计算 $\displaystyle\int_0^1\frac{x^2}{1+x^2}\mathrm{d}x$.

解 $\displaystyle\int_0^1\frac{x^2}{1+x^2}\mathrm{d}x=\int_0^1\left(1-\frac{1}{1+x^2}\right)\mathrm{d}x=\int_0^1\mathrm{d}x-\int_0^1\frac{1}{1+x^2}\mathrm{d}x$

$$=x\Big|_0^1-\arctan x\Big|_0^1=1-\arctan 1+\arctan 0=1-\frac{\pi}{4}.$$

例 6 求 $\displaystyle\int_0^{\pi}\cos^2\frac{x}{2}\mathrm{d}x$.

解 $\displaystyle\int_0^{\pi}\cos^2\frac{x}{2}\mathrm{d}x=\frac{1}{2}\int_0^{\pi}(1+\cos x)\mathrm{d}x=\frac{1}{2}(x+\sin x)\Big|_0^{\pi}=\frac{\pi}{2}$.

例 7 求定积分:

(1) $\displaystyle\int_0^2|1-x|\mathrm{d}x$;(2) $\displaystyle\int_{-1}^1 f(x)\mathrm{d}x$,其中 $f(x)=\begin{cases}1+x, & 0<x\leqslant 2,\\ 1, & x\leqslant 0.\end{cases}$

解 (1) 因为 $|1-x|=\begin{cases}1-x, & 0\leqslant x<1,\\ x-1, & 1\leqslant x\leqslant 2,\end{cases}$ 所以

$$\int_0^2|1-x|\mathrm{d}x=\int_0^1(1-x)\mathrm{d}x+\int_1^2(x-1)\mathrm{d}x$$

$$=-\frac{1}{2}(1-x)^2\Big|_0^1+\frac{1}{2}(x-1)^2\Big|_1^2=1.$$

(2) $\displaystyle\int_{-1}^1 f(x)\mathrm{d}x=\int_{-1}^0 f(x)\mathrm{d}x+\int_0^1 f(x)\mathrm{d}x$

$$=\int_{-1}^0 1\cdot\mathrm{d}x+\int_0^1(1+x)\mathrm{d}x$$

$$= x\Big|_{-1}^{0} + \frac{1}{2}(1+x)^2\Big|_{0}^{1} = \frac{5}{2}.$$

例 8 火车以 72 km/h 的速度行驶，在到达某车站前以等加速度 $a=-2.5\ \mathrm{m/s^2}$ 刹车，问火车需要在到站前多少距离开始刹车，可使火车到站时停稳？

解 首先计算开始刹车到停止所需的时间，即速度从 $v_0 = 72\ \mathrm{km/h} = 20\ \mathrm{m/s}$ 到 $v=0$ 的时间. 因为开始刹车后火车以每秒 -2.5 m/s 减速，由匀加速运动公式

$$v(t) = v_0 + at = 20 - 2.5t,$$

令 $v(t)=0$，得 $t=8(s)$.

以开始刹车作为计时开始，即 $t=0$，则在 $t=0$ 到 $t=8$ 之间火车行进的路程

$$s = \int_0^8 v(t)\mathrm{d}t = \int_0^8 (20-2.5t)\mathrm{d}t = \left(20t - \frac{5}{4}t^2\right)\Big|_0^8 = 80\ (\mathrm{m}).$$

所以火车需要在到站前 80 m 开始刹车，才可使火车到站时停稳.

例 9 已知某化工产品的关于投资 x 的边际利润函数为 $MR = 0.15(1-0.1\mathrm{e}^{-0.1x})$（万元），现拟投资 20 万元，可望获利多少？

解 设关于投资 x 的利润函数为 $R(x)$，则 $MR = R'(x)$，所以投资 20 万元时的利润

$$R = \int_0^{20} MR \cdot \mathrm{d}x = \int_0^{20} 0.15(1-0.1\mathrm{e}^{-0.1x})\mathrm{d}x$$

$$= 0.15\left(\int_0^{20}\mathrm{d}x - \int_0^{20} 0.1\mathrm{e}^{-0.1x}\mathrm{d}x\right) = 0.15\left(x + \mathrm{e}^{-0.1x}\right)\Big|_0^{20} \approx 2.87.$$

所以投资 20 万元时，可望获利 2.87 万元.

习题 6.2

1. 计算下列函数的导数：

(1) $F(x) = \int_1^x \frac{1}{1+t^2}\mathrm{d}t$；

(2) $F(x) = \int_x^{-1} 2^t \tan t\mathrm{d}t$；

(3) $F(x) = \int_0^{x^2} t^2 \mathrm{e}^{\sqrt{t}}\mathrm{d}t$；

(4) $F(x) = \int_{\sin x}^{\cos x}(1-t^2)\mathrm{d}t$.

2. 求下列极限：

(1) $\lim\limits_{x\to 0^-}\dfrac{\int_0^x \sin t\mathrm{d}t}{x^2}$；　　(2) $\lim\limits_{x\to 0^-}\dfrac{\int_1^{\cos x} \mathrm{e}^{-t^2}\mathrm{d}t}{x^2}$；

(3) $\lim\limits_{x\to 0^-}\dfrac{\int_{\cos x}^1 (1-t^2)\mathrm{d}t}{x^4}$.

3. 计算下列定积分：

(1) $\int_0^1 x^{100}\mathrm{d}x$；　　(2) $\int_1^3 \sqrt[3]{x}\,\mathrm{d}x$；

(3) $\int_0^2 (3x^2-2x+1)\mathrm{d}x$；　　(4) $\int_0^{\frac{\pi}{2}} \sin t\mathrm{d}t$；

(5) $\int_0^1 x\mathrm{e}^{x^2}\mathrm{d}x$；　　(6) $\int_{-1}^1 \dfrac{x^2}{1+x^2}\mathrm{d}x$；

(7) $\int_0^1 |1-2x|\mathrm{d}x$；　　(8) $\int_0^{\pi} |\cos x|\mathrm{d}x$；

(9) $\int_0^{2\pi} \sqrt{1-\cos 2x}\,\mathrm{d}x$；　　(10) $\int_{-1}^2 (2x+|x|+1)^2\mathrm{d}x$.

6.3 定积分的计算

牛顿-莱布尼兹公式给出了定积分的一个非常简洁的计算公式，只要我们能求出被积函数的一个原函数，定积分的计算问题就算基本解决了. 但这样做有时还很繁琐，在定积分的实际计算过程中，往往没有必要原原本本地先求出原函数，只需要在计算过程中直接进行某些变换就可以了. 下面我们就来介绍定积分的两种基本计算方法——定积分的换元积分法和分部积分法.

6.3.1 定积分的第一换元积分法

设 $\varphi(x)$ 在$[a,b]$上可导，$g(x)=f(\varphi(x))\varphi'(x)$ 在$[a,b]$上连续，则

$$\begin{aligned}\int_a^b g(x)\mathrm{d}x &= \int_a^b f(\varphi(x))\varphi'(x)\mathrm{d}x = \int_a^b f(\varphi(x))\mathrm{d}\varphi(x)\\ &= F(\varphi(x))\Big|_a^b = F(\varphi(b))-F(\varphi(a)),\end{aligned}$$

其中 $F'(u)=f(u)$.

第一换元积分法也称凑积分法.

例 1 计算$\displaystyle\int_0^\pi \frac{\sin x}{1+\cos^2 x}\mathrm{d}x$.

解 $\displaystyle\int_0^\pi \frac{\sin x}{1+\cos^2 x}\mathrm{d}x=\int_0^\pi \frac{-1}{1+\cos^2 x}\mathrm{d}\cos x=-\arctan\cos x\Big|_0^\pi=-\left(-\frac{\pi}{4}-\frac{\pi}{4}\right)=\frac{\pi}{2}$.

例 2 计算$\displaystyle\int_0^1 x\mathrm{e}^{-\frac{x^2}{2}}\mathrm{d}x$.

解 $\displaystyle\int_0^1 x\mathrm{e}^{-\frac{x^2}{2}}\mathrm{d}x=-\int_0^1 \mathrm{e}^{-\frac{x^2}{2}}\mathrm{d}\left(-\frac{x^2}{2}\right)=-\mathrm{e}^{-\frac{x^2}{2}}\Big|_0^1=1-\mathrm{e}^{-\frac{1}{2}}$.

6.3.2 定积分的第二换元积分法

设 $f(x)$ 在区间$[a,b]$上连续，函数 $x=\varphi(t)$ 满足下列条件：

(1) $x=\varphi(t)$ 在区间$[\alpha,\beta]$(或$[\beta,\alpha]$)上有连续导函数，并且 $a\leqslant\varphi(t)\leqslant b$；

(2) $\varphi(\alpha)=a,\varphi(\beta)=b$.

则$\displaystyle\int_a^b f(x)\mathrm{d}x=\int_\alpha^\beta f(\varphi(t))\varphi'(t)\mathrm{d}t$.

例 3 求$\displaystyle\int_0^8 \frac{\mathrm{d}x}{1+\sqrt[3]{x}}$.

解 令 $x=t^3$，有 $\mathrm{d}x=3t^2\mathrm{d}t$，且当 $x=0$ 时 $t=0$，当 $x=8$ 时 $t=2$，于是

$$\int_0^8 \frac{\mathrm{d}x}{1+\sqrt[3]{x}}\mathrm{d}x=\int_0^2 \frac{1}{1+t}\cdot 3t^2\mathrm{d}t=3\int_0^2 \frac{t^2-1+1}{t+1}\mathrm{d}t=3\int_0^2\left(t-1+\frac{1}{t+1}\right)\mathrm{d}t$$

$$= 3\left[\frac{1}{2}t^2 - t + \ln(1+t)\right]\bigg|_0^2 = 3\ln 3.$$

设函数 $f(x)$ 在闭区间 $[-a,a]$ 上连续，我们有如下结论：

(1) 当 $f(x)$ 为奇函数时，$\int_{-a}^{a} f(x)\mathrm{d}x = 0$；

(2) 当 $f(x)$ 为偶函数时，$\int_{-a}^{a} f(x)\mathrm{d}x = 2\int_{0}^{a} f(x)\mathrm{d}x$.

以上的结论称为奇、偶函数在对称区间上的积分性质. 在理论和计算中经常会用这个结论.

从直观上看(图 6.2)，性质反映了对称区间上奇函数的正负面积相消、偶函数面积是半区间上面积的两倍这样一个事实.

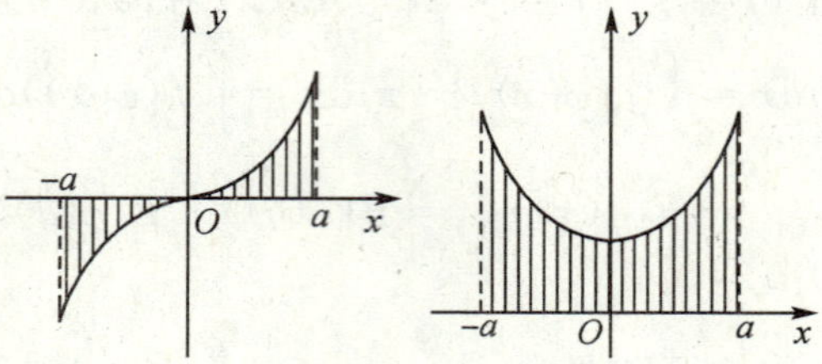

图 6.2

例 4 计算下列各定积分：

(1) $\int_{-\frac{\pi}{4}}^{\frac{\pi}{4}} \frac{1+x^3}{\cos^2 x}\mathrm{d}x$；　　(2) $\int_{-1}^{1} x^2 \mid x \mid \mathrm{d}x$.

解 (1) 由于 $\frac{1}{\cos^2 x}$ 是 $\left[-\frac{\pi}{4},\frac{\pi}{4}\right]$ 上的偶函数，$\frac{x^3}{\cos^2 x}$ 是 $\left[-\frac{\pi}{4},\frac{\pi}{4}\right]$ 上的奇函数，所以

$$\int_{-\frac{\pi}{4}}^{\frac{\pi}{4}} \frac{1+x^3}{\cos^2 x}\mathrm{d}x = \int_{-\frac{\pi}{4}}^{\frac{\pi}{4}} \frac{1}{\cos^2 x}\mathrm{d}x + \int_{-\frac{\pi}{4}}^{\frac{\pi}{4}} \frac{x^3}{\cos^2 x}\mathrm{d}x = 2\int_{0}^{\frac{\pi}{4}} \frac{1}{\cos^2 x}\mathrm{d}x + 0 = 2\tan x\bigg|_0^{\frac{\pi}{4}} = 2.$$

(2) 由于 $x^2 \mid x \mid$ 是 $[-1,1]$ 上的偶函数，所以

$$\int_{-1}^{1} x^2 \mid x \mid \mathrm{d}x = 2\int_{0}^{1} x^3\mathrm{d}x = 2\cdot\frac{1}{4}x^4\bigg|_0^1 = \frac{1}{2}.$$

6.3.3 定积分的分部积分法

我们知道，不定积分的分部积分公式是 $\int u\mathrm{d}v = uv - \int v\mathrm{d}u$，它主要是来自于导数公式：

$$(uv)' = u'v + uv'.$$

也就是说，uv 是 $u'v + uv'$ 的一个原函数. 因此，当 $u(x)$，$v(x)$ 在 $[a,b]$ 上有连续导数时，由牛顿-莱布尼兹公式有

$$\int_a^b (u'v + uv')\mathrm{d}x = uv\Big|_a^b,$$

即

$$\int_a^b v\mathrm{d}u + \int_a^b u\mathrm{d}v = uv\Big|_a^b,$$

也就是

$$\int_a^b u\mathrm{d}v = uv\Big|_a^b - \int_a^b v\mathrm{d}u.$$

这就是定积分的分部积分公式.

例 5　计算$\int_0^{\frac{\pi}{2}} x\sin x\mathrm{d}x$.

解　$\int_0^{\frac{\pi}{2}} x\sin x\mathrm{d}x = -\int_0^{\frac{\pi}{2}} x\mathrm{d}\cos x = -x\cos x\Big|_0^{\frac{\pi}{2}} + \int_0^{\frac{\pi}{2}} \cos x\mathrm{d}x = \sin x\Big|_0^{\frac{\pi}{2}} = 1.$

例 6　计算$\int_1^{\mathrm{e}} x\ln x\mathrm{d}x$.

解　$\int_1^{\mathrm{e}} x\ln \mathrm{d}x = \int_1^{\mathrm{e}} \ln x\mathrm{d}\left(\frac{1}{2}x^2\right) = \frac{1}{2}x^2\ln x\Big|_1^{\mathrm{e}} - \int_1^{\mathrm{e}} \frac{1}{2}x^2 \cdot \frac{1}{x}\mathrm{d}x$

$$= \frac{1}{2}\mathrm{e}^2 - \frac{1}{4}x^2\Big|_1^{\mathrm{e}} = \frac{1}{2}\mathrm{e}^2 - \left(\frac{1}{4}\mathrm{e}^2 - \frac{1}{4}\right) = \frac{1}{4}\mathrm{e}^2 + \frac{1}{4}.$$

例 7　计算$\int_0^1 x^2\mathrm{e}^x\mathrm{d}x$.

解　$\int_0^1 x^2\mathrm{e}^x\mathrm{d}x = \int_0^1 x^2\mathrm{d}\mathrm{e}^x = x^2\mathrm{e}^x\Big|_0^1 - \int_0^1 \mathrm{e}^x\mathrm{d}x^2 = \mathrm{e} - \int_0^1 2x\mathrm{e}^x\mathrm{d}x$

$$= \mathrm{e} - \int_0^1 2x\mathrm{d}\mathrm{e}^x = \mathrm{e} - 2x\mathrm{e}^x\Big|_0^1 + \int_0^1 2\mathrm{e}^x\mathrm{d}x = -\mathrm{e} + 2\mathrm{e}^x\Big|_0^1 = \mathrm{e} - 2.$$

这个例子说明,有时用分部积分法求定积分时需要连续使用.

例 8　计算$\int_0^1 x\arctan x\mathrm{d}x$.

解　$\int_0^1 x\arctan x\mathrm{d}x = \int_0^1 \arctan x\mathrm{d}\frac{x^2}{2} = \frac{x^2}{2}\arctan x\Big|_0^1 - \frac{1}{2}\int_0^1 x^2\mathrm{d}\arctan x$

$$= \frac{\pi}{8} - \frac{1}{2}\int_0^1 \frac{x^2}{1+x^2}\mathrm{d}x = \frac{\pi}{8} - \frac{1}{2}\left(\int_0^1 \mathrm{d}x - \int_0^1 \frac{1}{1+x^2}\mathrm{d}x\right)$$

$$= \frac{\pi}{8} - \frac{1}{2} + \frac{1}{2}\arctan x\Big|_0^1 = \frac{\pi}{4} - \frac{1}{2}.$$

习题 6.3

1. 计算下列定积分：

(1) $\int_0^1 \frac{x^2}{1+x^6}\mathrm{d}x$；

(2) $\int_0^9 \frac{1}{1+\sqrt{x}}\mathrm{d}x$；

(3) $\int_1^3 \sqrt{1+x}\,\mathrm{d}x$；

(4) $\int_1^{\mathrm{e}^2} \frac{1}{x\sqrt{1+\ln x}}\mathrm{d}x$；

(5) $\int_3^8 \frac{x}{\sqrt{1+x}}\mathrm{d}x$；

(6) $\int_1^5 \frac{\sqrt{x-1}}{x}\mathrm{d}x$；

(7) $\int_0^1 \sqrt{1-x^2}\,\mathrm{d}x$；

(8) $\int_1^{\ln 3} \frac{1}{1+\mathrm{e}^x}\mathrm{d}x$；

(9) $\int_{-4}^4 \frac{\sin x}{x^2\sqrt{1+x^4}}\mathrm{d}x$；

(10) $\int_{-1}^1 x^2\sqrt{1-x^2}\,\mathrm{d}x$；

(11) $\int_0^{\pi} x\cos\frac{x}{2}\mathrm{d}x$；

(12) $\int_1^{\mathrm{e}} \ln x\mathrm{d}x$；

(13) $\int_0^{\frac{1}{2}} \arcsin x\mathrm{d}x$；

(14) $\int_0^1 x^2\ln(x+1)\mathrm{d}x$.

6.4　广义积分

前面我们介绍的定积分概念，必须满足积分区间一定是有限区间这个前提条件．但在实际问题中，常常需要讨论积分区间为无限时的情形．无穷区间上的积分，通常称为无穷区间上的广义积分，简称为**无穷积分**．

设 $f(x)$ 在 $[a,+\infty)$ 上有定义，如果

$$\lim_{b\to+\infty}\int_a^b f(x)\mathrm{d}x\,(a<b)$$

存在，则称此极限值为 $f(x)$ 在 $[a,+\infty)$ 上的广义积分，并记为

$$\int_a^{+\infty} f(x)\mathrm{d}x=\lim_{b\to+\infty}\int_a^b f(x)\mathrm{d}x.$$

当 $\lim\limits_{b\to+\infty}\int_a^b f(x)\mathrm{d}x$ 存在时，也称广义积分 $\int_a^{+\infty} f(x)\mathrm{d}x$ 是收敛的，否则称广义积分 $\int_a^{+\infty} f(x)\mathrm{d}x$ 发散．

同样地，可以定义函数 $f(x)$ 在 $(-\infty,b]$ 和 $(-\infty,+\infty)$ 上的广义积分：

在 $(-\infty,b]$ 上

$$\int_a^b f(x)\mathrm{d}x=\lim_{a\to-\infty}\int_a^b f(x)\mathrm{d}x\,(a<b).$$

上述等式右端极限存在时，也称广义积分 $\int_{-\infty}^b f(x)\mathrm{d}x$ 是收敛的，否则称广义积分 $\int_{-\infty}^b f(x)\mathrm{d}x$ 发散．

$$\int_{-\infty}^{+\infty} f(x)\mathrm{d}x=\int_{-\infty}^a f(x)\mathrm{d}x+\int_a^{+\infty} f(x)\mathrm{d}x$$

称为 $f(x)$ 在 $(-\infty,+\infty)$ 上的广义积分，只有当 $\int_a^{+\infty} f(x)\mathrm{d}x$ 与 $\int_{-\infty}^a f(x)\mathrm{d}x$ 都收敛时，才称广义积分 $\int_{-\infty}^{+\infty} f(x)\mathrm{d}x$ 收敛，否则称广义积分 $\int_{-\infty}^{+\infty} f(x)\mathrm{d}x$ 发散．

注：若 $F(x)$ 是 $f(x)$ 的一个原函数，则广义积分也可记为

$$\int_a^{+\infty} f(x)\mathrm{d}x=\lim_{b\to+\infty}\int_a^b f(x)\mathrm{d}x=\lim_{b\to+\infty}F(x)\Big|_a^b=\lim_{b\to+\infty}F(b)-F(a)=F(+\infty)-F(a);$$

$$\begin{aligned}\int_{-\infty}^b f(x)\mathrm{d}x&=\lim_{a\to-\infty}\int_a^b f(x)\mathrm{d}x=\lim_{a\to-\infty}F(x)\Big|_a^b=F(b)-\lim_{a\to-\infty}F(a)\\&=F(b)-F(-\infty)\end{aligned}$$

$$\int_{-\infty}^{+\infty} f(x)\mathrm{d}x=\lim_{b\to+\infty}\lim_{a\to-\infty}\int_a^b f(x)\mathrm{d}x=\lim_{b\to+\infty}\lim_{a\to-\infty}F(x)\Big|_a^b=\lim_{b\to+\infty}F(b)-\lim_{a\to-\infty}F(a).$$

上述三种广义积分都称为无穷区间上的广义积分．

例 1 计算广义积分$\int_0^{+\infty} e^{-x}dx$.

解 $\int_0^{+\infty} e^{-x}dx = \lim\limits_{b\to+\infty}\int_0^b e^{-x}dx = \lim\limits_{b\to+\infty}(-e^{-x})\Big|_0^b = \lim\limits_{b\to+\infty}(-e^{-b}+1) = 1$

或

$$\int_0^{+\infty} e^{-x}dx = (-e^{-x})\Big|_0^{+\infty} = -e^{-\infty}+1 = 1.$$

例 2 计算广义积分$\int_0^{+\infty}\frac{x}{1+x^2}dx$.

解 $\int_0^{+\infty}\frac{x}{1+x^2}dx = \frac{1}{2}\ln(1+x^2)\Big|_0^{+\infty} = +\infty$,

所以广义积分$\int_0^{+\infty}\frac{x}{1+x^2}dx$发散.

例 3 讨论广义积分$\int_a^{+\infty}\frac{1}{x^\alpha}dx$的敛散性$(a>0)$.

解 当$\alpha=1$时,

$$\int_a^{+\infty}\frac{dx}{x} = [\ln x]_a^{+\infty} = +\infty;$$

当$\alpha\neq 1$时,

$$\int_a^{+\infty}\frac{1}{x^\alpha}dx = \left[\frac{x^{1-\alpha}}{1-\alpha}\right]_a^{+\infty} = \begin{cases}\dfrac{a^{1-\alpha}}{\alpha-1}, & \alpha>1,\\ +\infty, & \alpha<1.\end{cases}$$

综上所述,当$\alpha\leqslant 1$时,$\int_a^{+\infty}\frac{1}{x^\alpha}dx$发散;当$\alpha>1$时,$\int_a^{+\infty}\frac{1}{x^\alpha}dx$收敛,并且$\int_a^{+\infty}\frac{1}{x^\alpha}dx = \frac{1}{\alpha-1}\frac{1}{a^{\alpha-1}}$.

例 4 讨论广义积分$\int_{-\infty}^{+\infty}\frac{1}{1+x^2}dx$的敛散性.

解 由于$\int_0^{+\infty}\frac{1}{1+x^2}dx = \lim\limits_{x\to+\infty}\int_0^x\frac{1}{1+x^2}dx = \lim\limits_{x\to+\infty}\arctan x = \frac{\pi}{2}$,所以$\int_0^{+\infty}\frac{1}{1+x^2}dx$收敛;

$$\int_{-\infty}^0\frac{1}{1+x^2}dx = \lim_{x\to-\infty}\int_x^0\frac{1}{1+x^2}dx = \lim_{x\to-\infty}(-\arctan x) = \frac{\pi}{2},$$

所以$\int_{-\infty}^0\frac{1}{1+x^2}dx$,$\int_{-\infty}^{+\infty}\frac{1}{1+x^2}dx$收敛,并且

$$\int_{-\infty}^{+\infty}\frac{1}{1+x^2}dx = \int_{-\infty}^0\frac{1}{1+x^2}dx + \int_0^{+\infty}\frac{1}{1+x^2}dx = \frac{\pi}{2}+\frac{\pi}{2} = \pi.$$

习题 6.4

1. 下列广义积分是否收敛?若收敛,求其值:

(1) $\int_0^{+\infty} \mathrm{e}^{-2x}\mathrm{d}x$;　　(2) $\int_{\mathrm{e}}^{+\infty} \frac{1}{x\ln^2 x}\mathrm{d}x$;

(3) $\int_{\frac{1}{\mathrm{e}}}^{+\infty} \frac{\ln x}{x}\mathrm{d}x$;　　(4) $\int_{-\infty}^{0} \frac{2x}{x^2+1}\mathrm{d}x$;

(5) $\int_{-\infty}^{+\infty} x\mathrm{e}^{-x^2}\mathrm{d}x$.

6.5　定积分的应用

从定积分引入的背景来说,它就是人们在解决类似于"曲边梯形的面积"、"变速运动质点的运行路程"等问题中产生的.理论来源于实践,回过来又用于指导实践、服务于实践.

在这一节,我们将主要介绍定积分在几何学、经济学中的简单应用.

6.5.1　定积分的微元法

定积分概念的引入,体现了一种思想,它就是:在微观意义下,没有什么"曲、直"之分,曲顶的图形可以看成是平顶的,"不均匀"的可以看成是"均匀"的.简单地说,就是以"直"代"曲",以"不变"代"变";用这一思想来指导我们的实际应用,许多计算公式可以比较便利地得出来.

比如,求图 6.3 所示图形的面积时,在$[a,b]$上任取一点 x,此处任给一个"宽度"Δx,那么这个微小的"矩形"的面积为

$$\mathrm{d}S = f(x)\Delta x = f(x)\mathrm{d}x.$$

此时我们把 $\mathrm{d}S = f(x)\mathrm{d}x$ 称为"面积微元".把这些微小

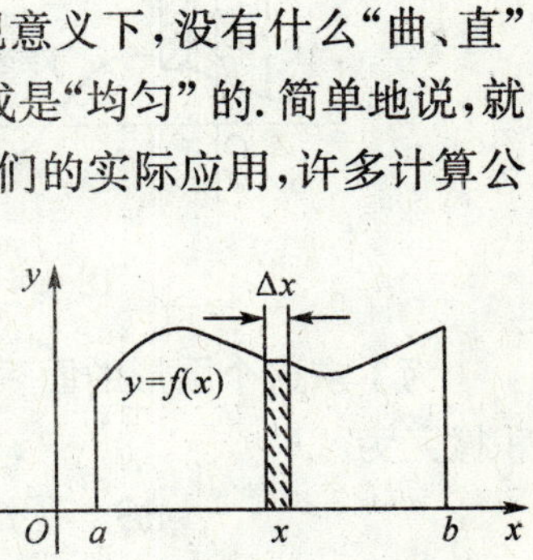

图 6.3

的面积全部累加起来，就是整个图形的面积了. 这种累加通过什么来实现呢？当然就是通过积分，它就是

$$S=\int_a^b f(x)\mathrm{d}x.$$

这些"面积微元"，几乎就是细线段，当这些数都数不清的"细线段"一根一根地累加起来，就形成了整个图形的面积. 打一个不很严格的比方，一页纸的厚度几乎可以忽略不计，但几十页上百页的纸全部累加起来，就有了一本书的厚度.

这样的思想方法称为"微元法".

再比如，求变速直线运动的质点的运行路程的时候，我们在 T_0 到 T_1 的时间内，任取一个时间值 t，再任给一个时间增量 Δt，那么在这个非常短暂的时间内（Δt 内）质点作匀速运动，质点的速度为 $v(t)$，其运行的路程当然就是

$$\mathrm{d}s=v(t)\Delta t=v(t)\mathrm{d}t,$$

$\mathrm{d}s=v(t)\mathrm{d}t$ 就是"路程微元"，把它们全部累加起来之后就是

$$s=\int_{T_0}^{T_1} v(t)\mathrm{d}t.$$

用这样的思想方法，我们还可以得出"弧长微元"、"体积微元"、"质量微元"和"功微元"等等. 这是一种解决实际问题非常有效、可行的好方法.

6.5.2 平面图形的面积

下面我们应用微元法的思想，给出直角坐标系下平面图形面积的计算公式.

(1) X— 型平面图形的面积

若平面图形由 $x=a,x=b,y=g(x)$ 和 $y=f(x)$ 所围，那么称该图形为 X— 型的平面图形. 如图 6.4 所示.

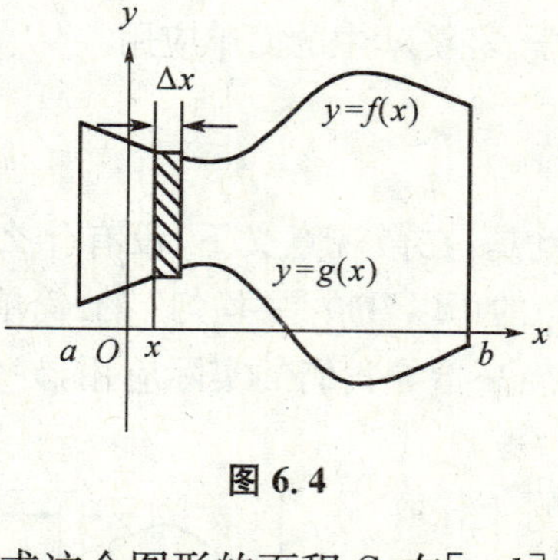

图 6.4

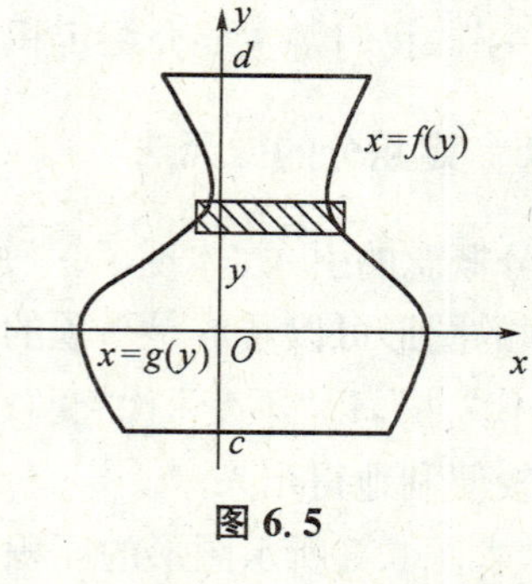

图 6.5

为了求这个图形的面积 S，在 $[a,b]$ 上任取一点 x，再任给 x 一个增量 Δx，于是面积微元为

$$\mathrm{d}S=[f(x)-g(x)]\Delta x=[f(x)-g(x)]\mathrm{d}x.$$

所以 $S=\int_a^b[f(x)-g(x)]\mathrm{d}x$.

当然更一般地有 $\mathrm{d}S=|f(x)-g(x)|\Delta x=|f(x)-g(x)|\mathrm{d}x$,

所以 $S=\int_a^b|f(x)-g(x)|\mathrm{d}x$.

(2) Y— 型平面图形

若平面图形由 $x=f(y)$,$x=g(y)$,$y=c$ 和 $y=d$ 所围,那么这个图形称为 Y—型平面图形. 如图 6.5 所示.

为求这个图形的面积 S,在 $[c,d]$ 上任取一点 y,再任给 y 一个增量 Δy,于是面积微元为

$$\mathrm{d}S=[f(y)-g(y)]\Delta y=[f(y)-g(y)]\mathrm{d}y.$$

所以 $S=\int_c^d[f(y)-g(y)]\mathrm{d}y$.

当然更一般地有

$$\mathrm{d}S=|f(y)-g(y)|\Delta y=|f(y)-g(y)|\mathrm{d}y,$$

所以

$$S=\int_c^d|f(y)-g(y)|\mathrm{d}y.$$

(3) 几何应用举例

例 1　求由曲线 $y=x^2-2x$ 以及 $y=x$ 所围平面图形的面积.

解　如图 6.6,该图形是 X— 型的平面图形.

由 $\begin{cases}y=x^2-2x\\y=x\end{cases}$,得两曲线的交点坐标是(0,0),(3,3).

因此,所求平面图形的面积为

$$S=\int_0^3|x-(x^2-2x)|\mathrm{d}x=\int_0^3(3x-x^2)\mathrm{d}x$$

$$=\left(\frac{3}{2}x^2-\frac{x^3}{3}\right)\Bigg|_0^3=\frac{9}{2}.$$

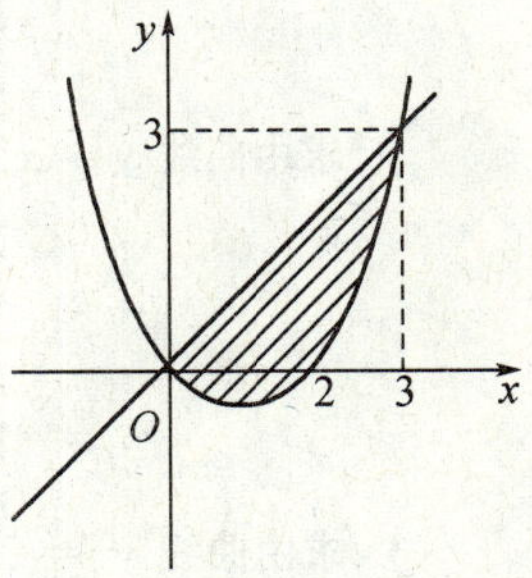

图 6.6

例 2　求由曲线 $x=y^2$ 以及直线 $y=x-2$ 所围的平面图形的面积(如图 6.7).

解法一　这是一个 Y— 型平面图形.

由 $\begin{cases}x=y^2\\y=x-2\end{cases}$,解得它们的交点坐标是(1,−1),(4,2).

因此所求的平面图形的面积为

$$S=\int_{-1}^2[(y+2)-y^2]\mathrm{d}y$$

$$= \left(\frac{1}{2}y^2 + 2y - \frac{1}{3}y^3 \right) \Big|_{-1}^{2}$$

$$= \frac{10}{3} + \frac{7}{6} = \frac{9}{2}.$$

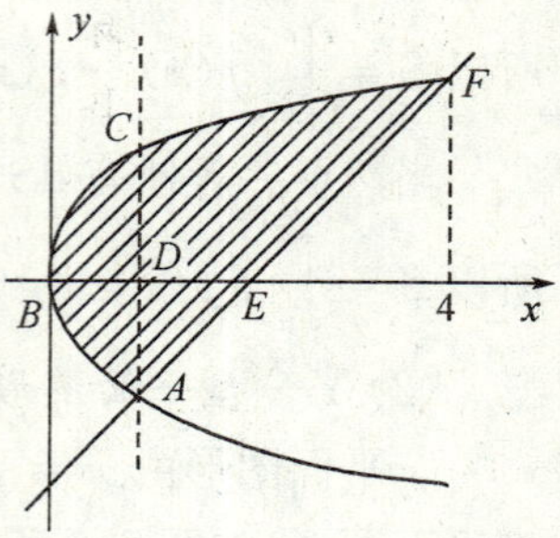

图 6.7

就上面的这个例子来说，如果我们想用 X— 型面积公式求面积的话，我们要这样做：过交点 A 沿垂直于 x 轴的方向画上一条线，这样图形就分割成了两个部分，分别为（$AEFCDA$）和（$ADCBA$），这样整个图形就分割成了两个 X— 型平面图形. 从这个意义上说，面积计算又有

解法二 $S = \int_0^1 [\sqrt{x} - (-\sqrt{x})] \mathrm{d}x + \int_1^4 [\sqrt{x} - (x-2)] \mathrm{d}x$

$$= \frac{4}{3}\sqrt{x^3} \Big|_0^1 + \left(\frac{2}{3}\sqrt{x^3} - \frac{1}{2}x^2 + 2x \right) \Big|_1^4 = \frac{4}{3} + \frac{19}{6} = \frac{9}{2}.$$

习题 6.5

1. 求由曲线 $y = x^2$ 和直线 $y = 2x$ 所围平面图形的面积.

2. 求由曲线 $y = x^2$ 和 $y^2 = x$ 所围平面图形的面积.

3. 求由曲线 $y^2 = 2x$ 和直线 $y = x - 4$ 所围平面图形的面积.

4. 已知某产品的总产量 Q 在时刻 t（小时）时的变化率为 $Q'(t) = 250 + 32t - 0.6t^2$（kg/h），求从 $t = 2$ 至 $t = 4$ 这两小时的总产量.

5. 设某产品的边际成本为 $C'(q)=4+0.5q$(万元/吨),边际收益 $R'(q)=80-q$(万元/吨).

(1) 求产量由 10 吨增加到 50 吨时,总成本和总收益各增加多少?

(2) 当固定成本为 $C(0)=10$ 万元时,试求总成本函数和总收益函数.

6.6　二重积分

前面我们学过一元函数的积分学,若 $f(x)$ 在 (a,b) 上可积,则有积分 $\int_a^b f(x)\mathrm{d}x$,其中 $f(x)$ 为被积函数,(a,b) 为积分区间.若把 $f(x)$ 推广到多元函数,(a,b) 推广到区域,便得到重积分、曲线积分、曲面积分等,本节只讲二重积分.

6.6.1　重积分的概念和性质

1. 二重积分的概念

引例:求曲顶柱体的体积:

设 $z=f(x,y)$ 是定义在有界区域 D 上的非负连续函数.我们称曲面 $z=f(x,y)$,xOy 平面上的区域 D 和准线为 D 的边界、母线平行于 z 轴的柱体所围成的几何体为曲顶柱体.现在的问题是求这个曲顶柱体的体积 V(如图 6.8).

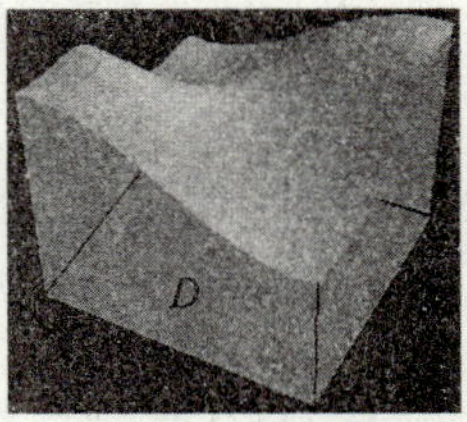

图 6.8

2. 二重积分的性质

性质 1　被积函数的常数因子可提到二重积分号的外面:

$$\iint_D kf(x,y)\mathrm{d}\sigma=k\iint_D f(x,y)\mathrm{d}\sigma\ (k\text{ 为常数}).$$

性质 2　函数的和(差)的二重积分等于各函数的二重积分的和(差).

$$\iint_D [f(x,y)\pm g(x,y)]\mathrm{d}\sigma=\iint_D f(x,y)\mathrm{d}\sigma\pm\iint_D g(x,y)\mathrm{d}\sigma.$$

性质 3　若 $D=D_1\cup D_2\cup\cdots\cup D_n$,且 $D_i\cap D_j=\varnothing$,那么

$$\iint_D f(x,y)\mathrm{d}\sigma=\sum_{i=1}^{n}\iint_{D_i} f(x,y)\mathrm{d}\sigma.$$

性质 4　当 $f(x,y)=1$ 时,$\iint_D f(x,y)\mathrm{d}\sigma=\iint_D \mathrm{d}\sigma=D$ 的面积.

性质 5　如果在 D 上,有 $f(x,y)\leqslant g(x,y)$,则有

$$\iint_D f(x,y)\mathrm{d}\sigma\leqslant\iint_D g(x,y)\mathrm{d}\sigma.$$

性质 6　$\left|\iint_D f(x,y)\mathrm{d}\sigma\right|\leqslant\iint_D |f(x,y)|\mathrm{d}\sigma.$

性质 7　若在 D 上有 $m\leqslant f(x,y)\leqslant M$,则有

$$m\sigma\leqslant\iint_D f(x,y)\mathrm{d}\sigma\leqslant M\sigma(\sigma\text{ 为 }D\text{ 的面积}).$$

特别地,当 M,m 分别为 $f(x,y)$ 在 D 上的最大值和最小值时,上式亦成立.

性质 8(二重积分的中值定理)　若 $f(x,y)$ 在闭区域 D 上连续,则存在 $(\xi,\eta)\in D$,使得 $\iint_D f(x,y)\mathrm{d}\sigma=f(\xi,\eta)\sigma$($\sigma$ 的 D 的面积).

6.6.2　二重积分的计算(X— 型区域,Y— 型区域)

(1) 设 $f(x,y)$ 在矩形区域 $D=\{(x,y)\mid a\leqslant x\leqslant b,c\leqslant y\leqslant d\}$ 上可积,且对任意 $x\in[a,b]$,积分 $\int_c^d f(x,y)\mathrm{d}y$ 存在,且累次积分

$$\int_a^b\left[\int_c^d f(x,y)\mathrm{d}y\right]\mathrm{d}x=\int_a^b\mathrm{d}x\int_c^d f(x,y)\mathrm{d}y$$

也存在,且有

$$\iint_D f(x,y)\mathrm{d}x\mathrm{d}y=\int_a^b\mathrm{d}x\int_c^d f(x,y)\mathrm{d}y.$$

(2) 设 $f(x,y)$ 在矩形区域 $D=\{(x,y)\mid a\leqslant x\leqslant b,c\leqslant y\leqslant d\}$ 上可积,且对 $y\in[c,d]$,积分 $\int_a^b f(x,y)\mathrm{d}x$ 都存在,$\int_c^d\left[\int_a^b f(x,y)\mathrm{d}x\right]\mathrm{d}y=\int_c^d\mathrm{d}y\int_a^b f(x,y)\mathrm{d}x$ 也存在,且有

$$\iint_D f(x,y)\mathrm{d}x\mathrm{d}y=\int_c^d\mathrm{d}y\int_a^b f(x,y)\mathrm{d}x.$$

特别地,当 $f(x,y)$ 在 $D=\{(x,y)\mid a\leqslant x\leqslant b,c\leqslant y\leqslant d\}$ 上连续,则有

$$\iint_D f(x,y)\mathrm{d}x\mathrm{d}y=\int_a^b\mathrm{d}x\int_c^d f(x,y)\mathrm{d}y=\int_c^d\mathrm{d}y\int_a^b f(x,y)\mathrm{d}x.$$

这时,也记 $\iint_D f(x,y)\mathrm{d}x\mathrm{d}y$ 为 $\int_a^b\int_c^d f(x,y)\mathrm{d}x\mathrm{d}y$.

例 1　计算 $\iint_D (x+y)^2\mathrm{d}x\mathrm{d}y$,其中 $D=\{(x,y)\mid 0\leqslant x\leqslant 1,0\leqslant y\leqslant 1\}$.

解　$\iint_D (x+y)^2\mathrm{d}x\mathrm{d}y$ 可用 $\int_0^1\mathrm{d}x\int_0^1(x+y)^2\mathrm{d}y$ 来计算.

$$\iint_D (x+y)^2\mathrm{d}x\mathrm{d}y = \int_0^1\left[\frac{(x+1)^3}{3}-\frac{x^3}{3}\right]\mathrm{d}x = \frac{7}{6}.$$

然而，$\iint_D f(x,y)\mathrm{d}\sigma$ 中的区域 D 一般来讲不是矩形区域，但是，对于一般的区域，通常可分解为以下两类区域来计算：

若 D 可表示为 $D=\{(x,y)\mid \varphi_1(x)\leqslant y\leqslant \varphi_2(x), a\leqslant x\leqslant b\}$，则称之为 X— 型区域. 若 D 可表示为 $D=\{(x,y)\mid \varphi_1(y)\leqslant x\leqslant \varphi_2(y), c\leqslant y\leqslant d\}$，则称之为 Y— 型区域.

X— 型区域的特点是：垂直于 x 轴的直线 $x=x_0(a<x<b)$ 与 D 的边界至多只有两个交点. Y— 型区域也有类似的特点.

许多常见的区域都可分解为有限个除边界外无公共内点的 X— 型区域和 Y— 型区域，如果解决了 X— 型区域与 Y— 型区域上的二重积分的计算法，那么一般区域上的二重积分也就可以计算了.

若 $f(x,y)$ 在 X— 型区域 $D=\{(x,y)\mid \varphi_1(x)\leqslant y\leqslant \varphi_2(x), a\leqslant x\leqslant b\}$ 上连续，其中 $\varphi_1(x),\varphi_2(x)$ 在 $[a,b]$ 上连续，则 $\iint_D f(x,y)\mathrm{d}x\mathrm{d}y=\int_a^b\mathrm{d}x\int_{\varphi_1(x)}^{\varphi_2(x)}f(x,y)\mathrm{d}y$.

若 $f(x,y)$ 在 Y— 型区域连续，其中 $\varphi_1(y),\varphi_2(y)$ 在 $[c,d]$ 上连续，则

$$\iint_D f(x,y)\mathrm{d}x\mathrm{d}y=\int_c^d\mathrm{d}y\int_{\varphi_1(y)}^{\varphi_2(y)}f(x,y)\mathrm{d}x.$$

例 2 计算 $\iint_D (x^2+y^2)\mathrm{d}x\mathrm{d}y$，其中 D 为 $y=x$ 与 $y=x^2$ 所围区域.

解法一 D 可表示为 X— 型区域：

$$D=\{(x,y)\mid 0\leqslant x\leqslant 1, x^2\leqslant y\leqslant x\},$$

$$\iint_D (x^2+y^2)\mathrm{d}x\mathrm{d}y=\int_0^1\mathrm{d}x\int_{x^2}^{x}(x^2+y^2)\mathrm{d}y=\int_0^1\left[x^2(x-x^2)+\frac{1}{3}(x^3-x^6)\right]\mathrm{d}x$$

$$=\int_0^1\left(\frac{4}{3}x^3-x^4-\frac{1}{3}x^6\right)\mathrm{d}x=\frac{1}{3}-\frac{1}{5}-\frac{1}{21}=\frac{3}{35}.$$

解法二 D 可表示为 Y— 型区域：

$$D=\{(x,y)\mid 0\leqslant x\leqslant 1, y\leqslant x\leqslant \sqrt{y}\},$$

$$\begin{aligned}\iint_D f(x,y)\mathrm{d}x\mathrm{d}y&=\int_0^1\mathrm{d}y\int_y^{\sqrt{y}}(x^2+y^2)\mathrm{d}x\\&=\int_0^1\left[\frac{1}{3}(y^{\frac{3}{2}}-y^3)+y^2(\sqrt{y}-y)\right]\mathrm{d}y\\&=\int_0^1\left(\frac{1}{3}y^{\frac{3}{2}}-\frac{4}{3}y^3+y^{\frac{5}{2}}\right)\mathrm{d}y\\&=\frac{1}{3}\times\frac{2}{5}-\frac{4}{3}\times\frac{1}{4}+\frac{2}{7}=\frac{3}{35}.\end{aligned}$$

例 3 计算二重积分 $\iint\limits_D xy\,\mathrm{d}x\mathrm{d}y$，其中 D 是由抛物线 $y^2=x$ 及直线 $y=x-2$ 所围区域.

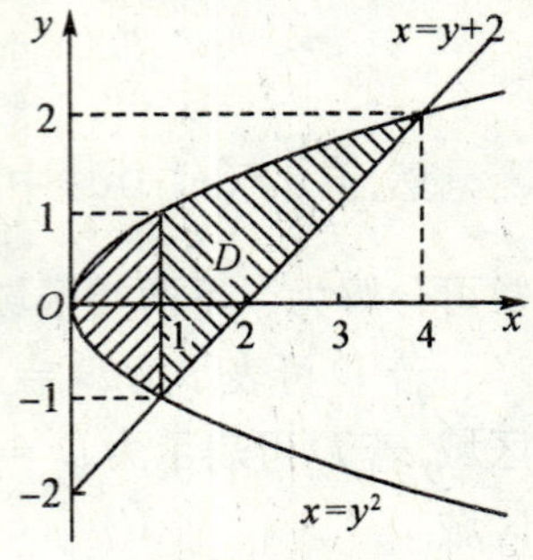

图 6.9

解 画出积分区域如图(图 6.9). 求出抛物线与直线的交点坐标(1,−1),(4,2)，二重积分化为累次积分为

$$\iint\limits_D xy\,\mathrm{d}x\mathrm{d}y=\int_{-1}^{2}\mathrm{d}y\int_{y^2}^{y+2}xy\,\mathrm{d}x$$

$$=\frac{1}{2}\int_{-1}^{2}(4y+4y^2+y^3-y^5)\mathrm{d}y$$

$$=\frac{45}{8}.$$

习题 6.6

1. 计算下列二重积分的值.

(1) $\iint\limits_D xy\,\mathrm{d}x\mathrm{d}y$，其中 D：$x^2+y^2\leqslant 1, x\geqslant 0, y\geqslant 0$；

(2) $\iint\limits_D \mathrm{e}^{x+y}\,\mathrm{d}x\mathrm{d}y$，其中 D 是矩形区域 $0\leqslant x\leqslant 1, 0\leqslant y\leqslant 1$；

(3) $\iint\limits_D 2xy^2\,\mathrm{d}x\mathrm{d}y$，其中 D 由抛物线 $y^2=x$ 及直线 $y=x-2$ 的围成；

(4) $\iint\limits_D x\sqrt{y}\,\mathrm{d}x\mathrm{d}y$，其中 D 由抛物线 $y=\sqrt{x}$，$y=x^2$ 所围成的区域.

7 线性代数初步

线性代数是代数学的一个分支，主要处理线性关系问题. 解线性方程组的问题是最简单的线性问题. 矩阵是处理线性问题的一个重要工具，是进行网络设计、电路分析等强有力的数学工具，也是利用计算机进行数据处理和分析的数学基础.

本章主要介绍矩阵的概念、特殊矩阵、矩阵运算、矩阵的初等变换、矩阵的秩，并会用矩阵判定方程组的解.

7.1 矩阵的概念

7.1.1 矩阵的概念

矩阵是一个重要的概念，在生产活动和日常生活中，我们常常用数表表示一些量或关系，如班级学生各科考试成绩、企业销售产品的数量和单价、物流公司物品配送路径等等. 当抽出其具体内容时，它们的数量都可以形成矩阵.

例 1 某户居民第二季度每个月水(单位：吨)、电(单位：千瓦时)、天然气(单位：立方米)的使用情况，可以用一个三行三列的数表表示为

$$\begin{array}{c} \\ 4\text{月} \\ 5\text{月} \\ 6\text{月} \end{array}\begin{array}{c} \begin{array}{ccc}\text{水} & \text{电} & \text{气}\end{array} \\ \begin{bmatrix} 9 & 165 & 14 \\ 10 & 190 & 15 \\ 10 & 210 & 16 \end{bmatrix} \end{array}$$

例 2 (价格矩阵)四种食品(Food)在三家商店(Shop)中，单位量的售价(以某种货币单位计)可用以下矩阵给出

$$\begin{array}{c} \\ S_1 \\ S_2 \\ S_3 \end{array}\begin{array}{c} \begin{array}{cccc}F_1 & F_2 & F_3 & F_4\end{array} \\ \begin{bmatrix} 17 & 7 & 11 & 21 \\ 15 & 9 & 13 & 19 \\ 18 & 8 & 15 & 19 \end{bmatrix} \end{array}$$

这样的数表就称为矩阵.

更一般地，由 $m \times n$ 个数 a_{ij} $(i=1,2,\cdots,m;j=1,2,\cdots,n)$ 排成 m 行 n 列的数表:

$$\begin{bmatrix} a_{11} & a_{12} & \cdots & a_{1n} \\ a_{21} & a_{22} & \cdots & a_{2n} \\ \cdots & \cdots & \cdots & \cdots \\ a_{m1} & a_{m2} & \cdots & a_{mn} \end{bmatrix}$$

称为 m 行 n 列的**矩阵**. 矩阵通常用大写英文字母 $\boldsymbol{A},\boldsymbol{B},\boldsymbol{C}$ 等表示，上述矩阵可记为 $\boldsymbol{A}$ 或 $\boldsymbol{A}_{m\times n}$，有时也记为

$$\boldsymbol{A}=(a_{ij})_{m\times n},$$

其中 a_{ij} 称为矩阵 $\boldsymbol{A}$ 的第 i 行第 j 列的**元素**.

特别地，当 $m=1$ 或 $n=1$ 时，称 $\boldsymbol{A}$ 为**行矩阵**或**列矩阵**，此时，

$$\boldsymbol{A}=\begin{bmatrix} a_{11} & a_{12} & \cdots & a_{1n} \end{bmatrix} \text{或} \boldsymbol{A}=\begin{bmatrix} a_{11} \\ a_{21} \\ \cdots \\ a_{m1} \end{bmatrix};$$

当 $m=n$ 时，称 $\boldsymbol{A}$ 为 n 阶矩阵或 n 阶方阵，此时，

$$\boldsymbol{A}=\begin{bmatrix} a_{11} & a_{12} & \cdots & a_{1n} \\ a_{21} & a_{22} & \cdots & a_{2n} \\ \cdots & \cdots & \cdots & \cdots \\ a_{n1} & a_{n2} & \cdots & a_{nn} \end{bmatrix}.$$

在 n 阶方阵中，从左上角到右下角的对角线称为**主对角线**，从右上角到左下角的对角线称为**次对角线**.

两个矩阵的行数相等、列数也相等时，就称为它们是**同型矩阵**.

若 $\boldsymbol{A}=(a_{ij})_{m\times n}$ 与 $\boldsymbol{B}=(b_{ij})_{m\times n}$ 为同型矩阵，且它们的对应元素相等，即

$$a_{ij}=b_{ij}(i=1,2,\cdots,m;\ j=1,2,\cdots,n),$$

则称矩阵 $\boldsymbol{A}$ 与矩阵 $\boldsymbol{B}$ **相等**，记作

$$\boldsymbol{A}=\boldsymbol{B}.$$

例 3 设 $\boldsymbol{A}=\begin{bmatrix} 3 & 2 & 0 \\ a-b & b & 3 \\ -1 & 1 & 2 \end{bmatrix}$，$\boldsymbol{B}=\begin{bmatrix} a+b & 2 & 0 \\ 5 & b & 3 \\ -1 & 1 & 2 \end{bmatrix}$，且 $\boldsymbol{A}=\boldsymbol{B}$，求 a,b.

解 由 $\boldsymbol{A}=\boldsymbol{B}$ 知，$\begin{cases} a+b=3, \\ a-b=5, \end{cases}$ 得 $\begin{cases} a=4, \\ b=-1. \end{cases}$

7.1.2 特殊矩阵

1. **零矩阵** 所有元素都是 0 的矩阵称为零矩阵，记作 $\boldsymbol{O}$.

2. **三角矩阵** 主对角线下(上)的元素都是 0 的方阵称为上(下)三角矩阵.

即$\begin{bmatrix} a_{11} & a_{12} & \cdots & a_{1n} \\ 0 & a_{22} & \cdots & a_{2n} \\ \cdots & \cdots & \cdots & \cdots \\ 0 & 0 & \cdots & a_{nn} \end{bmatrix}$及$\begin{bmatrix} a_{11} & 0 & \cdots & 0 \\ a_{21} & a_{22} & \cdots & 0 \\ \cdots & \cdots & \cdots & \cdots \\ a_{n1} & a_{n2} & \cdots & a_{nn} \end{bmatrix}$分别为上、下三角矩阵.

3. **对角阵**　除对角线上的元素之外的元素都是 0 的方阵称为对角方阵.

$$\begin{bmatrix} a_{11} & 0 & \cdots & 0 \\ 0 & a_{22} & \cdots & 0 \\ \cdots & \cdots & \cdots & \cdots \\ 0 & 0 & \cdots & a_{nn} \end{bmatrix}$$

4. **数量矩阵**　主对角线上的元素都是非零常数a,其他元素都是 0 的方阵称为数量矩阵.

$\begin{bmatrix} a & 0 & \cdots & 0 \\ 0 & a & \cdots & 0 \\ \cdots & \cdots & \cdots & \cdots \\ 0 & 0 & \cdots & a \end{bmatrix}$是数量矩阵.

5. **单位矩阵**　主对角线上的元素都是 1,其他元素都是 0 的方阵就称为单位矩阵,用$\boldsymbol{E}$表示.

$\begin{bmatrix} 1 & 0 & \cdots & 0 \\ 0 & 1 & \cdots & 0 \\ \cdots & \cdots & \cdots & \cdots \\ 0 & 0 & \cdots & 1 \end{bmatrix}$是单位矩阵.

6. **阶梯矩阵**

(1) 若矩阵有零行(元素全为 0 的行),零行全部在下方;

(2) 各非零行的第一个不为 0 的元素(首非零元)的列标随着行标的递增而严格递增.

如$\boldsymbol{A}=\begin{bmatrix} 1 & 3 & -1 & 2 \\ 0 & 2 & 3 & -2 \\ 0 & 0 & 4 & 1 \end{bmatrix}$,$\boldsymbol{B}=\begin{bmatrix} 2 & 1 & 4 & 4 \\ 0 & 2 & 9 & 3 \\ 0 & 0 & 0 & 0 \\ 0 & 0 & 0 & 0 \end{bmatrix}$,$\boldsymbol{C}=\begin{bmatrix} -7 & 1 & 5 & 11 \\ 0 & 0 & 4 & 2 \\ 0 & 0 & 0 & -2 \\ 0 & 0 & 0 & 0 \end{bmatrix}$等都是阶梯矩阵,但$\boldsymbol{D}=\begin{bmatrix} -2 & 1 & 3 & 6 \\ 2 & 4 & -6 & 5 \\ 0 & 0 & -3 & 1 \\ 0 & 0 & 2 & 4 \end{bmatrix}$不是阶梯矩阵.

7. 行最简形矩阵

阶梯矩阵进一步满足：

(1) 各非零行的首非零元都是 1；

(2) 所有首非零元所在的列其余元素都是 0.

如 $\boldsymbol{A}=\begin{bmatrix}1&0&\cdots&0\\0&1&\cdots&0\\\cdots&\cdots&\cdots&\cdots\\0&0&\cdots&1\end{bmatrix}$，$\boldsymbol{B}=\begin{bmatrix}1&2&0&0&0\\0&0&1&0&-3\\0&0&0&1&4\\0&0&0&0&0\end{bmatrix}$，$\boldsymbol{C}=\begin{bmatrix}1&-3&2&0&0\\0&0&0&1&0\\0&0&0&0&1\\0&0&0&0&0\end{bmatrix}$都是行最简形矩阵.

习题 7.1

1. 一空调商店销售三种功率的空调：1P，1.5P，2P. 商店有两个分店，六月份第一分店售出以上型号的空调数量分别为 48 台、56 台和 20 台，六月份第二分店售出了以上型号的空调数量分别为 32 台、38 台和 14 台.

(1) 用一个矩阵 $\boldsymbol{A}$ 表示这一信息.

(2) 若在五月份，第一分店售出了以上型号的空调数量分别为 42 台、46 台和 15 台，第二分店出售了以上型号的空调数量分别为 34 台、40 台和 12 台. 用与 $\boldsymbol{A}$ 相同类型的矩阵 $\boldsymbol{B}$ 表示这一信息.

(3) 五月份和六月份，第一分店和第二分店售出了以上型号的空调数量分别是多少台？请用相同类型的矩阵 $\boldsymbol{M}$ 表示这一信息，并考虑 $\boldsymbol{M}$ 与 $\boldsymbol{A}$，$\boldsymbol{B}$ 的关系.

2. 设 $\boldsymbol{A}=\begin{bmatrix}a&1&3\\0&b&4\\5&2&3\end{bmatrix}$，$\boldsymbol{B}=\begin{bmatrix}2&1&c\\0&1&4\\d&2&3\end{bmatrix}$，且 $\boldsymbol{A}=\boldsymbol{B}$，求 a,b,c,d 的值.

3. 判断下列矩阵是否为阶梯矩阵：

(1) $\begin{bmatrix} 2 & -1 & 3 & 5 \\ 0 & 4 & 0 & 1 \\ 0 & 0 & 0 & -3 \\ 0 & 0 & 0 & 0 \\ 0 & 0 & 0 & 0 \end{bmatrix}$； (2) $\begin{bmatrix} 2 & -1 & 3 & 5 \\ 0 & 4 & 0 & 1 \\ 0 & 0 & 1 & -3 \\ 0 & 0 & 2 & 1 \\ 0 & 0 & 0 & 0 \end{bmatrix}$；

(3) $\begin{bmatrix} 2 & 0 & -1 & 3 & 5 \\ 0 & 0 & 4 & 0 & 1 \\ 0 & 0 & 0 & 0 & 0 \end{bmatrix}$； (4) $\begin{bmatrix} -1 & 3 & 5 \\ 0 & 4 & -1 \\ 0 & 0 & 2 \end{bmatrix}$

4. 判断下列矩阵是否为行最简形矩阵：

(1) $\begin{bmatrix} 1 & 0 & -2 & 0 & 1 \\ 0 & 1 & 3 & 0 & 2 \\ 0 & 0 & 0 & 1 & 1 \\ 0 & 0 & 0 & 0 & 0 \end{bmatrix}$； (2) $\begin{bmatrix} 1 & -3 & 0 & 5 & 0 & 4 \\ 0 & 0 & 1 & 2 & 0 & 3 \\ 0 & 0 & 0 & 0 & 1 & 0 \end{bmatrix}$；

(3) $\begin{bmatrix} 1 & 1 & 0 & 1 & 1 \\ 0 & 1 & 0 & 0 & 2 \\ 0 & 0 & 1 & 1 & 1 \\ 0 & 0 & 0 & 0 & 0 \end{bmatrix}$； (4) $\begin{bmatrix} 1 & 0 & 0 & 1 & 1 \\ 0 & -1 & 0 & 0 & 2 \\ 0 & 0 & 1 & 1 & 1 \\ 0 & 0 & 0 & 0 & 0 \end{bmatrix}$.

7.2 矩阵的基本运算

7.2.1 矩阵的加法

引例 ［药品库存总量］如某药业公司有 A,B 两个仓库，100 片／瓶、200 片／瓶和 300 片／瓶，三种包装规格的维生素 C 和维生素 E 的库存量分别如下：

A 仓库两种药品的库存量为

维生素 C	41	31	28
维生素 E	36	29	32

B 仓库两种药品的库存量为

维生素 C	26	35	18
维生素 E	29	24	11

若 A 和 B 仓库库存量分别用矩阵表示：

$$\boldsymbol{A}=\begin{bmatrix}41 & 31 & 28\\36 & 29 & 32\end{bmatrix},\boldsymbol{B}=\begin{bmatrix}26 & 35 & 18\\29 & 24 & 11\end{bmatrix}.$$

则该公司维生素 C 和维生素 E 的总库存量可以用矩阵表示为

$$\boldsymbol{A}+\boldsymbol{B}=\begin{bmatrix}41+26 & 31+35 & 28+18\\36+29 & 29+24 & 32+11\end{bmatrix}=\begin{bmatrix}67 & 66 & 46\\65 & 53 & 43\end{bmatrix}.$$

则总库存量 $\begin{bmatrix}67 & 66 & 46\\65 & 53 & 43\end{bmatrix}$ 即为矩阵 $\boldsymbol{A}$ 与 $\boldsymbol{B}$ 的加法.

一般地，设有两个同型矩阵 $\boldsymbol{A}=(a_{ij})_{m\times n}$，$\boldsymbol{B}=(b_{ij})_{m\times n}$，则

$$\boldsymbol{A}+\boldsymbol{B}=\begin{bmatrix}a_{11}+b_{11} & a_{12}+b_{12} & \cdots & a_{1n}+b_{1n}\\a_{21}+b_{21} & a_{22}+b_{22} & \cdots & a_{2n}+b_{2n}\\\cdots & \cdots & \cdots & \cdots\\a_{m1}+b_{m1} & a_{m2}+b_{m2} & \cdots & a_{mn}+b_{mn}\end{bmatrix}$$

为矩阵 $\boldsymbol{A}$ 与 $\boldsymbol{B}$ 的加法(或和)，记作 $\boldsymbol{A}+\boldsymbol{B}$.

例 1 设 $\boldsymbol{A}=\begin{bmatrix}2 & 1 & 1\\1 & 2 & 1\\1 & 1 & 2\end{bmatrix}$，$\boldsymbol{B}=\begin{bmatrix}-1 & -1 & -1\\-1 & -1 & -1\\-1 & -1 & -1\end{bmatrix}$，求 $\boldsymbol{A}+\boldsymbol{B}$.

解 $$\boldsymbol{A}+\boldsymbol{B}=\begin{bmatrix}2+(-1) & 1+(-1) & 1+(-1)\\1+(-1) & 2+(-1) & 1+(-1)\\1+(-1) & 1+(-1) & 2+(-1)\end{bmatrix}=\begin{bmatrix}1 & 0 & 0\\0 & 1 & 0\\0 & 0 & 1\end{bmatrix}.$$

矩阵的加法满足下列运算规律(设 $\boldsymbol{A},\boldsymbol{B},\boldsymbol{C}$ 为同型矩阵)：

(1) 交换律：$\boldsymbol{A}+\boldsymbol{B}=\boldsymbol{B}+\boldsymbol{A}$；

(2) 结合律：$(\boldsymbol{A}+\boldsymbol{B})+\boldsymbol{C}=\boldsymbol{A}+(\boldsymbol{B}+\boldsymbol{C})$；

(3) $\boldsymbol{A}+\boldsymbol{O}=\boldsymbol{A}$；

(4) $\boldsymbol{A}+(-\boldsymbol{A})=\boldsymbol{O}$.

7.2.2 数与矩阵的乘法

数 λ 与矩阵 $\boldsymbol{A}$ 的乘积，记作 $\lambda\boldsymbol{A}$ 或 $\boldsymbol{A}\lambda$，规定为

$$\lambda \boldsymbol{A} = \boldsymbol{A}\lambda = \begin{bmatrix} \lambda a_{11} & \lambda a_{12} & \cdots & \lambda a_{1n} \\ \lambda a_{21} & \lambda a_{22} & \cdots & \lambda a_{2n} \\ \cdots & \cdots & \cdots & \cdots \\ \lambda a_{m1} & \lambda a_{m1} & \cdots & \lambda a_{mn} \end{bmatrix}.$$

说明：当 $\lambda = -1$ 时，$\lambda \boldsymbol{A} = -\boldsymbol{A}, \boldsymbol{A} - \boldsymbol{B} = \boldsymbol{A} + (-\boldsymbol{B})$.

例 2　设 $\boldsymbol{A} = \begin{bmatrix} -3 & 7 & 21 \\ 6 & 4 & 5 \end{bmatrix}$，求 $3\boldsymbol{A}$.

解　$3\boldsymbol{A} = \begin{bmatrix} 3\times(-3) & 3\times 7 & 3\times 21 \\ 3\times 6 & 3\times 4 & 3\times 5 \end{bmatrix} = \begin{bmatrix} -9 & 21 & 63 \\ 18 & 12 & 15 \end{bmatrix}$

例 3　设 $\boldsymbol{A} = \begin{bmatrix} 3 & 5 & 7 & 2 \\ 2 & 0 & 4 & 3 \\ 0 & 1 & 2 & 3 \end{bmatrix}, \boldsymbol{B} = \begin{bmatrix} 1 & 3 & 2 & 0 \\ 2 & 1 & 5 & 7 \\ 0 & 6 & 4 & 8 \end{bmatrix}$，求 $3\boldsymbol{A} - 2\boldsymbol{B}$.

解

$$3\boldsymbol{A} - 2\boldsymbol{B} = 3\begin{bmatrix} 3 & 5 & 7 & 2 \\ 2 & 0 & 4 & 3 \\ 0 & 1 & 2 & 3 \end{bmatrix} - 2\begin{bmatrix} 1 & 3 & 2 & 0 \\ 2 & 1 & 5 & 7 \\ 0 & 6 & 4 & 8 \end{bmatrix}$$

$$= \begin{bmatrix} 9 & 15 & 21 & 6 \\ 6 & 0 & 12 & 9 \\ 0 & 3 & 6 & 9 \end{bmatrix} - \begin{bmatrix} 2 & 6 & 4 & 0 \\ 4 & 2 & 10 & 14 \\ 0 & 12 & 8 & 16 \end{bmatrix}$$

$$= \begin{bmatrix} 9-2 & 15-6 & 21-4 & 6-0 \\ 6-4 & 0-2 & 12-10 & 9-14 \\ 0-0 & 3-12 & 6-8 & 9-16 \end{bmatrix}$$

$$= \begin{bmatrix} 7 & 9 & 17 & 6 \\ 2 & -2 & 2 & -5 \\ 0 & -9 & -2 & -7 \end{bmatrix}.$$

例 4　［库存清单］一药品供应公司的存货清单上显示瓶装 vitamins C 和瓶装 vitamins E 的数量为

维 C：25 箱瓶装 100 片的，10 箱瓶装 250 片的，32 箱瓶装 500 片的；

维 E：30 箱瓶装 100 片的，18 箱瓶装 250 片的，40 箱瓶装 500 片的.

现用矩阵 $\boldsymbol{A}$ 表示这一库存. 若公司立即组织两次货运以减少库存，每次运输的数量用矩阵 $\boldsymbol{B}$ 表示. 问：最后公司维 C 和维 E 的库存为多少？

$$\boldsymbol{A} = \begin{bmatrix} 25 & 10 & 32 \\ 30 & 18 & 40 \end{bmatrix}, \boldsymbol{B} = \begin{bmatrix} 10 & 5 & 6 \\ 12 & 4 & 8 \end{bmatrix}.$$

解　最后公司维 C 和维 E 的库存为

$$\boldsymbol{A} - 2\boldsymbol{B} = \begin{bmatrix} 25 & 10 & 32 \\ 30 & 18 & 40 \end{bmatrix} - 2\begin{bmatrix} 10 & 5 & 6 \\ 12 & 4 & 8 \end{bmatrix} = \begin{bmatrix} 5 & 0 & 20 \\ 6 & 10 & 24 \end{bmatrix}.$$

7.2.3 矩阵的乘法

例 5 设有两家连锁超市出售三种奶粉,某日销售量(单位:包)为

超市 \ 货类	奶粉 Ⅰ	奶粉 Ⅱ	奶粉 Ⅲ
甲	5	8	10
乙	7	5	6

每种奶粉的单价和利润见下表:

	单价(单位:元)	利润(单位:元)
奶粉 Ⅰ	15	3
奶粉 Ⅱ	12	2
奶粉 Ⅲ	20	4

求各超市出售奶粉的总收入和总利润.

解 各个超市奶粉的总收入 = 奶粉 Ⅰ 数量 × 单价 + 奶粉 Ⅱ 数量 × 单价 + 奶粉 Ⅲ 数量 × 单价.

列表分析如下:

	总收入(单位:元)	总利润(单位:元)
超市甲	5×15+8×12+10×20	5×3+8×2+10×4
超市乙	7×15+5×12+6×20	7×3+5×2+6×4

设 $\boldsymbol{A}=\begin{bmatrix}5 & 8 & 10\\7 & 5 & 6\end{bmatrix}$,$\boldsymbol{B}=\begin{bmatrix}15 & 3\\12 & 2\\20 & 4\end{bmatrix}$,$\boldsymbol{C}$ 为各超市出售奶粉的总收入和总利润,则

$$\boldsymbol{C}=\begin{bmatrix}5\times15+8\times12+10\times20 & 5\times3+8\times2+10\times4\\7\times15+5\times12+6\times20 & 7\times3+5\times2+6\times4\end{bmatrix}=\begin{bmatrix}371 & 71\\285 & 55\end{bmatrix}.$$

矩阵 $\boldsymbol{C}$ 中第一行第一列的元素等于矩阵 $\boldsymbol{A}$ 第一行元素与矩阵 $\boldsymbol{B}$ 的第一列对应元素乘积和;同样,矩阵 $\boldsymbol{C}$ 中第 i 行第 j 列的元素等于矩阵 $\boldsymbol{A}$ 第 i 行元素与矩阵 $\boldsymbol{B}$ 的第 j 列对应元素乘积之和,则矩阵 $\boldsymbol{C}$ 即为矩阵 $\boldsymbol{A}$ 与 $\boldsymbol{B}$ 的乘积.

一般地,设 $\boldsymbol{A}=(a_{ij})$ 是一个 $m\times s$ 矩阵,$\boldsymbol{B}=(b_{ij})$ 是一个 $s\times n$ 矩阵,那么规定矩阵 $\boldsymbol{A}$ 与矩阵 $\boldsymbol{B}$ 的乘积是一个 $m\times n$ 矩阵 $\boldsymbol{C}=(c_{ij})$,其中

$$c_{ij}=a_{i1}b_{1j}+a_{i2}b_{2j}+\cdots+a_{is}b_{sj}=\sum_{k=1}^{s}a_{ik}b_{kj}\ (i=1,2,\cdots,m;\ j=1,2,\cdots,n),$$

并把此乘积记作 $C=AB$.

说明 并不是任意两矩阵都能相乘，只有第一矩阵的列数等于第二矩阵的行数时，这两个矩阵才能相乘.

例 6 设 $A=\begin{bmatrix}1 & 1\\0 & -1\end{bmatrix}$，$B=\begin{bmatrix}2 & 1 & -1\\-1 & -1 & 1\end{bmatrix}$，求 AB.

解

$$AB=\begin{bmatrix}1\times2+1\times(-1) & 1\times1+1\times(-1) & 1\times(-1)+1\times1\\0\times2+(-1)\times(-1) & 0\times1+(-1)\times(-1) & 0\times(-1)+(-1)\times1\end{bmatrix}$$

$$=\begin{bmatrix}1 & 0 & 0\\1 & 1 & -1\end{bmatrix}.$$

7.2.4 矩阵的转置

将 $m\times n$ 矩阵 A 的行与列互换，得到的 $n\times m$ 矩阵，称为矩阵 A 的**转置矩阵**，记为 A^{T}. 即如果

$$A=\begin{bmatrix}a_{11} & a_{12} & \cdots & a_{1n}\\a_{21} & a_{22} & \cdots & a_{2n}\\\cdots & \cdots & \cdots & \cdots\\a_{n1} & a_{n2} & \cdots & a_{nn}\end{bmatrix}，则 A^{T}=\begin{bmatrix}a_{11} & a_{21} & \cdots & a_{n1}\\a_{12} & a_{22} & \cdots & a_{n2}\\\cdots & \cdots & \cdots & \cdots\\a_{1n} & a_{2n} & \cdots & a_{nn}\end{bmatrix}.$$

例 7 设 $A=\begin{bmatrix}2 & -1 & 0\\1 & 1 & 3\\4 & 2 & 1\end{bmatrix}$，求 A^{T}.

解 $A^{T}=\begin{bmatrix}2 & 1 & 4\\-1 & 1 & 2\\0 & 3 & 1\end{bmatrix}$.

7.2.5 方阵的行列式

由 n 阶方阵 A 的元素按其位置顺序不变，并用两条竖线表示的式子，称为方阵 A 的行列式，记作 $|A|$，即

$$|A|=\begin{vmatrix}a_{11} & a_{21} & \cdots & a_{n1}\\a_{12} & a_{22} & \cdots & a_{n2}\\\cdots & \cdots & \cdots & \cdots\\a_{1n} & a_{2n} & \cdots & a_{nn}\end{vmatrix}.$$

当 $n=2$ 时，方阵 $A=\begin{bmatrix}a_{11} & a_{12}\\a_{21} & a_{22}\end{bmatrix}$ 的行列式称为**二阶行列式**，即

$$|\boldsymbol{A}| = \begin{vmatrix} a_{11} & a_{12} \\ a_{21} & a_{22} \end{vmatrix}.$$

其计算方法是从左上角至右下角的主对角线元素之积减去左下角至右上角的次对角线元素之积(称**按对角线展开法**),即

$$|\boldsymbol{A}| = \begin{vmatrix} a_{11} & a_{12} \\ a_{21} & a_{22} \end{vmatrix} = a_{11}a_{22} - a_{12}a_{21}.$$

当 $n=3$ 时,对应的行列式称为**三阶行列式**,

$$|\boldsymbol{A}| = \begin{vmatrix} a_{11} & a_{12} & a_{13} \\ a_{21} & a_{22} & a_{23} \\ a_{31} & a_{32} & a_{33} \end{vmatrix}.$$

其计算方法仍可用**按对角线展开法**,

$$\begin{vmatrix} a_{11} & a_{12} & a_{13} \\ a_{21} & a_{22} & a_{23} \\ a_{31} & a_{32} & a_{33} \end{vmatrix} = a_{11}a_{22}a_{33} + a_{12}a_{23}a_{31} + a_{13}a_{21}a_{32} - a_{13}a_{22}a_{31} - a_{12}a_{21}a_{33} - a_{11}a_{23}a_{32}.$$

上式可以用对角线法则记忆,如下图所示.实线上三个元素的乘积取正号,虚线上三个元素的乘积取负号.

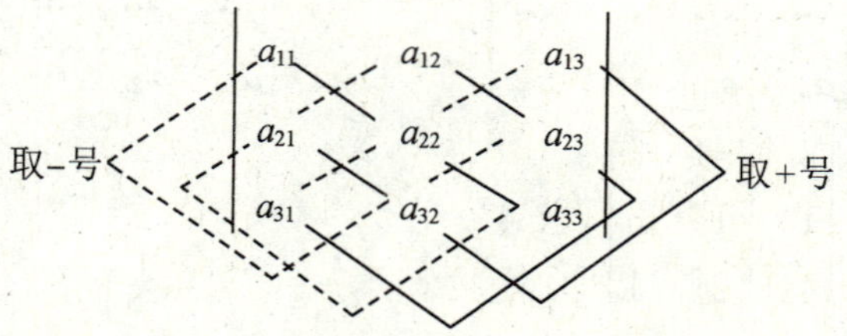

例 8 计算 $\boldsymbol{A} = \begin{bmatrix} 1 & 3 \\ 2 & -2 \end{bmatrix}$ 的行列式 $|\boldsymbol{A}|$.

解 $|\boldsymbol{A}| = \begin{vmatrix} 1 & 3 \\ 2 & -2 \end{vmatrix} = 1 \times (-2) - 3 \times 2 = -8.$

例 9 计算三阶行列式 $D = \begin{vmatrix} 3 & 1 & 2 \\ 2 & 0 & -3 \\ -1 & 5 & 4 \end{vmatrix}.$

解 按对角法则展开有

$$\begin{aligned} D &= 3 \times 0 \times 4 + 1 \times (-3) \times (-1) + 2 \times 5 \times 2 - 2 \times 0 \times (-1) - 1 \times 2 \times 4 - \\ &\quad (-3) \times 5 \times 3 \\ &= 0 + 3 + 20 - 0 - 8 + 45 = 60. \end{aligned}$$

习题 7.2

1. 填空题.

(1) 已知矩阵 $\boldsymbol{A}=\begin{bmatrix}2 & 0 & 1\\3 & -1 & 4\end{bmatrix}$, $\boldsymbol{B}=\begin{bmatrix}3 & 1 & -5\\3 & 2 & 5\end{bmatrix}$, 则 $2\boldsymbol{A}+3\boldsymbol{B}=$ ________, $2\boldsymbol{B}-3\boldsymbol{A}=$ ________.

(2) 已知 $\boldsymbol{A}=\boldsymbol{B}$, 其中 $\boldsymbol{A}=\begin{bmatrix}3 & a-1\\2x-3y & 2a+b\end{bmatrix}$, $\boldsymbol{B}=\begin{bmatrix}3x & 2b\\-4 & 2\end{bmatrix}$, 求 $a=$ ________, $b=$ ________, $x=$ ________, $y=$ ________.

(3) 甲乙两地的电子产品要运销到三个不同地区,其运送距离(单位:公里)用矩阵表示为 $\begin{bmatrix}5 & 7 & 6\\3 & 5 & 2\end{bmatrix}$, 运费为 2 元 / 公里,则运送费用矩阵表示为________.

(4) 已知两四端子网络的阻抗参数矩阵 $\boldsymbol{Z}_1=\begin{bmatrix}3 & 5\\2 & 3\end{bmatrix}$, $\boldsymbol{Z}_2=\begin{bmatrix}2 & -1\\1 & 2\end{bmatrix}$, 则 $\boldsymbol{Z}_1\boldsymbol{Z}_2^{\mathrm{T}}=$ ________.

(5) 已知矩阵 $\boldsymbol{A}=\begin{bmatrix}3 & 2\\4 & 1\end{bmatrix}$, $\boldsymbol{B}=\begin{bmatrix}1 & 5\\2 & 7\end{bmatrix}$, 计算 $\boldsymbol{AB}=$ ________ 和 $\boldsymbol{BA}=$ ________.

2. 计算.

(1) $\boldsymbol{A}=\begin{bmatrix}3 & 5 & 7 & 2\\2 & 0 & 4 & 3\\0 & 1 & 2 & 3\end{bmatrix}$, $\boldsymbol{B}=\begin{bmatrix}1 & 3 & 2 & 0\\2 & 1 & 5 & 7\\0 & 6 & 4 & 8\end{bmatrix}$, 求 $\boldsymbol{A}+\boldsymbol{B}$;

(2) $\boldsymbol{A}=\begin{bmatrix}2 & 3 & 4\\-2 & 4 & 5\\10 & 1 & 2\end{bmatrix}$, $\boldsymbol{B}=\begin{bmatrix}5 & 9 & 12\\-6 & 11 & 15\\30 & 3 & 5\end{bmatrix}$ 求 $3\boldsymbol{A}-\boldsymbol{B}$;

(3) $\boldsymbol{A}=\begin{bmatrix}2 & 1 & 0\\1 & -1 & 2\end{bmatrix}$, $\boldsymbol{B}=\begin{bmatrix}1 & 1\\0 & -1\\1 & 0\end{bmatrix}$, 求 $\boldsymbol{AB}$;

(4) $\boldsymbol{A}=\begin{bmatrix}0&1&0\\1&0&0\\0&0&1\end{bmatrix}$,$\boldsymbol{B}=\begin{bmatrix}1&2&3\\3&2&1\\1&3&2\end{bmatrix}$,求 $\boldsymbol{AB}$;

(5) $\boldsymbol{A}=[1\quad 2\quad 3]$,$\boldsymbol{B}=\begin{bmatrix}3\\2\\1\end{bmatrix}$求 $\boldsymbol{AB}$.

(6) $\boldsymbol{A}=\begin{bmatrix}1\\1\\1\end{bmatrix}$,$\boldsymbol{B}=[1\quad 1\quad 1]$.

3. 设 $\boldsymbol{A}=\begin{bmatrix}1&2&2&1\\2&1&1&2\\1&2&2&-1\end{bmatrix}$,$\boldsymbol{B}=\begin{bmatrix}1&6&6&3\\6&1&3&6\\3&6&5&-3\end{bmatrix}$,求:

(1) $3\boldsymbol{A}-\boldsymbol{B}$;

(2) 若 $\boldsymbol{X}$ 满足 $\boldsymbol{A}+\boldsymbol{X}=\boldsymbol{B}$,求 $\boldsymbol{X}$.

4. 现有 4 家工厂均能生产 A,B,C 三种产品,其单位成本如下表. 现要生产 A,B,C 三种产品分别为 600 件、500 件、200 件,若三种产品只能委托一家工厂,问由哪家生产成本最低?

单位成本 / 产品 / 工厂	A	B	C
Ⅰ	3	5	6
Ⅱ	2	4	8
Ⅲ	4	5	5
Ⅳ	4	3	7

5. 计算方阵 $\boldsymbol{A}=\begin{bmatrix}2 & 0 & 1\\ -1 & 3 & 6\\ 4 & -2 & 4\end{bmatrix}$ 的行列式.

6. 把 $\begin{cases}a_{11}x_1+a_{12}x_2=b_1,\\ a_{12}x_1+a_{22}x_2=b_2\end{cases}$ 写成矩阵方程.

7.3 矩阵的初等行变换与矩阵的秩

7.3.1 矩阵的初等行变换

对矩阵施以下列三种变换,称为矩阵的初等行变换:

(1) **换行变换**:即交换矩阵的第 i 行和第 j 行(用 $r_i \leftrightarrow r_j$ 表示);

(2) **倍乘变换**:即用某非零常数 k 乘以矩阵的第 i 行(用 kr_i 表示);

(3) **倍加变换**:把矩阵第 i 行的 k 倍加到第 j 行的对应元素上(用 kr_i+r_j 表示).

如果矩阵 $\boldsymbol{A}$ 经过若干次初等变换后变为 $\boldsymbol{B}$,用

$$\boldsymbol{A}\to\boldsymbol{B}$$

表示,并称 $\boldsymbol{B}$ 与 $\boldsymbol{A}$ 是等价的.

说明:任意矩阵通过初等变换都能化为阶梯形矩阵和行最简矩阵.

例 1 将矩阵 $\boldsymbol{A}=\begin{bmatrix}1 & -2 & 3 & -1 & 1\\ 3 & -1 & 5 & -3 & 6\\ 2 & 1 & 2 & -2 & 8\end{bmatrix}$ 化为阶梯形矩阵.

解 $$\boldsymbol{A}=\begin{bmatrix}1 & -2 & 3 & -1 & 1\\ 3 & -1 & 5 & -3 & 6\\ 2 & 1 & 2 & -2 & 8\end{bmatrix}\xrightarrow[(-2)r_1+r_3]{(-3)r_1+r_2,}\begin{bmatrix}1 & -2 & 3 & -1 & 1\\ 0 & 5 & -4 & 0 & 3\\ 0 & 5 & -4 & 0 & 6\end{bmatrix}$$

$$\xrightarrow{(-1)r_2+r_3}\begin{bmatrix}1 & -2 & 3 & -1 & 1\\ 0 & 5 & -4 & 0 & 3\\ 0 & 0 & 0 & 0 & 3\end{bmatrix}.$$

例 2 将矩阵 $\boldsymbol{A}=\begin{bmatrix}1 & 2 & 0\\ 3 & 5 & 2\\ 2 & 0 & 6\end{bmatrix}$ 化为行最简矩阵.

解 $\quad \boldsymbol{A}=\begin{bmatrix}1&2&0\\3&5&2\\2&0&6\end{bmatrix}\xrightarrow{\frac{1}{2}r_3}\begin{bmatrix}1&2&0\\3&5&2\\1&0&3\end{bmatrix}\xrightarrow[(-1)r_1+r_3]{(-3)r_1+r_2}\begin{bmatrix}1&2&0\\0&-1&2\\0&-2&3\end{bmatrix}\xrightarrow{(-1)r_2}$

$$\begin{bmatrix}1&2&0\\0&1&-2\\0&-2&3\end{bmatrix}\xrightarrow[2r_2+r_3]{(-2)r_2+r_1}\begin{bmatrix}1&0&4\\0&1&-2\\0&0&-1\end{bmatrix}\xrightarrow{(-1)r_3}\begin{bmatrix}1&0&4\\0&1&-2\\0&0&1\end{bmatrix}\xrightarrow[2r_3+r_2]{(-4)r_3+r_1}\begin{bmatrix}1&0&0\\0&1&0\\0&0&1\end{bmatrix}.$$

7.3.2 矩阵的秩

矩阵的秩是线性代数中非常有用的一个概念，它在讨论线性方程组解的情况中有重要应用.

1. k 阶子式

设 $\boldsymbol{A}$ 是 $m\times n$ 矩阵，在 $\boldsymbol{A}$ 中位于任意选定的 k 行 k 列交点上的 k^2 个元素，按原来次序组成的 k 阶行列式，称为矩阵 $\boldsymbol{A}$ 的一个 k **阶子式**，其中 $k\leqslant\min\{m,n\}$.

例如，矩阵
$$\boldsymbol{A}=\begin{bmatrix}1&2&3\\2&4&1\\0&0&1\end{bmatrix},$$

取 $\boldsymbol{A}$ 的第一、二行，第一、三列的相交元素，排成行列式
$$\begin{vmatrix}1&3\\2&1\end{vmatrix}$$
为 $\boldsymbol{A}$ 的一个二阶子式.

由子式的定义知：子式的行、列是以原行列式的行、列中任取的，所以可以组成 $C_3^2C_3^2=9$ 个二阶子式. 对一般情况，共有 $C_m^k\,C_n^k$ 个 k 阶子式.

注：k 阶子式是行列式. 非零子式就是行列式的值不等于零的子式.

2. 矩阵的秩

如果矩阵 $\boldsymbol{A}$ 中存在一个 r 阶非零子式，而任一 $r+1$ 阶子式（如果存在的话）的值全为零，即矩阵 $\boldsymbol{A}$ 的非零子式的最高阶数是 r，则称 r 为 $\boldsymbol{A}$ 的**秩**，记作 $r(\boldsymbol{A})=r$.

例 3 求矩阵
$$\boldsymbol{A}=\begin{bmatrix}1&-2&3&5\\0&1&2&1\\1&-1&5&6\end{bmatrix}$$
的秩.

解 因为 $\begin{vmatrix}1&-2\\0&1\end{vmatrix}\neq0$，所以 $\boldsymbol{A}$ 的非零子式的最高阶数至少是 2，即 $r(\boldsymbol{A})\geqslant2$. $\boldsymbol{A}$ 共有四个三阶子式：

$$\begin{vmatrix}1&-2&3\\0&1&2\\1&-1&5\end{vmatrix}=0,\begin{vmatrix}1&-2&5\\0&1&1\\1&-1&6\end{vmatrix}=0,\begin{vmatrix}1&3&5\\0&2&1\\1&5&6\end{vmatrix}=0,\begin{vmatrix}-2&3&5\\1&2&1\\-1&5&6\end{vmatrix}=0,$$

即所有三阶子式均为零,所以 $r(\boldsymbol{A})=2$.

按照定义求矩阵的秩,要计算很多行列式,所以有时候非常麻烦.

例 4 求矩阵 $\boldsymbol{A}=\begin{bmatrix}1&-2&1\\0&-3&3\\0&0&0\end{bmatrix}$ 的秩.

解 因为 $\begin{vmatrix}1&-2\\0&-3\end{vmatrix}\neq 0$,而矩阵的三阶子式为零,即

$$\begin{vmatrix}1&-2&1\\0&-3&3\\0&0&0\end{vmatrix}=0,$$

所以 $r(\boldsymbol{A})=2$.

说明:阶梯形矩阵的秩就是非零行的行数 r.

7.3.3 用矩阵的初等行变换求矩阵的秩

矩阵的初等行变换不改变矩阵的秩.由此得到求矩阵秩的有效方法:通过初等变换把矩阵化为阶梯形矩阵,其非零行的行数就是矩阵的秩.

例 5 求矩阵 $\boldsymbol{A}=\begin{bmatrix}-2&1&1\\1&-2&1\\1&1&-2\end{bmatrix}$ 的秩.

解 $\boldsymbol{A}=\begin{bmatrix}-2&1&1\\1&-2&1\\1&1&-2\end{bmatrix}\xrightarrow{r_1\leftrightarrow r_2}\begin{bmatrix}1&-2&1\\-2&1&1\\1&1&-2\end{bmatrix}\xrightarrow[2r_1+r_2]{-r_1+r_3}\begin{bmatrix}1&-2&1\\0&-3&3\\0&3&-3\end{bmatrix}$

$\xrightarrow{r_2+r_3}\begin{bmatrix}1&-2&1\\0&-3&3\\0&0&0\end{bmatrix}$.

所以矩阵 $\boldsymbol{A}$ 的秩为 2,即 $r(\boldsymbol{A})=2$.

例 6 求矩阵 $\boldsymbol{A}=\begin{bmatrix}1&-2&-1&0&2\\-2&4&2&6&-6\\2&-1&0&2&3\\3&3&3&3&4\end{bmatrix}$ 的秩.

解 $A=\begin{bmatrix}1&-2&-1&0&2\\-2&4&2&6&-6\\2&-1&0&2&3\\3&3&3&3&4\end{bmatrix}\xrightarrow[(-3)r_1+r_4]{\substack{2r_1+r_2\\(-2)r_1+r_3}}\begin{bmatrix}1&-2&-1&0&2\\0&0&0&6&-2\\0&3&2&2&-1\\0&9&6&3&-2\end{bmatrix}$

$\xrightarrow[r_3\leftrightarrow r_4]{r_2\leftrightarrow r_3}\begin{bmatrix}1&-2&-1&0&2\\0&3&2&2&-1\\0&9&6&3&-2\\0&0&0&6&-2\end{bmatrix}\xrightarrow{(-3)\times r_2+r_3}\begin{bmatrix}1&-2&-1&0&2\\0&3&2&2&-1\\0&0&0&-3&1\\0&0&0&6&-2\end{bmatrix}\xrightarrow{2r_3+r_4}$

$\begin{bmatrix}1&-2&-1&0&2\\0&3&2&2&-1\\0&0&0&-3&1\\0&0&0&0&0\end{bmatrix}.$

非零行的行数为3，所以 $r(A)=3$.

7.3.4 用矩阵的初等行变换求矩阵的逆

1. 逆矩阵

对于 n 阶矩阵 $\boldsymbol{A}$，如果存在 n 阶矩阵 $\boldsymbol{B}$，使得

$$\boldsymbol{AB}=\boldsymbol{BA}=\boldsymbol{E},$$

则称矩阵 $\boldsymbol{A}$ 为可逆矩阵，而 $\boldsymbol{B}$ 称为 $\boldsymbol{A}$ 的逆矩阵，记作 $\boldsymbol{A}^{-1}$. 且逆矩阵如果存在，则是唯一的，那么是否所有的方阵都有逆矩阵呢？回答是否定的. 对于方阵我们有如下结论：

(1) n 阶方阵 $\boldsymbol{A}$ 可逆的充分必要条件是 $|\boldsymbol{A}|\neq 0$.

(2) n 阶方阵 $\boldsymbol{A}$ 可逆的充分必要条件是 $r(\boldsymbol{A})=n$.

2. 逆矩阵的求法

作矩阵 $(\boldsymbol{A}\vdots\boldsymbol{E})_{n\times 2n}$，施以初等行变换，将矩阵 $\boldsymbol{A}$ 化为单位矩阵 $\boldsymbol{E}$，那么右半部的单位矩阵 $\boldsymbol{E}$ 就同时化成了 $\boldsymbol{A}^{-1}$.

$$即(\boldsymbol{A}\vdots\boldsymbol{E})\xrightarrow{\text{初等行变换}}(\boldsymbol{E}\vdots\boldsymbol{A}^{-1})$$

例 7 求矩阵 $\boldsymbol{A}=\begin{bmatrix}-1&0&1\\0&1&1\\1&1&1\end{bmatrix}$ 的逆矩阵 $\boldsymbol{A}^{-1}$.

解 先求 $\boldsymbol{A}$ 的逆矩阵

$$[\boldsymbol{A}\vdots\boldsymbol{E}]=\left[\begin{array}{ccc:ccc}-1&0&1&1&0&0\\0&1&1&0&1&0\\1&1&1&0&0&1\end{array}\right]\xrightarrow{r_1+r_3}\left[\begin{array}{ccc:ccc}-1&0&1&1&0&0\\0&1&1&0&1&0\\0&1&2&1&0&1\end{array}\right]$$

$$\xrightarrow{(-1)r_2+r_3}\left[\begin{array}{ccc:ccc}-1 & 0 & 1 & 1 & 0 & 0\\ 0 & 1 & 1 & 0 & 1 & 0\\ 0 & 0 & 1 & 1 & -1 & 1\end{array}\right]\xrightarrow{(-1)r_1}\left[\begin{array}{ccc:ccc}1 & 0 & -1 & -1 & 0 & 0\\ 0 & 1 & 1 & 0 & 1 & 0\\ 0 & 0 & 1 & 1 & -1 & 1\end{array}\right]$$

$$\xrightarrow[(-1)r_3+r_2]{r_3+r_1}\left[\begin{array}{ccc:ccc}1 & 0 & 0 & 0 & -1 & 1\\ 0 & 1 & 0 & -1 & 2 & -1\\ 0 & 0 & 1 & 1 & -1 & 1\end{array}\right].$$

所以

$$A^{-1}=\begin{bmatrix}0 & -1 & 1\\ -1 & 2 & -1\\ 1 & -1 & 1\end{bmatrix}.$$

例 8　[密码学] 在军事通讯中,矩阵密码法是信息编码与解码的常用方法,其中的一种是基于利用可逆矩阵的方法. 先在 26 个英文字母与数字间建立起一一对应. 如

a	b	c	…	x	y	z
1	2	3	…	24	25	26

例如 *are* 对应一矩阵 $B^{\mathrm{T}}=[1\quad 18\quad 5]$,但如果按这种方式传输,则很容易被敌方破译. 于是,必须采取加密,即用一个约定的加密矩阵 A 乘以原信号 B,传输信号为 $C=AB^{\mathrm{T}}$,收到信号的一方再将信号还原(破译)为 $B^{\mathrm{T}}=A^{-1}C$. 若敌方不知道加密矩阵,则很难破译. 设收到的信号为

$$C=\begin{bmatrix}14\\ 30\\ 41\end{bmatrix},$$

并已知加密矩阵为

$$A=\begin{bmatrix}-1 & 0 & 1\\ 0 & 1 & 1\\ 1 & 1 & 1\end{bmatrix},$$

求原信号 B.

解　由例题 4 知,$A^{-1}=\begin{bmatrix}0 & -1 & 1\\ -1 & 2 & -1\\ 1 & -1 & 1\end{bmatrix}$,则原信号

$$B^{\mathrm{T}}=A^{-1}C=\begin{bmatrix}0 & -1 & 1\\ -1 & 2 & -1\\ 1 & -1 & 1\end{bmatrix}\begin{bmatrix}14\\ 30\\ 41\end{bmatrix}=\begin{bmatrix}11\\ 5\\ 25\end{bmatrix},$$

即原信号为 key.

例 9 设矩阵 $\boldsymbol{A}=\begin{bmatrix}-2 & -1 & 6\\ 4 & 0 & 5\\ -6 & -1 & 1\end{bmatrix}$,判断矩阵 $\boldsymbol{A}$ 是否可逆,若可逆,求逆矩阵 $\boldsymbol{A}^{-1}$.

解 $(\boldsymbol{A}\vdots\boldsymbol{E})=\left[\begin{array}{ccc:ccc}-2 & -1 & 6 & 1 & 0 & 0\\ 4 & 0 & 5 & 0 & 1 & 0\\ -6 & -1 & 1 & 0 & 0 & 1\end{array}\right]\xrightarrow[(-3)r_1+r_3]{2r_1+r_2}$

$$\left[\begin{array}{ccc:ccc}-2 & -1 & 6 & 1 & 0 & 0\\ 0 & -2 & 17 & 2 & 1 & 0\\ 0 & 2 & -17 & -3 & 0 & 1\end{array}\right]\xrightarrow{r_2+r_3}\left[\begin{array}{ccc:ccc}-2 & -1 & 6 & 1 & 0 & 0\\ 0 & -2 & 17 & 2 & 1 & 0\\ 0 & 0 & 0 & -1 & 1 & 1\end{array}\right]$$

因为 $r(\boldsymbol{A})=2<3\ (=n)$,所以 $\boldsymbol{A}$ 不可逆.

习题 7.3

1. 将矩阵化为阶梯形:

(1) $\boldsymbol{A}=\begin{bmatrix}1 & 1 & -1\\ 2 & -1 & 0\\ 1 & 0 & 1\end{bmatrix}$; (2) $\boldsymbol{B}=\begin{bmatrix}1 & 1 & 1 & -1\\ -1 & -1 & 2 & 3\\ 2 & 2 & 5 & 0\end{bmatrix}$.

2. 将下列矩阵化为行最简形矩阵:

(1) $\boldsymbol{A}=\begin{bmatrix}1 & 1 & 1 & 1\\ -1 & 2 & -4 & 2\\ 2 & 5 & -1 & 3\end{bmatrix}$; (2) $\boldsymbol{B}=\begin{bmatrix}1 & 2 & -3 & 4\\ 2 & 3 & -5 & 7\\ 2 & 5 & -8 & -8\end{bmatrix}$.

3. 求下列矩阵的秩:

(1) $\boldsymbol{A}=\begin{bmatrix}1 & 1 & 1 & 2\\ 1 & 3 & 3 & 2\\ 1 & 1 & 2 & 1\end{bmatrix}$; (2) $\boldsymbol{A}=\begin{bmatrix}1 & -1 & 1 & 2\\ 2 & 3 & 3 & 2\\ 1 & 1 & 2 & 1\end{bmatrix}$;

(3) $\boldsymbol{A}=\begin{bmatrix}1 & 3 & -1 & -2\\ 2 & -1 & 2 & 3\\ 3 & 2 & 1 & 1\\ 1 & -4 & 3 & 5\end{bmatrix}$；　　(4) $\boldsymbol{A}=\begin{bmatrix}1 & 0 & 0 & 1\\ 1 & 2 & 0 & -1\\ 3 & -1 & 0 & 4\\ 1 & 4 & 5 & 1\end{bmatrix}$.

4. 判断下列矩阵是否可逆，如可逆，求其逆矩阵 $\boldsymbol{A}^{-1}$：

(1) $\boldsymbol{A}=\begin{bmatrix}0 & 1 & 2\\ 1 & 1 & 4\\ 2 & -1 & 0\end{bmatrix}$；　　(2) $\boldsymbol{A}=\begin{bmatrix}1 & -2 & 4\\ -3 & 2 & 5\\ -3 & -2 & 22\end{bmatrix}$；

(3) $\boldsymbol{A}=\begin{bmatrix}1 & 0 & 8\\ 0 & 1 & 0\\ 0 & 0 & 1\end{bmatrix}$；　　(4) $\boldsymbol{A}=\begin{bmatrix}2 & 0 & 0\\ 1 & 2 & 0\\ 0 & 1 & 2\end{bmatrix}$.

7.4　线性方程组的解

生产活动和科学技术中的许多问题经常可以归结为解一个线性方程组. 虽然在中学我们已经学过用加减消元法或代入消元法解二元或三元一次方程组，又知道二元一次方程组的解的情况只可能有三种：有唯一解、有无穷多解、无解. 但是在许多实际问题中，我们遇到的方程组中未知数个数常常超过三个，而且方程组中未知数个数与方程的个数也不一定相同.

如

$$\begin{cases}x_1+2x_2-2x_3-4x_4=1,\\ x_1+x_2-x_3+2x_4=-1,\\ -x_1-x_2+2x_3-x_4=2,\end{cases}$$

这样的线性方程组是否有解呢？如果有解，解是否唯一？如果解不唯一，解的结构如何呢？在有解的情况下，如何求解？

7.4.1　线性方程组的概念

与二元、三元线性方程组类似，含 n 个未知量，由 m 个线性方程构成的线性方程组

的一般形式为

$$\begin{cases}a_{11}x_1+a_{12}x_2+\cdots+a_{1n}x_n=b_1,\\a_{21}x_1+a_{22}x_2+\cdots+a_{2n}x_n=b_2,\\\cdots\\a_{m1}x_1+a_{m2}x_2+\cdots+a_{mn}x_n=b_m.\end{cases}$$

其中系数 a_{ij}，常数 b_i 都是已知常数，x_j 是未知量. 当右端常数项 $b_1,b_2,\cdots,b_m$ 不全为 0 时，称方程组为**非齐次线性方程组**；当 $b_1,b_2,\cdots,b_m$ 全为 0 时，即

$$\begin{cases}a_{11}x_1+a_{12}x_2+\cdots+a_{1n}x_n=0,\\a_{21}x_1+a_{22}x_2+\cdots+a_{2n}x_n=0,\\\cdots\\a_{m1}x_1+a_{m2}x_2+\cdots+a_{mn}x_n=0.\end{cases} \quad ①$$

称方程组为**齐次线性方程组.**

利用矩阵来讨论线性方程组的解的情况或求解线性方程组的解是很方便的，我们给出线性方程组的矩阵表示形式.

非齐次线性方程组用矩阵表示为

$$\boldsymbol{AX}=\boldsymbol{B},$$

其中

$$\boldsymbol{A}=\begin{bmatrix}a_{11}&a_{12}&\cdots&a_{1n}\\a_{21}&a_{22}&\cdots&a_{2n}\\\cdots&\cdots&\cdots&\cdots\\a_{m1}&a_{m2}&\cdots&a_{mn}\end{bmatrix},\boldsymbol{X}=\begin{bmatrix}x_1\\x_2\\\cdots\\x_n\end{bmatrix},\boldsymbol{B}=\begin{bmatrix}b_1\\b_2\\\cdots\\b_m\end{bmatrix},$$

称 $\boldsymbol{A}$ 为称为方程组 ① 的**系数矩阵**，$\boldsymbol{X}$ 为**未知矩阵**，$\boldsymbol{B}$ 为**常数矩阵**，将系数矩阵和常数矩阵放在一起构成的矩阵

$$(\boldsymbol{A}\vdots\boldsymbol{B})=\left[\begin{array}{cccc:c}a_{11}&a_{12}&\cdots&a_{1n}&b_1\\a_{21}&a_{22}&\cdots&a_{2n}&b_2\\\cdots&\cdots&\cdots&\cdots&\cdots\\a_{m1}&a_{m2}&\cdots&a_{mn}&b_n\end{array}\right]$$

称为方程组的**增广矩阵**，记为 $\widetilde{\boldsymbol{A}}$. 因为线性方程组是由它的系数和常数项确定，所以增广矩阵 $\widetilde{\boldsymbol{A}}$ 和线性方程组是一一对应关系.

齐次线性方程组的矩阵表示形式为

$$\boldsymbol{AX}=\boldsymbol{O},$$

其中

$$\boldsymbol{O}=\begin{bmatrix}0\\0\\\cdots\\0\end{bmatrix}.$$

7.4.2 非齐次线性方程组的解

例 1 用高斯消元法解线性方程组$\begin{cases}2x_1-x_2+2x_3=4,\\ x_1+x_2+2x_3=1,\\ 4x_1+x_2+4x_3=2.\end{cases}$

解 交换第一、二两个方程,得同解组

$$\begin{cases}x_1+x_2+2x_3=1, & (1)\\ 2x_1-x_2+2x_3=4, & (2)\\ 4x_1+x_2+4x_3=2. & (3)\end{cases}$$

(2) − (1) × 2,(3) − (1) × 4 得同解组

$$\begin{cases}x_1+x_2+2x_3=1, & (1)\\ -3x_2-2x_3=2, & (2)\\ -3x_2-4x_3=-2. & (3)\end{cases}$$

((3) − (2)) ÷ 2 得同解组

$$\begin{cases}x_1+x_2+2x_3=1, & (1)\\ -3x_2-2x_3=2, & (2)\\ x_3=2. & (3)\end{cases}$$

至此消元过程完结,接下来是回代过程:

将(3) 代入(2) 得 $x_2=-2$,再将 $x_2=-2$,$x_3=2$ 代入(1) 得 $x_1=-1$.

从而原方程组有唯一解

$$\begin{cases}x_1=-1,\\ x_2=-2,\\ x_3=2.\end{cases}$$

在高斯消元法求解线性方程组时,对方程组共施行了三种变换:

(1) 互换两个方程的位置;

(2) k 乘某一方程($k\neq 0$);

(3) 用一个数 k 乘某一方程后加到另一个方程上去.

这与矩阵的初等行变换相同,所以线性方程的求解完全可以由其增广矩阵的行初等变换求出.

下面给出非齐次线性方程组解的判定方法

$$\begin{cases}a_{11}x_1+a_{12}x_2+\cdots+a_{1n}x_n=b_1,\\ a_{21}x_1+a_{22}x_2+\cdots+a_{2n}x_n=b_2,\\ \cdots\\ a_{m1}x_1+a_{m2}x_2+\cdots+a_{mn}x_n=b_m.\end{cases}$$

(1) 无解的充分必要条件是 $r(\boldsymbol{A}) < r(\widetilde{\boldsymbol{A}})$;

(2) 有唯一解的充分必要条件是 $r(\boldsymbol{A}) = r(\widetilde{\boldsymbol{A}}) = n$;

(3) 有无限多解的充分必要条件是 $r(\boldsymbol{A}) = r(\widetilde{\boldsymbol{A}}) < n$.

例 2 用矩阵的初等行变换求解线性方程组 $\begin{cases} 2x_1 - x_2 + 2x_3 = 4, \\ x_1 + x_2 + 2x_3 = 1, \\ 4x_1 + x_2 + 4x_3 = 2. \end{cases}$

解 用初等行变换将增广矩阵化成阶梯形矩阵,即

$$\widetilde{\boldsymbol{A}} = \left[\begin{array}{ccc:c} 2 & -1 & 2 & 4 \\ 1 & 1 & 2 & 1 \\ 4 & 1 & 4 & 2 \end{array}\right] \xrightarrow{r_1 \leftrightarrow r_2} \left[\begin{array}{ccc:c} 1 & 1 & 2 & 1 \\ 2 & -1 & 2 & 4 \\ 4 & 1 & 4 & 2 \end{array}\right] \xrightarrow[(-4) \times r_1 + r_3]{(-2) \times r_1 + r_2}$$

$$\left[\begin{array}{ccc:c} 1 & 1 & 2 & 1 \\ 0 & -3 & -2 & 2 \\ 0 & -3 & -4 & -2 \end{array}\right] \xrightarrow{(-1) \times r_2 + r_3} \left[\begin{array}{ccc:c} 1 & 1 & 2 & 1 \\ 0 & -3 & -2 & 2 \\ 0 & 0 & -2 & -4 \end{array}\right] \xrightarrow{\left(-\frac{1}{2}\right) r_3}$$

$$\left[\begin{array}{ccc:c} 1 & 1 & 2 & 1 \\ 0 & -3 & -2 & 2 \\ 0 & 0 & 1 & 2 \end{array}\right] = \boldsymbol{B}.$$

因为 $r(\boldsymbol{A}) = r(\widetilde{\boldsymbol{A}}) = 3 = n$,所以方程组有唯一解.

用初等行变换将增广矩阵的阶梯形矩阵化成行最简矩阵,即

$$\boldsymbol{B} \xrightarrow[2r_3 + r_2]{(-2) r_3 + r_1} \left[\begin{array}{ccc:c} 1 & 1 & 0 & -3 \\ 0 & -3 & 0 & 6 \\ 0 & 0 & 1 & 2 \end{array}\right] \xrightarrow{\left(-\frac{1}{3}\right) r_2} \left[\begin{array}{ccc:c} 1 & 1 & 0 & -3 \\ 0 & 1 & 0 & -2 \\ 0 & 0 & 1 & 2 \end{array}\right] \xrightarrow{(-1) r_2 + r_1}$$

$$\left[\begin{array}{ccc:c} 1 & 0 & 0 & -1 \\ 0 & 1 & 0 & -2 \\ 0 & 0 & 1 & 2 \end{array}\right].$$

由此得方程组的唯一解

$$\begin{cases} x_1 = -1, \\ x_2 = -2, \\ x_3 = 2. \end{cases}$$

例 3 解线性方程组

$$\begin{cases} x_1 + x_2 + x_3 = 1, \\ -x_1 + 2x_2 - 4x_3 = 2, \\ 2x_1 + 5x_2 - x_3 = 3. \end{cases}$$

解 用初等行变换将增广矩阵化成阶梯形矩阵,即

$$\widetilde{\mathbf{A}}=\left[\begin{array}{ccc:c}1&1&1&1\\-1&2&-4&2\\2&5&-1&3\end{array}\right]\xrightarrow[(-2)r_1+r_3]{r_1+r_2}\left[\begin{array}{ccc:c}1&1&1&1\\0&3&-3&3\\0&3&-3&1\end{array}\right]\xrightarrow{(-1)r_2+r_3}$$

$$\left[\begin{array}{ccc:c}1&1&1&1\\0&3&-3&3\\0&0&0&-2\end{array}\right].$$

$r(\mathbf{A})=2, r(\widetilde{\mathbf{A}})=3$，两者不等，所以原方程组无解.

例 4 解线性方程组 $\begin{cases}x_1+5x_2-x_3-x_4=-1,\\x_1+6x_2-2x_3-3x_4=-3,\\x_1+3x_2+x_3+3x_4=3,\\x_1+x_2+3x_3+7x_4=7.\end{cases}$

解 用初等行变换将增广矩阵化成阶梯形矩阵，即

$$\widetilde{\mathbf{A}}=\left[\begin{array}{cccc:c}1&5&-1&-1&-1\\1&6&-2&-3&-3\\1&3&1&3&3\\1&1&3&7&7\end{array}\right]\xrightarrow[\substack{(-1)r_1+r_3\\(-1)r_1+r_4}]{(-1)r_1+r_2}\left[\begin{array}{cccc:c}1&5&-1&-1&-1\\0&1&-1&-2&-2\\0&-2&2&4&4\\0&-4&4&8&8\end{array}\right]$$

$$\xrightarrow[4r_2+r_4]{2r_2+r_3}\left[\begin{array}{cccc:c}1&5&-1&-1&-1\\0&1&-1&-2&-2\\0&0&0&0&0\\0&0&0&0&0\end{array}\right]=\boldsymbol{B}.$$

因为 $r(\mathbf{A})=r(\widetilde{\mathbf{A}})=2<n(=4)$，所以方程组有无穷多解，用初等行变换将增广矩阵的阶梯形矩阵化成行最简矩阵，即

$$\boldsymbol{B}\xrightarrow{(-5)r_2+r_1}\left[\begin{array}{cccc:c}1&0&4&9&9\\0&1&-1&-2&-2\\0&0&0&0&0\\0&0&0&0&0\end{array}\right],$$

得到与原方程组同解的方程组

$$\begin{cases}x_1+4x_3+9x_4=9,\\x_2-x_3-2x_4=-2,\end{cases}$$

即

$$\begin{cases}x_1=9-4x_3-9x_4,\\x_2=-2+x_3+2x_4,\end{cases}$$

其中 x_3 与 x_4 可取任意值，称为**自由未知量**. 方程组的解为

$$\begin{cases} x_1 = 9 - 4c_1 - 9c_2, \\ x_2 = -2 + c_1 + 2c_2, \\ x_3 = c_1, \\ x_4 = c_2 \end{cases}$$（其中 c_1, c_2 为任意常数）.

7.4.3 齐次线性方程组的解

由非齐次线性方程组解的判定，我们可给出齐次线性方程组解的判定方法

$$\begin{cases} a_{11}x_1 + a_{12}x_2 + \cdots + a_{1n}x_n = 0, \\ a_{21}x_1 + a_{22}x_2 + \cdots + a_{2n}x_n = 0, \\ \cdots \\ a_{m1}x_1 + a_{m2}x_2 + \cdots + a_{mn}x_n = 0. \end{cases}$$

(1) 当 $r(\boldsymbol{A}) = r = n$，则方程组有唯一零解；

(2) 当 $r(\boldsymbol{A}) = r < n$ 时，则方程组有无穷多组解.

例 5 解方程组$\begin{cases} x_1 + x_2 + x_3 + x_4 = 0, \\ x_1 + 2x_2 + 2x_3 + 3x_4 = 0, \\ 2x_1 + 3x_2 + 3x_3 + 4x_4 = 0. \end{cases}$

解 $\boldsymbol{A} = \begin{bmatrix} 1 & 1 & 1 & 1 \\ 1 & 2 & 2 & 3 \\ 2 & 3 & 3 & 4 \end{bmatrix} \xrightarrow[(-2)r_1 + r_3]{(-1)r_1 + r_2} \begin{bmatrix} 1 & 1 & 1 & 1 \\ 0 & 1 & 1 & 2 \\ 0 & 1 & 1 & 2 \end{bmatrix} \xrightarrow{(-1)r_2 + r_3}$

$\begin{bmatrix} 1 & 1 & 1 & 1 \\ 0 & 1 & 1 & 2 \\ 0 & 0 & 0 & 0 \end{bmatrix} = \boldsymbol{B}.$

因为 $r(\boldsymbol{A}) = 2 < n(=4)$，所以方程组有无穷多解，

$$\boldsymbol{B} \xrightarrow{(-1)r_2 + r_1} \begin{bmatrix} 1 & 0 & 0 & -1 \\ 0 & 1 & 1 & 2 \\ 0 & 0 & 0 & 0 \end{bmatrix},$$

所以方程组的同解方程组为

$$\begin{cases} x_1 - x_4 = 0, \\ x_2 + x_3 + 2x_4 = 0, \end{cases}$$

即

$$\begin{cases} x_1 = x_4, \\ x_2 = -x_3 - 2x_4 \end{cases}$$（x_3, x_4 为自由未知量），

所以方程组的解为

$$\begin{cases} x_1 = c_2, \\ x_2 = -c_1 - 2c_2, \\ x_3 = c_1, \\ x_4 = c_2. \end{cases}$$

习题 7.4

1. 判断下列方程组是否有解，如有解则求方程组的解：

(1) $\begin{cases} x_1 - 2x_2 + 3x_3 - x_4 = 1, \\ 3x_1 - x_2 + 5x_3 - 3x_4 = 2, \\ 2x_1 + x_2 + 2x_3 - 2x_4 = 3; \end{cases}$　　(2) $\begin{cases} 2x_1 + 2x_2 - 4x_3 = 4, \\ x_1 - x_2 - x_3 = 1, \\ 3x_1 - 4x_2 - 2x_3 = 5; \end{cases}$

(3) $\begin{cases} x_1 - x_2 - x_3 = 2, \\ 2x_1 - x_2 - 3x_3 = 1, \\ 3x_1 + 2x_2 - 5x_3 = 0; \end{cases}$　　(4) $\begin{cases} x_1 - 2x_2 + x_3 = 0, \\ x_1 + 2x_2 - 3x_3 = 0, \\ -x_1 + 2x_2 + 2x_3 = 0; \end{cases}$

(5) $\begin{cases} x_1 + x_2 + x_3 + x_4 = 0, \\ x_1 + 2x_2 + 2x_3 + 3x_4 = 0, \\ 2x_1 + 3x_2 + 3x_3 + 4x_4 = 0. \end{cases}$

2. 已知总成本 y 是产品数量 x 的二次函数

$$y = a + bx + cx^2,$$

根据统计资料，产品数量与总成本间有如下表的数据，试求成本函数.

时期	第一期	第二期	第三期
产品数量(件)	1	2	3
总成本(万元)	4	9	16

8 概率初步

8.1 随机事件与概率

8.1.1 随机事件及其运算

1. 必然事件与随机事件

在自然界和人的社会生活中我们常遇到各种各样的现象,这些现象大体可分为两类:一类是必然现象(或确定性现象),另一类是随即现象(或偶然现象).

在一定条件下有确定结果的现象称为必然现象.例如

(1) 太阳每天从东方升起.

(2) 向上抛一块石头必然下落.

(3) 标准大气压下,水加热到 100 ℃,必然沸腾.

在个别试验中呈现出不确定性,在大量重复试验中其结果又具有统计规律性的现象,我们称之为**随机现象**.例如

(1) 投掷一枚硬币,可能出现正面,也可能出现反面,投掷前无法确定.

(2) 从含有 2 件次品的 10 件商品中任意抽取 3 件,抽到的次品件数可能是 0,可能是 1,也可能是 2,抽取前不能确定抽到的次品数.

(3) 用同一门炮向同一目标射击,各次弹着点不尽相同,在射击之前无法预测弹着点的确切位置.

这类现象均是随机现象.对随机现象进行一次具体的观察,其结果具有偶然性,不确定性.但在大量重复试验或观察之下,它的结果却呈现出某种规律性.例如多次重复抛一枚硬币,得到正面朝上的次数大致有一半.

同一门炮射击一定目标的弹着点按一定的规律分布.

我们把这种在大量重复试验或观测下,其结果所呈现出的固有规律性,称为统计规律性.概率论与数理统计就是研究和揭示随机现象统计规律性的一门数学学科.

2. 随机试验与随机事件

我们遇到过各种试验.对某一事物的某一特征的观察也认为是一种试验.下面举一些试验的例子.

E_1:抛一枚硬币,观察正面 H、反面 T 出现的情况;

E_2:掷一颗骰子,观察出现的点数;

E_3：记录 110 报警台一天接到的报警次数；

E_4：在一批灯泡中任意抽取一只，测试它的寿命；

E_5：记录某物理量（长度、直径等）的测量误差；

E_6：在区间 $[0,1]$ 上任取一点，记录它的坐标.

上面举出了六个试验的例子，它们有着共同的特点. 例如，试验 E_1 有两种可能的结果，出现 H 或者出现 T，且这个试验可以在相同条件下重复地进行. 又如试验 E_4，我们知道灯泡的寿命（以小时计）$t \geqslant 0$，但在测试之前不能确定它的寿命有多长，这一试验也可以在相同条件下重复地进行. 概括起来，这些试验具有以下的特点：

(1) 可以在相同的条件下重复地进行；

(2) 试验的所有可能结果是事先知道的，而且不止一个；

(3) 进行一次试验之前不能确定哪一个结果会出现.

在概率论中，我们将具有上述特点的试验称为**随机试验**.

在一定条件下，随机试验中可能出现的每一种结果称为**随机事件**，简称事件，常用大写字母 A,B,C 等来表示.

随机事件中，不能再分的事件称为**基本事件**或**样本点**. 由若干个基本事件组成的事件称为**复合事件**.

我们将随机试验 E 的所有可能结果组成的集合称为试验 E 的样本空间，记为 Ω. 显然事件是样本空间的某种子集. 设 A 是一个随机事件，即 A 是 Ω 的一个子集. 我们说事件 A 发生，是指试验的结果（样本点）出现在集合 A 中.

例 1　在投掷一枚骰子的试验中，可能出现的点数是 $1,2,3,4,5,6$. 每次掷出的点数都是一个基本事件（或样本点），所有的样本点的集合 $\{1,2,3,4,5,6\}$ 就是样本空间 Ω. 我们记

(1) A 为“掷出的点数是 6”；

(2) B 为“点数小于 5”；

(3) C 为“点数小于 5 的偶数”.

A,B,C 均为事件，事件 A 为基本事件. 事件 B 和 C 是复合事件. 事件 C 由“点数为 2”和“点数为 4”两个基本事件复合而成.

若 Ω 的子集 $A_1=\{1,3,5\}$，$A_2=\{4,5,6\}$，则 A_1 表示“掷出了奇数点”这样一个事件，A_2 表示“掷出的点数大于 3”这样一个事件. 若一次试验掷出的点数等于 5，由于 5 属于集合 A_1，也属于 A_2，则事件 A_1 和 A_2 都发生了，这时我们说事件 A_1 和 A_2 同时发生.

注意：

(1) 由于 Ω 包含了所有样本点，故试验的结果一定出现在 Ω 中，即一次试验 Ω 一定发生，因此我们说 Ω 为**必然事件**.

(2) 在一定条件下，必然不会发生的事件称为**不可能事件**，记为 $\varnothing$.

例如，在含2件次品的10件产品中任取3件，取出的全是次品是不可能事件，取出的3件产品至少有1件正品是必然事件.

3. 随机事件的关系与运算

既然事件可用集合来表示，那么事件的关系和运算自然应当按照集合论中集合之间的关系和集合的运算来处理.下面给出这些关系和运算在概率论中的提法，并根据“事件发生”的含义，给出它们概率意义.

(1) 事件的包含与相等：若事件A发生必然导致事件B发生，则称事件B包含事件A，记为$B \supset A$或者$A \subset B$.

如果$A \subset B$且$B \subset A$，即$A = B$，则称事件A与事件B相等.

(2) 事件的和：事件A与事件B至少有一个发生的事件称为事件A与事件B的和事件，记为$A \cup B$.事件$A \cup B$发生意味着：或事件A发生，或事件B发生，或事件A与事件B都发生.

事件的和可以推广到多个事件的情景，设有n个事件$A_1, A_2, \cdots, A_n$，定义它们的和事件为$\{A_1, A_2, \cdots, A_n$中至少有一个发生$\}$，记为$\bigcup\limits_{i=1}^{n} A_i$.

例2 在投掷一枚骰子的试验中，记

$$A = \text{“点数为奇数”},$$
$$B = \text{“点数小于 5”},$$

则$A \cup B = \{1,2,3,4,5\}$.

(3) 事件的积：事件A与事件B都发生的事件称为事件A与事件B的积事件，记为$A \cap B$，也简记为AB.

类似地，可以定义n个事件$A_1, A_2, \cdots, A_n$的积事件$\bigcap\limits_{i=1}^{n} A_i = \{A_1, A_2, \cdots, A_n$都发生$\}$.

在例2中，事件A与B的积为

$$A \cap B = \{1,3\}.$$

(4) 事件的差：事件A发生而事件B不发生的事件称为事件A与事件B的差事件，记为$A - B$.

在例2中，事件A与B的差为

$$A - B = \{5\}.$$

(5) 互斥事件：若事件A与事件B不能同时发生，即$AB = \varnothing$，则称事件A与事件B是互斥的，或互不相容的.若事件$A_1, A_2, \cdots, A_n$中的任意两个都互斥，则称这些事件是两两互斥的.

比如，在投掷一枚骰子的试验中，“点数小于3”和“点数大于4”这两个事件是互斥事件.

(6) 对立事件：“A不发生”的事件称为事件A的对立事件(或逆事件)，记为$\overline{A}$.A

和 $\overline{A}$ 满足 $A\cup\overline{A}=\Omega$，$A\overline{A}=\varnothing$，$\overline{\overline{A}}=A$.

例如，在投掷一枚骰子的试验中记 A 为事件“点数为偶数”，则 $\overline{A}$ 为事件“点数为奇数”.

(7) 事件运算满足的定律：设 A,B,C 为事件，则有

交换律：$A\cup B=B\cup A$，$AB=BA$；

结合律：$(A\cup B)\cup C=A\cup(B\cup C)$，$(AB)C=A(BC)$；

分配律：$(A\cup B)C=(AC)\cup(BC)$，$(AB)\cup C=(A\cup C)(B\cup C)$；

对偶律：$\overline{A\cup B}=\overline{A}\cap\overline{B}$，$\overline{A\cap B}=\overline{A}\cup\overline{B}$.

这些运算律和集合的运算律是一致的，我们可以利用集合论的概念和方法来分析事件之间的关系及运算. 特别的，可以利用在集合论中广泛使用的文氏图表示事件间的关系.

概率论		集合论	文氏图
样本空间 （必然事件）	Ω 随机试验的所有基本结果	全集	
样本点 （基本事件）	ω 随机试验的基本结果	Ω 的元素集	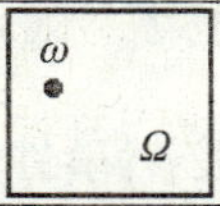
事件	A	Ω 的子集	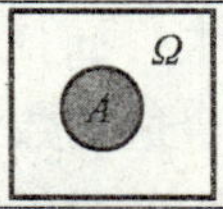
对立事件	$\overline{A}$ A 不发生	A 的补集	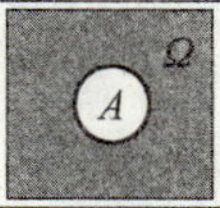
不可能事件	$\varnothing$	空集	
事件的和	$A\cup B$ A 发生或 B 发生	A,B 的并	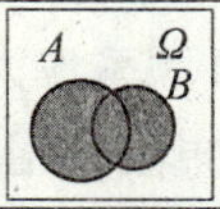
事件的积	$A\cap B$ A,B 同时发生	A,B 的交	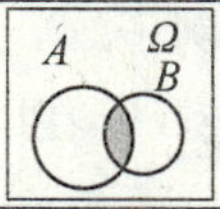
事件的差	$A-B$ A 发生而 B 不发生	A,B 的差	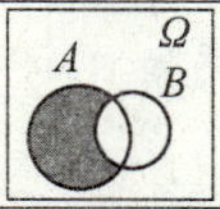
互斥事件	$A\cap B=\varnothing$ A,B 不同时发生	A,B 互不相交	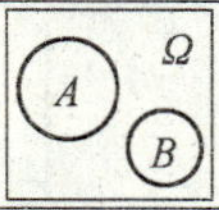
蕴含	$B\subset A$ B 发生导致 A 发生	B 包含于 A	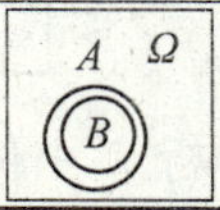

例 3 向指定目标射三枪，观察射中目标的情况. 用 A_1,A_2,A_3 分别表示事件“第一、二、三枪击中目标”，试用 A_1,A_2,A_3 表示以下各事件：

(1) 只击中第一枪；(2) 只击中一枪；(3) 三枪都没击中；(4) 至少击中一枪.

解 (1) 事件“只击中第一枪”，意味着第二枪不中，第三枪也不中. 所以可以表示成 $A_1\overline{A_2}\,\overline{A_3}$.

(2) 事件“只击中一枪”，并不指定哪一枪击中，三个事件“只击中第一枪”、“只击中第二枪”、“只击中第三枪”中，任意一个发生，都意味着事件“只击中中一枪”发生. 同时，因为上述三个事件互不相容，所以可以表示成 $A_1\overline{A_2}\,\overline{A_3}+\overline{A_1}A_2\overline{A_3}+\overline{A_1}\,\overline{A_2}A_3$.

(3) 事件“三枪都没击中”，就是事件“第一、二、三枪都未击中”. 所以可以表示成 $\overline{A_1}\,\overline{A_2}\,\overline{A_3}$.

(4) 事件“至少击中一枪”，就是事件“第一、二、三枪至少有一次击中”，所以可以表示成 $A_1\cup A_2\cup A_3$ 或 $A_1\overline{A_2}\,\overline{A_3}+\overline{A_1}A_2\overline{A_3}+\overline{A_1}\,\overline{A_2}A_3+A_1A_2\overline{A_3}+A_1\overline{A_2}A_3+\overline{A_1}A_2A_3+A_1A_2A_3$.

8.1.2 随机事件的概率

除必然事件和不可能事件外，对于一个事件来说，它在一次试验中可能发生，也可能不发生，我们常常希望知道某些事件在一次试验中发生的可能性有多大，并希望找到一个合适的数来表示这种可能性的大小.

人们经过长期的实践发现，当重复试验的次数 n 增大时，事件出现的频率在 0 与 1 之间的某个确定的常数附近摆动，并逐渐稳定于此常数，也就是说事件的频率具有一定的稳定性.

由于事件 A 发生的频率是它发生的次数与试验次数之比，其大小表示 A 发生的频繁程度. 频率愈大，事件 A 发生愈频繁，这意味着 A 在一次试验中发生的可能性愈大. 直观的想法是用频率来表示 A 在一次试验中发生的可能性的大小. 但是否可行，先看下面的例子.

引例 在同样条件下，多次抛一硬币，考察“正面朝上”的次数.

试验者	n	n_A	频率
德·摩根	2 048	1 061	0.518 1
蒲丰	4 040	2 048	0.506 9
K. 皮尔逊	12 000	6 019	0.501 6
K. 皮尔逊	24 000	12 012	0.500 5

分析 引例中，频率在 0.5 附近摆动，当 n 增大时，出现正面的频率在 0.5 这个常数附近摆动，这个确定的常数称为相应事件发生的概率.

1. 概率的统计定义

在一个随机试验中，如果随着试验次数的增大，事件 A 发生的频率 $\frac{n_A}{n}$ 稳定地在某一常数 p 附近摆动，则称事件 A 发生的概率为 p，记作

$$P(A)=p.$$

根据概率的统计定义，概率具有以下性质：

(1) 对于每一个事件 A，有

$$0\leqslant P(A)\leqslant 1;$$

(2) 必然事件的概率等于 1，即

$$P(\Omega)=1;$$

(3) 不可能事件的概率等于 0，即

$$P(\varnothing)=0.$$

2. 古典概型及其概率

还有一些特殊类型的概率，如抛掷一枚硬币，只有两种结果，而且两种结果等可能. 同样，抛掷一颗质地均匀的骰子，它只有 6 种不同的结果，而且出现 6 种结果的可能性相同.

理论上，具有下面两个特点的随机试验的概率模型，称为**古典概型**：

(1) 基本事件的总数是有限的，换句话说样本空间仅含有有限个样本点；

(2) 每个基本事件发生的可能性相同.

下面介绍古典概型事件概率的计算公式. 设 Ω 为随机试验 E 的样本空间，其中所含样本点总数为 n，A 为一随机事件，其中所含样本点数为 r，则有

$$P(A)=\frac{r}{n}=\frac{A\text{ 中样本点数}}{\Omega\text{ 中样本点总数}}$$

例 4　掷一枚质地均匀的骰子，求出现奇数点的概率.

解　显然样本空间 $\Omega=\{1,2,3,4,5,6\}$，样本点总数 $n=6$，而事件“出现奇数点”用 A 表示，则 $A=\{1,3,5\}$，所含样本点数 $r=3$，从而

$$P(A)=\frac{r}{n}=\frac{3}{6}=\frac{1}{2}.$$

由此可见，古典概型求事件 A 的概率的关键在于寻求基本事件总数(或样本点总数)n 和 A 所含基本事件数(或 A 所含样本点数)r，而在求 n 和 r 时往往要利用排列、组合的有关知识，希望读者认真复习这方面的基本知识.

例 5　设盒中有 8 个球，其中红球 3 个，白球 5 个.

(1) 若从中随机取出一球，用 A 表示{取出的是红球}，B 表示{取出的是白球}，求 $P(A)$，$P(B)$；

(2) 若从中随机取出两球，用 C 表示{两个都是白球}，D 表示{一红一白}，求

$P(C),P(D)$；

(3) 若从中随机取出5个球，设E表示{取到的5个球中恰有2个白球}，求$P(E)$.

解 (1) 从8个球中随机取出1个球，取出方式有C_8^1种，即基本事件的总数为C_8^1，事件A包含的基本事件的个数为C_3^1，事件B包含的基本事件的个数为C_5^1. 故

$$P(A)=\frac{C_3^1}{C_8^1}=\frac{3}{8},P(B)=\frac{C_5^1}{C_8^1}=\frac{5}{8}.$$

(2) 从8个球中随机取出2个球，基本事件的总数为C_8^2，事件C包含的基本事件的个数为C_5^2，事件D包含的基本事件的个数为$C_3^1C_5^1$. 故

$$P(C)=\frac{C_5^2}{C_8^2}=\frac{5\times 4}{2\times 1}\times\frac{2\times 1}{8\times 7}=\frac{5}{14}\approx 0.357;$$

$$P(D)=\frac{C_3^1C_5^1}{C_8^2}=\frac{3\times 5\times 2\times 1}{8\times 7}=\frac{15}{28}\approx 0.536.$$

读者可以自已算一算取出2个都是红球的概率是多少.

(3) 从8个球中任取5个球，基本事件的总数为C_8^5，{取到的5个球中恰有2个白球}包含的基本事件的个数为$C_3^3\times C_5^2$. 故

$$P(E)=\frac{C_3^3\times C_5^2}{C_8^5}=\frac{1\times 5\times 4}{2\times 1}\times\frac{5\times 4\times 3\times 2\times 1}{8\times 7\times 6\times 5\times 4}\approx 0.179.$$

8.1.3 概率的加法和乘法公式

1. 概率的加法公式

对于任意两事件A,B有

$$P(A\cup B)=P(A)+P(B)-P(AB).$$

可推广多个事件的加法，如对于任意事件A,B,C有

$$P(A\cup B\cup C)=P(A)+P(B)+P(C)-P(AB)-P(AC)-P(BC)+P(ABC).$$

特别地，

(1) 当A与B互斥时，$P(A\cup B)=P(A)+P(B)$.

(2) $P(B-A)=P(B)-P(AB)$.

当$A\subset B$时，$P(B-A)=P(B)-P(A)$，且$P(A)\leqslant P(B)$.

(3) 对于任一事件A，有$P(\overline{A})=1-P(A)$.

例6 设事件A,B的概率分别为$\frac{1}{3},\frac{1}{2}$，在下列三种情况下分别求$P(B\overline{A})$的值：

(1) A与B互斥；(2) $A\subset B$；(3) $P(AB)=\frac{1}{8}$.

解 由性质(3)$P(B\overline{A})=P(B)-P(AB)$.

(1) 因为A与B互斥，所以$AB=\varnothing$，$P(B\overline{A})=P(B)-P(AB)=P(B)=\frac{1}{2}$；

(2) 因为 $A \subset B$，所以 $P(B\overline{A}) = P(B) - P(AB) = P(B) - P(A) = \frac{1}{2} - \frac{1}{3} = \frac{1}{6}$；

(3) $P(B\overline{A}) = P(B) - P(AB) = \frac{1}{2} - \frac{1}{8} = \frac{3}{8}$.

例 7　设 A, B 为随机事件，且 $P(A) = 0.7, P(AB) = 0.3$，求 $P(A\overline{B})$.

解　$P(A\overline{B}) = P(A - B) = P(A) - P(AB) = 0.7 - 0.3 = 0.4$.

2. 条件概率

在实际问题中，常常会遇到这样的问题：在已知事件 A 发生的条件下，求事件 B 发生的概率. 这时，因为求 B 的概率是在已知 A 发生的条件下，所以称为在事件 A 发生的条件下事件 B 发生的**条件概率**，记为 $P(B \mid A)$.

例如，在一批产品中任取一件，已知是合格品，问它是一等品的概率；在一人群中任选一人，被选中的人男性，问他是色盲的概率，等等，这些问题都是条件概率问题.

显然，当 $P(A) \neq 0$，有

$$P(B \mid A) = \frac{P(AB)}{P(A)}.$$

条件概率公式揭示了条件概率与事件概率 $P(B), P(AB)$ 三者之间的关系.

例 8　在全部产品中有 4% 是废品，有 72% 为一等品. 现从中任取一件为合格品，求它是一等品的概率.

解　设 A 表示“任取一件为合格品”，B 表示“任取一件为一等品”，$P(A) = 96\%$，$P(AB) = P(B) = 72\%$，注意 $B \subset A$，则所求概率为

$$P(B \mid A) = \frac{P(AB)}{P(A)} = \frac{72\%}{96\%} = 0.75.$$

由条件概率的定义，我们可以得到一个非常有用的公式，这就是概率的乘法公式.

3. 乘法公式

设 $P(A) \neq 0$，则有

$$P(AB) = P(A)P(B \mid A).$$

将 A, B 的位置对换，则得乘法公式的另一种形式

$$P(AB) = P(B)P(A \mid B)(P(B) \neq 0).$$

利用乘法公式可以计算积事件的概率，乘法公式可以推广到 n 个事件的情形：若 $P(A_1A_2\cdots A_n) > 0$，则 $P(A_1A_2\cdots A_n) = P(A_1)P(A_2 \mid A_1)\cdots P(A_n \mid A_1\cdots A_{n-1})$.

例 9　在 10 个产品中，有 2 个次品，不放回地抽取 2 次产品，每次取一个，求取到的两个产品都是次品的概率.

解　设 A 表示“第一次取产品取到次品”，B 表示“第二次取产品取到次品”，则

$$P(A) = \frac{2}{10} = \frac{1}{5}, P(B \mid A) = \frac{1}{9},$$

故

$$P(AB)=P(A)P(B\mid A)=\frac{1}{5}\times\frac{1}{9}=\frac{1}{45}.$$

8.1.4 全概率公式与贝叶斯公式

为了计算复杂事件的概率,经常把一个复杂事件分解为若干个互不相容的简单事件的和,通过分别计算简单事件的概率,来求得复杂事件的概率.

1. 全概率公式

$A_1,A_2,\cdots,A_n$ 为样本空间 Ω 的一个事件组,且满足:

(1) $A_1,A_2,\cdots,A_n$ 互不相容,且 $P(A_i)>0(i=1,2,\cdots,n)$;

(2) $A_1\cup A_2\cup\cdots\cup A_n=\Omega$,则对 Ω 中的任意一个事件 B 都有

$$P(B)=P(A_1)P(B\mid A_1)+P(A_2)P(B\mid A_2)+\cdots+P(A_n)P(B\mid A_n).$$

例 10 设一仓库有一批产品,已知其中 50%,30%,20% 依次是甲、乙、丙厂生产的,且甲、乙、丙厂生产的次品率分别为 5%,4%,3%,现从这批产品中任取一件,求取得次品的概率.

解 以 A_1,A_2,A_3 表示诸事件"取得的这箱产品是甲、乙、丙厂生产",以 B 表示事件"取得的产品为次品",于是

$P(A_1)=0.5,P(A_2)=0.3,P(A_3)=0.2$,

$P(B\mid A_1)=0.05,P(B\mid A_2)=0.04,P(B\mid A_3)=0.03$.

由全概率公式有 $P(B)=P(A_1)P(B\mid A_1)+P(A_2)P(B\mid A_2)+P(A_3)P(B\mid A_3)=0.043$.

下面介绍贝叶斯公式.

2. 贝叶斯公式

设 B 是样本空间 Ω 的一个事件,$A_1,A_2,\cdots,A_n$ 为 Ω 的一个事件组,且满足:

(1) $A_1,A_2,\cdots,A_n$ 互不相容,且 $P(A_i)>0(i=1,2,\cdots,n)$;

(2) $A_1\cup A_2\cup\cdots\cup A_n=\Omega$.

则

$$P(A_k\mid B)=\frac{P(A_kB)}{P(B)}=\frac{P(A_k)P(B\mid A_k)}{P(A_1)P(B\mid A_1)+\cdots+P(A_n)P(B\mid A_n)}.$$

这个公式称为贝叶斯公式,也称为后验公式.

例 11 例 13 中若任意抽取一件产品是次品,则该次品为甲厂生产的概率是多少?

解
$$P(A_1\mid B)=\frac{P(A_1B)}{P(B)}$$
$$=\frac{P(A_1)P(B\mid A_1)}{P(A_1)P(B\mid A_1)+P(A_2)P(B\mid A_2)+P(A_3)P(B\mid A_3)}$$

$$= \frac{0.5 \times 0.05}{0.043} = \frac{25}{43} \approx 0.581.$$

8.1.5 事件的独立性

设 A,B 是两个事件，一般而言 $P(A) \neq P(A \mid B)$，这表示事件 B 的发生对事件 A 的发生的概率有影响，只有当 $P(A) = P(A \mid B)$ 时才可以认为 B 的发生与否对 A 的发生毫无影响，这时就称两事件是独立的. 这时，由条件概率可知，

$$P(AB) = P(B)P(A \mid B) = P(B)P(A) = P(A)P(B).$$

由此，我们引出下面的事件的独立性概念：

若两事件 A,B 满足 $P(AB) = P(A)P(B)$，则称 A,B 相互独立.

性质 若四对事件 $\{A,B\}$，$\{\overline{A},B\}$，$\{A,\overline{B}\}$，$\{\overline{A},\overline{B}\}$ 中有一对是相互独立的，则另外三对也是相互独立的.

例 12 两门高射炮彼此独立地射击一架敌机，设甲炮击中敌机的概率为 0.9，乙炮击中敌机的概率为 0.8，求敌机被击中的概率.

解 设 $A = \{$甲炮击中敌机$\}$，$B = \{$乙炮击中敌机$\}$，那么$\{$敌机被击中$\} = A \cup B$. 因为 A 与 B 相互独立，所以有

$$\begin{aligned} P(A \cup B) &= P(A) + P(B) - P(AB) = P(A) + P(B) - P(A)P(B) \\ &= 0.9 + 0.8 - 0.9 \times 0.8 = 0.98. \end{aligned}$$

习题 8.1

1. 写出下列随机试验的样本空间：

(1) 同时抛两枚硬币，观察正反面情况；

(2) 同时掷两颗骰子，观察两颗骰子出现的点数之和；

(3) 生产产品直到得到第 10 件正品为止，记录生产产品的总数.

2. 设 A,B,C 为三个事件，试用 A,B,C 的运算关系式表示下列事件：

(1) A 发生，B,C 都不发生；

(2) A 与 B 发生，C 不发生；

(3) A,B,C 都发生；

(4) A,B,C 至少有一个发生；

(5) A,B,C 都不发生；

(6) A,B,C 不都发生；

(7) A,B,C 至多有 2 个发生；

(8) A,B,C 至少有 2 个发生.

3. 问事件“A,B 至少发生一个”与事件“A,B 至多发生一个”是否为对立事件？

4. 请用语言描述下列事件的对立事件.

(1) A 表示"掷两枚硬币,都出现正面";

(2) B 表示"生产四个零件,至少有一个合格".

5. 10 个产品中有 7 个正品、3 个次品.

(1) 不放回地每次从中任取一个,共取 3 次,求取到 3 个次品的概率;

(2) 每次从中任取一个,有放回地取 3 次,求取到 3 个次品的概率.

6. 袋中有 8 个球,其中红球 5 个白球 3 个,从袋中取球两次,每次随机地取一个球,取后不放回,求:

(1) 第一次取到白球,第二次取到红球的概率;

(2) 两次取得一红球一白球的概率.

7. 设 $P(A)=\frac{1}{3}$,$P(B)=\frac{1}{2}$,试就以下三种情况分别求 $P(B\overline{A})$:

(1) $AB=\varnothing$;

(2) $A\subset B$;

(3) $P(AB)=\frac{1}{8}$.

8. 设一批产品共100件,其中98件正品,2件次品,从中任意抽取3件(分三种情况:一次拿3件;每次拿1件,取后放回拿3次;每次拿1件,取后不放回拿3次),试求:

(1) 取出的3件中恰有1件是次品的概率;

(2) 取出的3件中至少有1件是次品的概率.

9. 设 $P(A)=0.5, P(A\bar{B})=0.3$,求 $P(B\mid A)$.

10. 设 $P(A)=0.25, P(B\mid A)=\frac{1}{3}, P(A\mid B)=\frac{1}{2}$,求 $P(A\cup B)$.

11. 一批产品有4%废品,而合格品中一等品占55%,从这批产品中任选一件,求这件产品是一等品的概率.

12. 已知某厂生产的灯泡寿命在一万小时的概率为0.8,在二万小时的概率为0.2,试求已用一万小时的灯泡能用两万小时的概率.

13. 两台车床加工同样的零件，第一台出现废品的概率为0.03，第二台出现废品的概率为0.02，加工出来的零件放在一起，并且已知第一台加工的零件比第二台加工的零件多一倍，求任取一零件是合格品的概率.

14. 某工厂中，三台机器分别生产某种产品总数的25%，35%，40%，它们生产的产品中分别有5%，4%，2%的次品，将这些产品混在一起，今随机地取一产品，问它是次品的概率是多少？又问这次品是由三台机器中的哪台机器生产的概率最大？

8.2 随机变量及其分布

8.2.1 随机变量的概念

1. 随机变量

很多随机现象的结果(随机事件)与数值密切相关. 如，投掷一个骰子，观察其出现的点数，可能的结果可分别由1，2，3，4，5，6来表示；观察一个灯泡的使用寿命，实际使用寿命可能是$[0,+\infty)$中的任何一个实数；还有产品抽检中出现的废品数等可用一个变量表示，随机事件变量取不同的值表示不同的随机事件发生.

引例 从含有2件次品的10件商品中任意抽取3件，我们用

$X=0$表示抽到的0件次品；

$X=1$表示抽到的1件次品；

$X=2$表示抽到的2件次品；

$X\leqslant 1$表示抽到的次品不多于1件.

这种用来表示随机事件结果的变量称为随机变量. 通常用$X,Y,Z,\cdots$或$X_1,X_2,\cdots$来表示.

在测试灯泡寿命的试验中，$\{Y\leqslant 1\,000\}$表示"灯泡寿命不超过1 000小时". $\{1\,000\leqslant Y\leqslant 1\,500\}$表示"灯泡寿命在1 000小时到1 500小时之间"，等等.

用随机变量描述事件，可以把各个事件联系起来，研究随机试验的全貌.

2. 随机变量的分类

随机变量按其取值情况通常分为以下两类.

(1) 若随机变量X只取有限多个或可列无限多个值，则称X为离散型随机变量. 例如掷骰子出现的点数X，取值范围为$\{1,2,3,4,5,6\}$；110报警台一天接到的报

警次数 Z,取值范围为$\{0,1,2,\cdots\}$等,这类随机变量称为离散型随机变量.

(2) 若随机变量 X 取值为某个区间,则称 X 为连续型随机变量. 例如灯泡的寿命等.

8.2.2 离散型随机变量及其分布律

设 $X_1, X_2, \cdots$ 是随机变量 X 的所有可能取值,我们知道对每个 x_i,$\{X=x_i\}$ 是 Ω 上的一个随机事件,人们往往关心这些事件发生的可能性,也即 X 取每一个可能值 x_i 的概率.

1. 离散型随机变量的概率分布

设离散型随机变量 X 的所有取值为 $x_1, x_2, \cdots, x_n, \cdots$,且 X 取这些值的概率为 $P\{X=x_k\}=p_k(k=1,2,\cdots,n,\cdots)$,则称上述一系列等式为随机变量 X 的概率分布.

为了直观起见,有时将 X 的取值及其对应的概率列表如下:

X	x_1	x_2	$\cdots$	x_n	$\cdots$
P	p_1	p_2	$\cdots$	p_n	$\cdots$

我们称此表为离散型随机变量 X 的概率分布表. 式子 $P\{X=x_k\}=p_k(k=1,2,\cdots,n,\cdots)$ 和概率分布表都称为离散型随机变量 X 的分布律.

由概率的定义知,离散型随机变量 X 的概率分布具有以下两个性质:

(1) $p_k \geqslant 0(k=1,2,\cdots,n,\cdots)$(非负性);

(2) $\sum\limits_{k=1} p_k = 1$(归一性).

这里当 X 取有限个值 n 时,记号为 $\sum\limits_{k=1}^{n}$;当 X 取无限可列个值时,记号为 $\sum\limits_{k=1}^{\infty}$.

例 1 设离散型随机变量 X 的分布律为

X	0	1	2
p_k	0.2	c	0.5

求常数 c.

解 由分布律的性质知

$$1=0.2+c+0.5,$$

解得 $c=0.3$.

例 2 设袋中装有 6 个球,编号为$\{-1,2,2,2,3,3\}$,从袋中任取一球,求取到的球的号 X 的分布律.

解 因为 X 可取的值为 $-1,2,3$,而且 $P\{X=-1\}=\dfrac{1}{6}$,$P\{X=3\}=\dfrac{1}{3}$,

$P\{X=2\}=\dfrac{1}{2}$,所以 X 的分布律为

X	-1	2	3
p_k	$\frac{1}{6}$	$\frac{1}{2}$	$\frac{1}{3}$

例 3　袋子中有 5 个同样大小的球,编号为 1,2,3,4,5. 从中同时取出 3 个球,记 X 为取出的球的最大编号,求 X 的分布律.

解　X 的取值为 3,4,5,由古典概型的概率计算方法,得

$P\{X=3\}=\dfrac{1}{C_5^3}=\dfrac{1}{10}$,　(三个球的编号为 1,2,3)

$P\{X=4\}=\dfrac{C_3^2}{C_5^3}=\dfrac{3}{10}$,　(有一球编号为 4,从 1,2,3 中任取 2 个的组合与数字 4 搭配成 3 个)

$P\{X=5\}=\dfrac{C_4^2}{C_5^3}=\dfrac{6}{10}$,　(有一球编号为 5,另两个球的编号小于 5)

则 X 的分布律为

X	3	4	5
p_k	$\frac{1}{10}$	$\frac{3}{10}$	$\frac{6}{10}$

2. 常用离散型随机变量及其分布律

下面介绍几种常用的离散型随机变量的概率分布(简称分布).

(1) 两点分布

如果随机变量 X 只可能取 0 和 1 两个值,且它的概率分布为

$$P\{X=k\}=p^k(1-p)^{1-k},k=0,1(0<p<1),$$

则称 X 服从两点分布(或 0－1 分布),两点分布的概率分布表为

X	1	0
P	p	$1-p$

(2) 二项分布

设在一次试验中我们只考虑两个互逆的结果: A 或非 A,或者形象地把两个互逆结果叫做"成功"和"失败". 再设我们重复地进行 n 次独立试验,每次试验成功的概率都是 p,失败的概率都是 $q=1-p$. 这样的 n 次独立重复试验称作 n 重贝努里试验,简称贝努里试验或贝努里概型,且有

$$P_n(k)=C_n^k p^k q^{n-k}(k=0,1,\cdots,n,0<p<1,q=1-p).$$

二项分布描述的是 n 重贝努里试验中出现"成功"次数 X 的概率分布.

如果随机变量 X 只可能取的值为 $0,1,2,\cdots,n$,它的分布列为

$P\{X=k\}=C_n^k p^k q^{n-k}(k=0,1,2,\cdots,n)$,其中 $0<p<1,q=1-p$,
则称 X 服从参数为 n,p 的二项分布,记为 $X\sim B(n,p)$.

二项分布是一种常用分布,如一批产品的不合格率为 p,检查 n 件产品,n 件产品中不合格品数 X 服从二项分布;调查 n 个人,n 个人的色盲人数 Y 服从参数为 n,p 的二项分布,其中 p 为色盲率;n 部机器独立运转,每台机器出故障的概率为 p,则 n 部机器中出故障的机器数 Z 服从二项分布.

例 4 某车间有 8 台 5.6 千瓦的车床,每台车床由于工艺上的原因,常要停车.设各车床停车是相互独立的,每台车床平均每小时停车 12 分钟.

(1) 求在某一指定的时刻车间恰有两台车床停车的概率;

(2) 全部车床用电超过 30 千瓦的可能有多大?

解 由于每台车床使用是独立的,而且每台车床只有开车与停车两种情况,停车的概率为 $\frac{12}{60}=0.2$,因此,这是一个 8 重贝努里试验.若用 X 表示任意时刻同时工作的车床数,则 $X\sim B(8,0.8)$,其分布律为 $P\{X=k\}=C_8^k(0.8)^k(0.2)^{8-k}(k=0,1,2,\cdots,8)$.

(1) 所求概率为 $P\{X=6\}=C_8^6(0.8)^6(0.2)^2\approx 0.2936$.

(2) 由于 30 千瓦的电量只能供 5 台车床同时工作,"用电超过 30 千瓦"意味着有 6 台或 6 台以上的车床同时工作.这一事件的概率为

$$\begin{aligned}P\{X\geqslant 6\}&=P\{X=6\}+P\{X=7\}+P\{X=8\}\\&=C_8^6(0.2)^2(0.8)^6+C_8^7(0.2)^1(0.8)^7+C_8^8(0.2)^0(0.8)^8\approx 0.7968.\end{aligned}$$

(3) 泊松(Poisson)分布

如果随机变量的取值为 $0,1,2,\cdots$,其相应的概率为

$$P\{X=k\}=\frac{\lambda^k}{k!}e^{-\lambda}(k=0,1,2,\cdots,\lambda>0),$$

则称 X 服从参数为 λ 的泊松分布,记为 $X\sim p(\lambda)$.

泊松分布在各领域中有着广泛的应用,例如某段时间内电话机接到的呼叫次数,候车的乘客数,单位时间内走进商店的顾客数,放射性物质在某段时间内放射的粒子数,纺纱机的断头数,某页书上的印刷错误的个数等等都可以用泊松分布来描述.

例 5 某商店出售某种商品,根据经验,此商品的月销售量 X 服从 $\lambda=3$ 的泊松分布.问在月初进货时要库存多少件此种商品,才能以 99% 的概率满足顾客要求?

解 设月初库存 M 件,依题意 $P\{X=k\}=\frac{3^k}{k!}e^{-3}(k=0,1,2,\cdots)$,

那么 $P\{X\leqslant M\}=\sum\limits_{k=0}^{M}\frac{3^k}{k!}e^{-3}\geqslant 0.99$,即 $\sum\limits_{k=M+1}^{\infty}\frac{3^k}{k!}e^{-3}<0.01$.

查表可知 M 最小是 8，即月初进货时要库存 8 件此商品，才能以 99% 的概率满足顾客要求.

例 6 设 X 服从泊松分布，且已知 $P\{X=1\}=P\{X=2\}$，求 $P\{X=4\}$.

解 设 X 服从参数为 λ 的泊松分布，则

$$P\{X=1\}=\frac{\lambda^1}{1!}e^{-\lambda}, P\{X=2\}=\frac{\lambda^2}{2!}e^{-\lambda}.$$

由已知得

$$\frac{\lambda^1}{1!}e^{-\lambda}=\frac{\lambda^2}{2!}e^{-\lambda}.$$

解得 $\lambda=2$，则

$$P\{X=4\}=\frac{2^4}{4!}e^{-2}=\frac{2}{3}e^{-2}.$$

3. 离散型随机变量的分布函数

对于离散型随机变量 X，它的分布律全面刻画它的概率分布规律. 而对于非离散型的随机变量，就无法用分布律来描述它了.

首先，我们不能将其可能的取值一一地例举出来，如连续型随机变量的取值可充满数轴上的一个区间 (a,b)，甚至是几个区间，也可以是无穷区间. 其次，对于连续型随机变量 X，取任一指定的实数值 x 的概率都等于 0，即 $P\{X=x\}=0$. 于是，如何刻画一般的随机变量的统计规律成了我们的首要问题. 为此，我们引入随机变量分布函数的概念.

(1) 分布函数

设 X 为一个随机变量，称函数

$$F(x)=P\{X\leqslant x\}, x\in(-\infty,+\infty)$$

为 X 的分布函数，它表示 X 落在 $(-\infty,x]$ 内的概率.

注：(1) $F(-\infty)=\lim\limits_{x\to-\infty}F(x)=0, F(+\infty)=\lim\limits_{x\to+\infty}F(x)=1$.

(2) $P\{X\leqslant b\}=F(b), P\{X>a\}=1-F(a), P\{a<X\leqslant b\}=F(b)-F(a)$.

例 7 设离散型随机变量 X 的分布律为

X	0	1	2
P	0.3	0.4	0.3

求 X 的分布函数.

解 当 $x<0$ 时，$F(x)=P\{X\leqslant x\}=0$；

当 $0\leqslant x<1$ 时，$F(x)=P\{X\leqslant x\}=P\{X=0\}=0.3$；

当 $1\leqslant x<2$ 时，$F(x)=P\{X\leqslant x\}=P\{X=0\}+P\{X=1\}=0.7$；

当 $x\geqslant 2$ 时，$F(x)=P\{X\leqslant x\}=P\{X=0\}+P\{X=1\}+P\{X=2\}=1$.

则 X 的分布函数 $F(x)$ 为

$$F(x)=\begin{cases}0, & x<0,\\ 0.3, & 0\leqslant x<1,\\ 0.7, & 1\leqslant x<2,\\ 1, & x\geqslant 2.\end{cases}$$

由分布函数的求法及公式可见，分布函数本质上是一种累计概率.

(2) 分布函数的性质

分布函数有以下基本性质：

① $0\leqslant F(x)\leqslant 1$；

② $F(x)$ 是不减函数，即对任意的 $x_1<x_2$，有 $F(x_1)\leqslant F(x_2)$；

③ $F(+\infty)=1, F(-\infty)=0$，即 $\lim\limits_{x\to-\infty}F(x)=0$，$\lim\limits_{x\to+\infty}F(x)=1$；

④ $F(x)$ 右连续，即 $F(x+0)=\lim\limits_{\Delta x\to 0^+}F(x+\Delta x)=F(x)$.

8.2.3 连续型随机变量及其分布

1. 概率密度函数

设 X 为连续型随机变量，如果存在非负可积函数 $f(x)$，使对一切实数 x，有

$$P\{a\leqslant X\leqslant b\}=\int_a^b f(x)\mathrm{d}x,$$

则称 $f(x)$ 为 X 的**概率密度函数**，简称**概率密度**.

由分布密度的定义及概率的性质可知分布密度 $f(x)$ 必须满足：

(1) $f(x)\geqslant 0$（非负性）；

(2) $\int_{-\infty}^{+\infty}f(x)\mathrm{d}x=1$（完备性）；

(3) $P\{a<X\leqslant b\}=F(b)-F(a)=\int_a^b f(x)\mathrm{d}x$；

(4) 若 $f(x)$ 在点 x 处连续，则 $F'(x)=f(x)$，这是密度函数与分布函数之间的关系.

对于任意实数 a 有 $P\{x=a\}=0$，即连续型随机变量取某一实数值的概率为零. 从而有

$$P\{a<X\leqslant b\}=P\{a<X<b\}=P\{a\leqslant X\leqslant b\}=P\{a\leqslant X<b\}=\int_a^b f(x)\mathrm{d}x.$$

例 8 设连续型随机变量 X 的分布函数为

$$F(x)=\begin{cases}0, & x\leqslant 0,\\ x^2, & 0<x<1,\\ 1, & x\geqslant 1.\end{cases}$$

求：(1) X 的概率密度；(2) X 落在区间$(0.3,0.7)$内的概率.

解　(1) $f(x)=F'(x)=\begin{cases}2x, & 0<x<1,\\ 0, & \text{其他}.\end{cases}$

(2) 有两种解法：

$$P\{0.3<X<0.7\}=F(0.7)-F(0.3)=0.7^2-0.3^2=0.4$$

或者

$$P\{0.3<X<0.7\}=\int_{0.3}^{0.7}f(x)\mathrm{d}x=\int_{0.3}^{0.7}2x\mathrm{d}x=0.4.$$

2. 常用连续型随机变量及其分布

(1) 均匀分布

如果随机变量 X 的概率密度为

$$f(x)=\begin{cases}\dfrac{1}{b-a}, & a\leqslant x\leqslant b,\\ 0, & \text{其他},\end{cases}$$

则称 X 服从$[a,b]$上的均匀分布，记作 $X\sim U[a,b]$.

如果 X 服从$[a,b]$上的均匀分布，那么对于任意满足 $a\leqslant c<d\leqslant b$ 的 c,d，应有

$$P\{c\leqslant X\leqslant d\}=\int_c^d f(x)\mathrm{d}x=\frac{d-c}{b-a}.$$

该式说明 X 取值于$[a,b]$中任意小区间的概率与该小区间的长度成正比，而与该小区间的具体位置无关. 这就是均匀分布的概率意义.

例 9　公共汽车站每隔 15 分钟有一辆汽车通过，乘客在 15 分钟内任一时刻到达汽车站是等可能的，求乘客候车时间在 5 到 10 分钟内的概率.

解　设 X 表示乘客的候车时间，则 $X\sim U(0,15)$，其概率密度为

$$f(x)=\begin{cases}\dfrac{1}{15}, & 0\leqslant x\leqslant 15,\\ 0, & \text{其他}.\end{cases}$$

所求概率为

$$P\{5\leqslant X\leqslant 10\}=\frac{10-5}{15-0}=\frac{1}{3}.$$

(2) 指数分布

如果随机变量 X 的概率密度为 $f(x)=\begin{cases}\lambda\mathrm{e}^{-\lambda x}, & x\geqslant 0,\\ 0, & x<0\end{cases}$ $(\lambda>0)$，则称 X 服从以 λ 为参数的指数分布，记作 $X\sim E(\lambda)$.

指数分布也被称为寿命分布，如电子元件的寿命、电话通话的时间、随机服务系统的服务时间等都可近似看作是服从指数分布的.

例 10　假定打一次电话所用的时间 X(单位：分) 服从参数 $\lambda=\dfrac{1}{10}$ 的指数分布，试

求在排队打电话的人中，

(1) 后一个人等待前一个人的时间超过 10 分钟的概率；

(2) 后一个人等待前一个人的时间在 10 分钟到 20 分钟之间的概率.

解 由题设知 $X \sim E\left(\frac{1}{10}\right)$，故所求概率为

$$P\{X > 10\} = \int_{10}^{+\infty} \frac{1}{10} e^{-\frac{x}{10}} dx = e^{-1} \approx 0.368,$$

$$P\{10 \leqslant X \leqslant 20\} = \int_{10}^{20} \frac{1}{10} e^{-\frac{x}{10}} dx = e^{-1} - e^{-2} \approx 0.233.$$

(3) 正态分布

如果随机变量 X 的概率密度为

$$f(x) = \frac{1}{\sqrt{2\pi}\sigma} e^{-\frac{(x-\mu)^2}{2\sigma^2}} \ (-\infty < x < +\infty, \sigma > 0),$$

则称 X 服从参数为 σ, μ 的正态分布或高斯(Gauss)分布，记为 $X \sim N(\mu, \sigma^2)$.

由微积分知识可知，

(1) 当 $x = \mu$ 时，$f(x)$ 达到最大值 $\frac{1}{\sqrt{2\pi}\sigma}$，在 $x = \mu \pm \sigma$ 处，曲线 $y = f(x)$ 有拐点；

(2) $f(x)$ 的图形关于直线 $x = \mu$ 对称；

(3) $f(x)$ 以 x 轴为渐近线；

(4) 若固定 σ，改变 μ 的值，则曲线 $y = f(x)$ 沿 x 轴平行移动，曲线的几何图形不变；

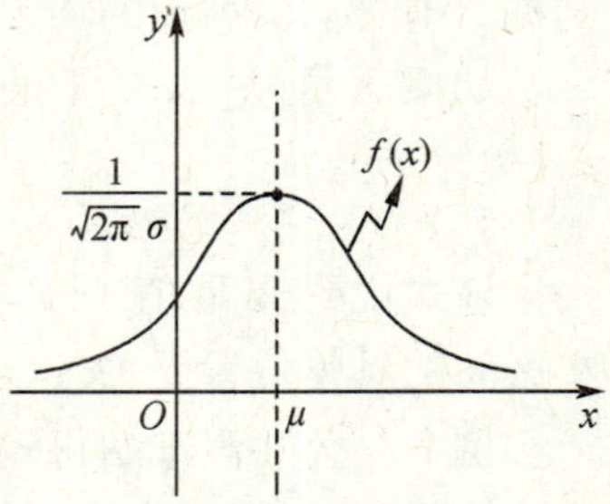

图 8.1

(5) 当 μ 固定时，改变 σ，曲线形状随 σ 的不同而改变. σ 越大，曲线越扁平，即分布越分散；σ 越小，曲线越陡峭，即分布越集中.

特别地，当 $\mu = 0, \sigma^2 = 1$ 时，称 X 服从标准正态分布，即 $X \sim N(0,1)$，密度函数为

$$\varphi(x) = \frac{1}{\sqrt{2\pi}} e^{-\frac{x^2}{2}} \ (-\infty < x < +\infty),$$

分布函数 $\Phi(x) = P\{X < x\} = \int_{-\infty}^{x} \frac{1}{\sqrt{2\pi}} e^{-\frac{t^2}{2}} dt$.（编有专门的标准正态函数表供查用）.

对标准正态分布，有下列等式：

(1) $\Phi(-a) = 1 - \Phi(a) \ (a > 0)$；

(2) $\Phi(0) = \frac{1}{2}$；

(3) $P\{a < X \leqslant b\} = \int_a^b \varphi(x) dx = \Phi(b) - \Phi(a)$；

(4) $P\{|X|\leqslant x\}=2\Phi(x)-1$.

例 11 设 $X\sim N(0,1)$,求:

(1) $P\{X<2.35\}$;(2) $P\{X<-3.03\}$;(3) $P\{|X|\leqslant 1.54\}$;

(4) 求数 $u_{0.025}$,使得 $P\{X>u_{0.025}\}=0.025$.

解 (1) $P\{X<2.35\}=\Phi(2.35)=0.9906$.(查附表 1)

(2) $P\{X<-3.03\}=\Phi(-3.03)=1-\Phi(3.03)=1-0.9995=0.0005$.

(3) $P\{|X|\leqslant 1.54\}=2\Phi(1.54)-1=2\times 0.9382-1=0.8764$.

(4) $P\{X>u_{0.025}\}=0.025$,即

$$1-P\{X\leqslant u_{0.025}\}=0.025,$$

$$\Phi(u_{0.025})=0.975,$$

反查标准正态分布表得 $u_{0.025}=1.96$.

对于一般的正态分布 $X\sim N(\mu,\sigma^2)$,可以通过变量替换化为标准正态分布,

$$P\{a<X<b\}=P\left\{\frac{a-\mu}{\sigma}<t<\frac{b-\mu}{\sigma}\right\}=\Phi\left(\frac{b-\mu}{\sigma}\right)-\Phi\left(\frac{a-\mu}{\sigma}\right).$$

服从正态分布 $N(\mu,\sigma^2)$ 的随机变量 X 落在区间 $(\mu-3\sigma,\mu+3\sigma)$ 内的概率为 $P(\mu-3\sigma<\zeta<\mu+3\sigma)=2\Phi(3)-1=0.9973$,落在该区间外的概率只有 0.0027.也就是说,X 几乎不可能在区间 $(\mu-3\sigma,\mu+3\sigma)$ 之外取值,这就是统计当中的"3σ"原则.

例 12 设 $X\sim N(1.5,4)$,求:

(1) $P\{X<3.5\}$;(2) $P\{1.5<X<3.5\}$;(3) $P\{|X|\geqslant 3\}$.

解 $\mu=1.5,\sigma=2$,记 $F(x)$ 为 X 的分布函数.

(1) $P\{X<3.5\}=F(3.5)=\Phi\left(\dfrac{3.5-1.5}{2}\right)=\Phi(1)=0.8413$.

(2)
$$\begin{aligned}P\{1.5<X<3.5\}&=F(3.5)-F(1.5)=\Phi\left(\frac{3.5-1.5}{2}\right)-\Phi\left(\frac{1.5-1.5}{2}\right)\\&=\Phi(1)-\Phi(0)=0.8413-0.5=0.3413.\end{aligned}$$

(3)
$$\begin{aligned}P\{|X|\geqslant 3\}&=1-P\{|X|<3\}=1-P\{-3<X<3\}\\&=1-F(3)+F(-3)=1-\Phi\left(\frac{3-1.5}{2}\right)+\Phi\left(\frac{-3-1.5}{2}\right)\\&=1-\Phi(0.75)+\Phi(-2.25)\\&=1-0.7734+1-0.9878=0.2388.\end{aligned}$$

习题 8.2

1. 设在 15 只同类型零件中有 2 只为次品，在其中取 3 次，每次任取 1 只，作不放回抽样，以 X 表示取出的次品个数，求：X 的分布律；

2. 设离散型随机变量 X 的分布律为

X	-1	2	3
P	$\frac{1}{4}$	$\frac{1}{2}$	$\frac{1}{4}$

求 $P\left\{X \leqslant \frac{1}{2}\right\}$，$P\left\{\frac{2}{3} < X \leqslant \frac{5}{2}\right\}$，$P\{2 \leqslant X \leqslant 3\}$，$P\{2 \leqslant X < 3\}$.

3. 设事件 A 在每一次试验中发生的概率为 0.3，当 A 发生不少于 3 次时，指示灯发出信号，

(1) 进行了 5 次独立试验，试求指示灯发出信号的概率；

(2) 进行了 7 次独立试验，试求指示灯发出信号的概率.

4. 某公安局在长度为 t 的时间间隔内收到的紧急呼救的次数 X 服从参数为 $\frac{1}{2}t$ 的泊松分布，而与时间间隔起点无关(时间以小时计).

(1) 求某一天中午 12 时至下午 3 时没收到呼救的概率；

(2) 求某一天中午 12 时至下午 5 时至少收到 1 次呼救的概率.

5. 设离散型随机变量 X 的分布律为

X	-1	2	3
P	0.25	0.5	0.25

求概率 $P\{1.5 < X \leqslant 2.5\}, P\{X > 0.5\}$.

6. 设随机变量 X 的分布函数为

$$F(x)=\begin{cases}0, & x<1,\\ \ln x, & 1\leqslant x<\mathrm{e},\\ 1, & x\geqslant \mathrm{e}.\end{cases}$$

求:$P\{X\leqslant 2\}, P\{0<X\leqslant 3\}, P\{2<X\leqslant 2.5\}$.

7. 设某离散型随机变量 X 的分布列为 $P(X=k)=\dfrac{a}{k(k+1)}, k=1,2,\cdots$,求常数 a 的值.

8. 设某种仪器内装有三只同样的电子管,电子管使用寿命 X 的密度函数为

$$f(x)=\begin{cases}\dfrac{100}{x^2}, & x\geqslant 100,\\ 0, & x<100.\end{cases}$$

求:(1) 在开始 150 小时内没有电子管损坏的概率;

(2) 在这段时间内有一只电子管损坏的概率；

9. 设 $X \sim N(1.5,4)$,求(1)$P(X \leqslant 3.5)$；(2)$P(X \leqslant -4)$；(3)$P(|X| \leqslant 3)$.

10. 某人乘汽车去火车站乘火车,有两条路可走.第一条路程较短但交通拥挤,所需时间 X 服从 $N(40,100)$;第二条路程较长,但阻塞少,所需时间 X 服从 $N(50,16)$.

(1) 若动身时离火车开车只有 1 小时,问应走哪条路能乘上火车的把握大些?

(2) 又若离火车开车时间只有 45 分钟,问应走哪条路赶上火车把握大些?

11. 某公共汽车从上午 7:00 起每隔 15 分钟有一趟班车经过某车站,即 7:00,7:15,7:30,… 时刻有班车到达此车站.如果某乘客是在 7:00 至 7:30 等可能地到达此车站候车,问他等候不超过 5 分钟便能乘上汽车的概率.

8.3 随机变量的期望和方差

前面讨论了随机变量的分布函数以及其如何完整地描述随机变量的统计特性和规律.但在一些实际问题中,不需要去全面考察随机变量的整个变化情况,而只需知道随机变量的某些统计特征.

例如,在检查一批棉花的质量时,只需要注意纤维的平均长度,以及纤维长度与平均长度的偏离程度.如果平均长度较大、偏离程度较小,质量就越好.从这个例子看到,某些与随机变量有关的数字,虽然不能完整地描述随机变量,但能概括描述它的基本面貌.这些能代表随机变量的主要特征的数字称为数字特征.

8.3.1 随机变量的数学期望

1. 离散型随机变量的数学期望

例 1 一批灯泡 5 万只，为了评估灯泡的使用寿命（设每只灯泡的寿命是一个随机变量 X（小时）），现从中随机抽取 100 只，测试结果如下：

寿命 t（小时）	1 050	1 100	1 150	1 200	1 250
灯泡数 n（个）	6	20	32	26	16
频率 f	$\frac{6}{100}$	$\frac{20}{100}$	$\frac{32}{100}$	$\frac{26}{100}$	$\frac{16}{100}$

解 可求得该 100 只灯泡的平均寿命为

$$\frac{1\,050\times 6+1\,100\times 20+1\,150\times 32+1\,200\times 26+1\,250\times 16}{100}$$

$$=1\,050\times\frac{6}{100}+1\,100\times\frac{20}{100}+1\,150\times\frac{32}{100}+1\,200\times\frac{26}{100}+1\,250\times\frac{16}{100}$$

$$=1\,163(\text{小时}).$$

由此不难发现由灯泡的平均寿命 $\frac{\sum nt}{N}=\sum\frac{n}{N}t=\sum ft$，数值 $\sum ft$（频率的权重的加权平均）可以用来计算灯泡的平均寿命，且其大小完全由随机变量 t 的分布确定，反映了平均数 $\bar{t}$ 的大小.

设离散型随机变量 X 的分布律为 $P\{X=x_k\}=p_k,k=1,2,3,\cdots$，若级数 $\sum\limits_{k=1}^{\infty}x_kp_k$ 绝对收敛，则称级数 $\sum\limits_{k=1}^{\infty}x_kp_k$ 为随机变量 X 的数学期望，记为 $E(X)$，即 $E(X)=\sum\limits_{k=1}^{\infty}x_kp_k$.

例 2 已知顾客对商店中某种食品每天的需求量 X（单位：袋）的分布如下：

$$X\sim\begin{pmatrix}0 & 1 & 2 & 3 & 4 & 5 & 6 & 7 & 8\\ 0.05 & 0.10 & 0.10 & 0.25 & 0.20 & 0.15 & 0.05 & 0.05 & 0.05\end{pmatrix}$$

每出售一袋食品商店可获利 4 元，但若当天卖不完，每袋食品将损失 3 元，商店希望利润达到极大，那么每天对这种食品应进货多少袋？

解 这种食品平均每天的需求量 $=0\times 0.05+1\times 0.1+2\times 0.1+3\times 0.25+4\times 0.2+5\times 0.15+6\times 0.05+7\times 0.05+8\times 0.05=3.65$（袋）.

例 3 设随机变量 X 服从二项分布 $B(n,p)$，求它的数学期望.

解 由于 $p_k=\mathrm{C}_n^k p^k q^{n-k}(0\leqslant k\leqslant n)$，因而

$$E(X)=\sum_{k=0}^{n}kp_k=\sum_{k=0}^{n}k\mathrm{C}_n^k p^k q^{n-k}$$
$$=np\sum_{k=0}^{n}\mathrm{C}_{n-1}^{k-1}p^{k-1}q^{(n-1)-(k-1)}=np(p+q)^{n-1}=np.$$

例 4 ［投资决策问题］某人有 10 万元现金，打算投资某项目，预估成功的机会为 30%，可得利润 8 万元，失败的几率为 70%，将损失 2 万元. 若存入银行，同期的利率为 5%. 问是否作此投资？

解 设 X 为投资利润，则 X 是一个随机变量，其分布律为

X	8	-2
P	0.3	0.7

$E(X)=8\times0.3+(-2)\times0.7=1$(万元)，而同期存入银行的利息为 $10\times5\%=0.5$(万元)，故应选择投资项目.

2. 连续型随机变量的数学期望

设连续型随机变量 X 的密度函数为 $f(x)$，若积分 $\int_{-\infty}^{+\infty}xf(x)\mathrm{d}x$ 绝对收敛，则称积分 $\int_{-\infty}^{+\infty}xf(x)\mathrm{d}x$ 的值为随机变量 X 的数学期望，记为 $E(X)$.

即 $E(X)=\int_{-\infty}^{+\infty}xf(x)\mathrm{d}x$.

例 5 设随机变量 X 服从 $[a,b]$ 上的均匀分布，求 $E(X)$.

解 由于均匀分布的密度函数为 $f(x)=\begin{cases}\dfrac{1}{b-a}, & a\leqslant x\leqslant b,\\ 0, & \text{其他},\end{cases}$

$$E(X)=\int_a^b xf(x)\mathrm{d}x=\int_a^b\frac{x}{b-a}\mathrm{d}x=\frac{b^2-a^2}{2(b-a)}=\frac{a+b}{2}.$$

3. 数学期望的性质

(1) 设 C 是常数，则有 $E(C)=C$；

(2) 设 X 是随机变量，设 C 是常数，则有 $E(CX)=CE(X)$；

(3) 设 X,Y 是随机变量，则有 $E(X+Y)=E(X)+E(Y)$(该性质可推广到有限个随机变量之和的情况).

8.3.2 随机变量的方差

数学期望描述了随机变量一切可能取值的平均水平，但在一些实际问题中，仅知道平均值是不够的，因为它有很大的局限性，还不能够完全反映问题的实质.

1. 方差

设 X 是一个随机变量，若 $E\{[X-E(X)]^2\}$ 存在，则称 $E\{[X-E(X)]^2\}$ 为 X 的

方差,记为 $D(X)$ 或 $\mathrm{var}(X)$. 即 $D(X)=\mathrm{var}(X)=E\{[X-E(X)]^2\}$,并称 $\sqrt{D(X)}$ 为 X 的标准差.

随机变量 X 的方差表达了 X 的取值与其均值的偏离程度. 按此定义,若 X 是离散型随机变量,分布律为 $P\{X=x_k\}=p_k, k=1,2,\cdots$,则 $D(X)=\sum_{k=1}^{\infty}[x_k-E(X)]^2 p_k$;若 X 是连续型随机变量,密度函数为 $f(x)$,则 $D(X)=\int_{-\infty}^{+\infty}[x-E(X)]^2 f(x)\mathrm{d}x$.

一般情况下,方差常用下面公式计算:$D(X)=E(X^2)-[E(X)]^2$.

事实上

$$\begin{aligned}D(X)&=E\{[X-E(X)]^2\}=E\{X^2-2XE(X)+E^2(X)\}\\&=E(X^2)-2E(X)E(X)+E^2(X)=E(X^2)-E^2(X).\end{aligned}$$

例 6 三人射击,随机变量 X,Y,Z 分别表示三人的命中环数,其分布律分别为

	甲	乙	丙
8 环	0.1	0.4	0.2
9 环	0.8	0.2	0.6
10 环	0.1	0.4	0.2

问三人谁的技术好?

解 $E(X)=9, E(Y)=9, E(Z)=9$.

又 $E(X^2)=8^2\times 0.1+9^2\times 0.8+10^2\times 0.1=81.2$;

所以 $D(X)=E(X^2)-[E(X)]^2=81.2-81=0.2$.

类似可得 $D(Y)=0.8, D(Z)=0.4$.

从稳定性上说,甲技术最好.

例 7 设随机变量 X 服从 $[a,b]$ 上的均匀分布,求 $D(X)$.

解 由于均匀分布的密度函数为

$$f(x)=\begin{cases}\dfrac{1}{b-a}, & a\leqslant x\leqslant b,\\ 0, & \text{其他},\end{cases}$$

$$E(X)=\frac{a+b}{2},$$

$$E(X^2)=\int_a^b \frac{x^2}{b-a}\mathrm{d}x=\frac{b^3-a^3}{3(b-a)}=\frac{b^2+ab+a^2}{3},$$

$$D(X)=\frac{b^2+ab+a^2}{3}-\left(\frac{a+b}{2}\right)^2=\frac{(b-a)^2}{12}.$$

随机变量的方差有以下性质:

(1) 设 C 是常数,则有 $D(C)=0$;

(2) 设 C 是常数,则有 $D(CX)=C^2D(X)$;

(3) 设 X,Y 是相互独立的随机变量，则有 $D(X+Y)=DX+DY$.

8.3.3 几种常见随机变量分布的数学期望与方差

(1) 两点分布 $X\sim(0-1)$，$E(X)=p$，$D(X)=p(1-p)$；

(2) 二项分布 $X\sim B(n,p)$，$E(X)=np$，$D(X)=np(1-p)$；

(3) 泊松分布 $X\sim p(\lambda)$，$E(X)=\lambda$，$D(X)=\lambda$；

(4) 均匀分布 $X\sim U(a,b)$，$E(X)=\dfrac{a+b}{2}$，$D(X)=\dfrac{(b-a)^2}{12}$；

(5) 指数分布 $X\sim E(\lambda)$，$E(X)=\dfrac{1}{\lambda}$，$D(X)=\dfrac{1}{\lambda^2}$；

(6) 正态分布 $X\sim N(\mu,\sigma^2)$，$E(X)=\mu$，$D(X)=\sigma^2$.

习题 8.3

1. 设随机变量 X 的分布律为

X	-1	0	1
P	0.4	0.4	0.2

求 $E(X)$，$E(3X^2+5)$.

2. 袋中有5个乒乓球，编号为1,2,3,4,5，从中任取3个，以 X 表示取出的3个球中最大编号，求 $E(X)$.

3. 设随机变量 X 的密度函数为 $f(x)=\begin{cases}2(1-x), & 0\leqslant x\leqslant 1,\\ 0, & \text{其他},\end{cases}$ 求 $E(X)$.

4. 设风速V在$(0,a)$上服从均匀分布，即具有概率密度$f(v)=\begin{cases}\dfrac{1}{a}, & 0<v<a,\\ 0, & \text{其他}.\end{cases}$又设飞机机翼受到的正压力$W$是$V$的函数：$W=kV^2$，求正压力$W$的数学期望.

5. 设随机变量X的分布密度为$f(x)=\begin{cases}ax, & 0<x<2,\\ bx+c, & 2\leqslant x<4,\\ 0, & \text{其他},\end{cases}$已知$E(X)=2$，$P\{1<X<3\}=\dfrac{3}{4}$，求：(1) 常数$a,b,c$的值；(2) 方差$D(X)$.

9 统计初步

统计推断就是由样本来推断总体，从研究的问题和内容来看，统计推断可以分为参数估计和假设检验两种主要类型，本章主要讨论这两种类型.

9.1 总体、样本和统计量

9.1.1 总体与个体

1. 总体及分布

总体是具有一定的共同属性的研究对象全体. 每个研究对象称为**个体**. 譬如，为了了解某校一年级学生“高等数学”的学习情况，该校学习“高等数学”的全体一年级学生便构成了待研究的总体，每位同学则是个体.

统计学中关心的不是每个个体的所有具体特性，而仅仅是它的某一项或某几项数量指标. 在上述第一个例子中，数量指标可取为该校一年级学生“高等数学”的期末考试成绩. 对于选定的数量指标 X（可以是向量）而言，每个个体所取的值是不同的. 在试验中，抽取了若干个个体就观察到了 X 的这样或那样的数值，因而这一数量指标 X 是一个随机变量，而 X 的分布就完全描述了总体中我们所关心的这一数量指标的分布情况. 由于我们关心的正是此数量指标，因此我们以后就把总体与数量指标 X 可能取值的全体所组成的集合等同起来，并把数量指标 X 的分布称为总体的分布，由此导出下述定义：

统计学中称随机变量（或向量）X 为总体，并把随机变量（或向量）X 的分布称为**总体分布**.

总体分布就是设定的表示总体的随机变量 X 的分布. 总体的分布，一般说来是未知的. 有时虽已知总体分布的类型（如正态分布、伯努利分布等），但不知这些分布中所含的参数（如 u,σ^2,p 等），有时甚至连分布所属的类型也不能肯定. 统计学的主要任务是对总体的未知分布进行推断.

例 1 考察某厂得产品质量，将其产品只分为合格品与不合格品，并以 0 记为合格品，以 1 记不合格品，则

总体 = {该厂生产的全部合格品与不合格品} = {由 0 或 1 组成的一堆数}.

若以 p 表示这堆数中 1 的比例(不合格品率)，则该总体可由一个两点分布表示：

X	0	1
P	$1-p$	p

不同的 p 反映了总体间的差异. 譬如,两个生产同类产品的工厂的产品总体分布为:

X	0	1
P	0.983	0.017

X	0	1
P	0.915	0.085

我们可以看到,第一个工厂的产品质量优于第二个工厂. 实际中,分布中的不合格品率是未知的,如何对之进行估计是统计学要研究的问题.

2. 样本

为了了解总体的分布,我们从总体中随机地抽取 n 个个体,记其指标值为 $x_1,x_2,\cdots,x_n$,则 $x_1,x_2,\cdots,x_n$ 称为总体的一个样本,n 称为**样本容量**,或简称**样本量**,样本中的个体称为**样品**.

例 2 啤酒厂生产的瓶装啤酒规定净含量为 640 g,由于随机性,事实上不可能使得所有的啤酒净含量均为 640 g. 现从某厂生产的啤酒中随机抽取 10 瓶测定其净含量,得到如下结果:

641 635 640 637 642 638 645 643 639 640

这是个容量为 10 的样本的观测值,对应的总体为该厂生产的瓶装啤酒的净含量.

从总体中抽取样本时,为使样本具有代表性,抽样必须是随机抽样. 这就需要对抽样方法提出一些要求,最常用的"简单随机抽样"有如下两个要求:

(1) 样本具有**随机性**,即要求总体中每一个个体都有同等机会被选入样本,这便意味着每一样品 x_i 与总体 X 有相同的分布.

(2) 样本要有**独立性**,即要求样本中每一样品的取值不影响其他样品的取值,这意味着 $x_1,x_2,\cdots,x_n$ 相互独立.

用简单随机抽样方法得到的样本称为**简单随机样本**,也简称**样本**. 除非特别声明,本书中的样本皆为简单随机样本. 于是,样本 $x_1,x_2,\cdots,x_n$ 可以看成是相互独立的具有同一分布的随机变量,其共同分布即为总体分布.

9.1.2 统计量

样本来自总体,样本观测值中含有总体的各种信息,但这些信息较为分散,有时显得杂乱无章. 为将这些分散在样本中的有关总体的信息集中起来以反映总体的各种特征,需要对样本进行加工,最常用的加工方法是构造样本的函数,不同的函数反映总体的不同特征.

1. 统计量

设$(X_1,X_2,\cdots,X_n)$为总体 X 的一个样本，称此样本的任一不含总体分布未知参数的函数为该样本的**统计量**.

按照这一定义，若 $x_1,x_2,\cdots,x_n$ 为样本，则$\sum\limits_{i=1}^{n}x_i$，$\sum\limits_{i=1}^{n}x_i^2$ 都是统计量，而当 μ,σ^2 未知时，$\sum\limits_{i=1}^{n}(x_i-\mu)^2$，$\dfrac{\mu}{\sigma}$ 等均不是统计量.

例 3　设总体 X 服从正态分布，$EX=5$，$DX=\sigma^2$ 未知. $(X_1,X_2,\cdots,X_n)$为总体 X 的一个样本，令

$$S_n=X_1+X_2+\cdots+X_n,\overline{X}=\frac{S_n}{n},$$

则 S_n 与 X 均为样本$(X_1,X_2,\cdots,X_n)$的统计量. 但若令

$$U=\frac{\sqrt{n}(\overline{X}-5)}{\sigma},$$

则 U 不是该样本的统计量，因 U 的表示式中含有总体分布中的未知参数 σ.

对于一个给定的样本，根据统计量的定义，尽管可以构造出很多统计量来，但常用的统计量并不多. 以下将介绍统计学中常用的一些统计量.

2. 常用的统计量

样本均值与样本方差是最常用的统计量. 它们又分别是样本原点矩与样本中心矩的特例，故可统称为样本的矩统计量. 顺序统计量与矩统计量有别，它不能表为样本的显式函数. 以下恒设 $(X_1+X_2+\cdots+X_n)$ 为总体 X 的一个样本.

(1) 样本均值

称样本的算术平均值为样本均值，记为 $\overline{X}$，即

$$\overline{X}=\frac{1}{n}(X_1+X_2+\cdots+X_n).$$

(2) 样本方差

样本方差是用来描述样本中诸分量与样本均值的均方差异的.

$$s^2=\frac{1}{n-1}\sum_{i=1}^{n}(X_i-\overline{X})^2,$$

称 s^2 为**样本方差**，其算术平方根 $s=\sqrt{s^2}$ 称为**样本标准差**.

(3) 样本原点矩

记

$$A_k=\frac{1}{n}\sum_{i=1}^{n}X_i^k,k\geqslant 1,$$

并称 A_k 为样本的 k **阶原点矩**. 显然，一阶原点矩即为样本均值. 因此可把样本原点矩视为样本均值概念的推广.

(4) 样本中心矩

记

$$B_k = \frac{1}{n}\sum_{i=1}^{n}(X_i - \overline{X})^k, k \geqslant 1.$$

上述五种统计量可统称为**样本的矩统计量**,或简称为**样本矩**.它们皆可表为样本的显式函数.

9.1.3　常用的统计分布

当取得总体 X 的样本$(X_1, X_2, \cdots, X_n)$后,通常是借助样本的统计量对未知的总体分布进行推断的.为了实现推断的目的必须进一步确定相应的统计量所服从的分布.本节将依次介绍 χ^2 分布、F 分布与 t 分布.鉴于这些分布在统计学中的重要性,通常统称其为常用的统计分布.

1. χ^2 分布

设 $X_1, X_2, \cdots, X_n$是n个相互独立的随机变量,且$X_i \sim N(0,1), i = 1,2,\cdots,n$,则$\chi^2 = X_1^2 + X_2^2 + \cdots + X_n^2$的分布称为自由度为$n$的$\chi^2$分布,记为$\chi^2 \sim \chi^2(n)$.

它的密度函数为

$$f(y) = \begin{cases} \dfrac{\left(\dfrac{1}{2}\right)^{\frac{n}{2}}}{\Gamma\left(\dfrac{n}{2}\right)} y^{\frac{n}{2}-1} e^{-\frac{y}{2}}, & y > 0, \\ 0, & y \leqslant 0. \end{cases}$$

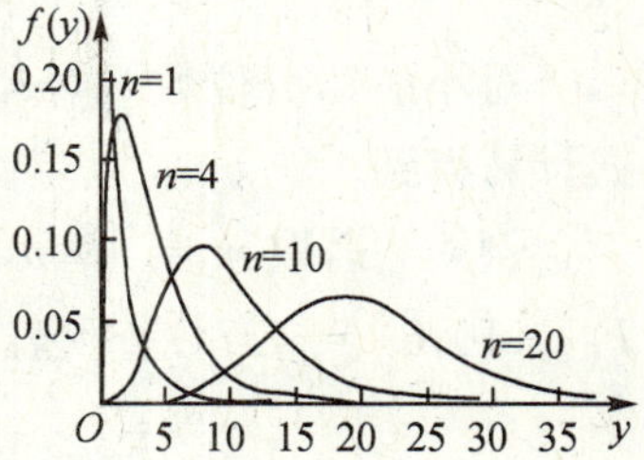

图 9.1

该密度函数的图像是一个只取非负值的偏态分布,见图 9.1,期望等于自由度,方差等于 2 倍的自由度,即$E\chi^2 = n, D\chi^2 = 2n$.

当随机变量 $\chi^2 \sim \chi^2(n)$ 时,对给定的 $\alpha(0 < \alpha < 1)$,称满足

$$P\{\chi^2 > \chi_\alpha^2(n)\} = \alpha$$

的 $\chi_\alpha^2(n)$ 是自由度为n的卡方分布的α分位数.分位数 $\chi_\alpha^2(n)$ 可以从附表 3 中查到,譬如 $n = 10, \alpha = 0.05$,那么从附表 3 上查得 $\chi_{0.05}^2(10) = 18.307$.

2. F 分布

设 $X_1 \sim \chi^2(m), X_2 \sim \chi^2(n), X_1$ 与 X_2 独立,则称 $F = \dfrac{\frac{X_1}{m}}{\frac{X_2}{n}}$ 的分布是自由度为m与n的F分布,记为$F \sim F(m,n)$,其中m称为分子自由度,n称为分母自由度.

可以证明随机变量 F 具有密度函数

$$f_F(y)=\begin{cases}\dfrac{\Gamma\left(\dfrac{m+n}{2}\right)\left(\dfrac{m}{n}\right)^{\frac{m}{2}}}{\Gamma\left(\dfrac{m}{2}\right)\Gamma\left(\dfrac{n}{2}\right)}y^{\frac{m}{2}-1}\left(1+\dfrac{m}{n}y\right)^{-\frac{m+n}{2}}, & y>0,\\ 0, & y\leqslant 0.\end{cases}$$

这就是自由度为 m 与 n 的 F 分布的密度函数，该密度函数的图像是一个只取非负值的偏态分布，见图 9.2.

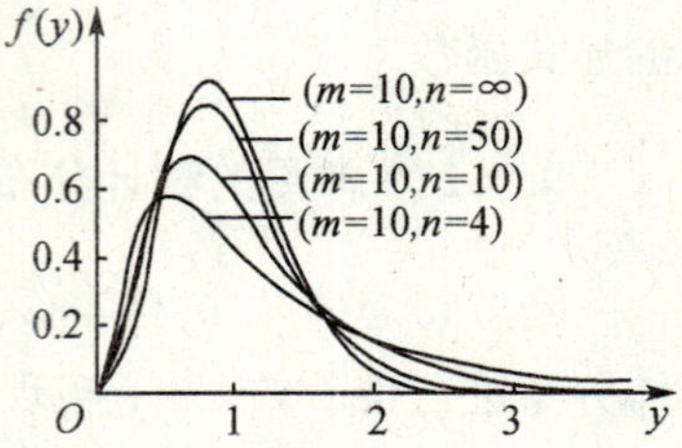

图 9.2

当随机变量 $F\sim F(m,n)$ 时，对给定的 $\alpha(0<\alpha<1)$，称满足

$$P\{F>F_\alpha(m,n)\}=\alpha$$

的数 $F_\alpha(m,n)$ 是自由度为 m 与 n 的 F 分布的 α 分位数.

由 F 分布的构造知，若 $F\sim F(m,n)$，则有 $\dfrac{1}{F}\sim F(n,m)$，故对给定 $\alpha(0<\alpha<1)$ 有

$$F_\alpha(m,n)=\frac{1}{F_{1-\alpha}(n,m)}.$$

对小的 α，分位数 $F_\alpha(m,n)$ 可以从附表 4 中查到，而分位数 $F_{1-\alpha}(m,n)$ 则可通过上式计算得到.

例 4　若取 $m=10,n=5,\alpha=0.05$，那么从附表 4 上 $(m=n_1,n=n_2)$ 查得 $F_{0.05}(10,5)=4.74$. 查附表 4 可得到

$$F_{0.95}(10,5)=\frac{1}{F_{0.05}(5,10)}=\frac{1}{3.33}=0.3.$$

3. t 分布

设随机变量 X_1 与 X_2 独立且 $X_1\sim N(0,1)$，$X_2\sim\chi^2(n)$，则称 $t=\dfrac{X_1}{\sqrt{\dfrac{X_2}{n}}}$ 的分布为自由度为 n 的 t 分布，记为 $t\sim t(n)$.

可以证明，若 $t\sim t(n)$，则其概率分布函数为

$$f_t(y)=\frac{\Gamma\left(\dfrac{n+1}{2}\right)}{\sqrt{n\pi}\,\Gamma\left(\dfrac{n}{2}\right)}\left(1+\frac{y^2}{n}\right)^{-\frac{n+1}{2}},-\infty<y<+\infty.$$

这就是自由度为 n 的 t 分布的密度函数.

当随机变量 $t\sim t(n)$ 时，称满足 $P\{t>t_\alpha(n)\}=\alpha$ 的 $t_\alpha(n)$ 是自由度为 n 的 t 分布的 α 分位数，分位数 $t_\alpha(n)$ 可以从附表 2 中查出，例如当 $n=10,\alpha=0.05$，那么，从附表 2 上查得 $t_{0.05}(10)=1.812\,5$.

由于 t 分布的密度函数关于 0 对称，故其分位数间有如下关系

$$t_{1-\alpha}(n) = -t_{\alpha}(n).$$

例如，$t_{0.95}(10) = -t_{0.05}(10) = -1.8125$.

4. **一些重要结论**

(1) $\bar{x}$ 与 s^2 相互独立；

(2) $\dfrac{(n-1)s^2}{\sigma^2} \sim \chi^2(n-1)$；

(3) $t = \dfrac{\sqrt{n}(\bar{x}-\mu)}{s} \sim t(n-1)$.

习题 9.1

1. 在一本书上随机地检查了 10 页，发现每页上的错误数为 4,5,6,0,3,1,4,2,1,4. 试计算其样本均值 $\bar{x}$、样本方差 s^2 和样本标准差 s.

2. 设 $x_1, x_2, \cdots, x_n$ 是从正态总体 $N(10, 3^2)$ 中抽取的样本，试求样本均值 $\bar{x}$ 的标准差.

3. 设总体 $X \sim N(52, 6.3^2)$，从总体抽得容量为 36 的样本，求 $P\{50.8 \leqslant \bar{x} \leqslant 53.8\}$.

4. 设总体 $X \sim N(40, 5^2)$.

(1) 抽取容量为 36 的样本，求 $P\{38 \leqslant \bar{x} \leqslant 43\}$；

(2) 抽取容量为 64 的样本，求 $P\{|\bar{x}-40| < 1\}$.

5. 设总体 $X \sim N(\mu, \sigma^2)$，已知样本容量 $n = 16$，样本均值 $\bar{x} = 12.5$，样本方差 $s^2 = 5.3333$.

(1) 若已知 $\sigma = 2$，求 $P\{|\bar{x}-\mu| < 0.5\}$；

(2) 若 σ 未知,求 $P\{|\bar{x}-\mu|<0.5\}$.

9.2 参数估计

我们常常会面临这样一类问题：已知总体的分布类型.但不知道其中某些参数的真值.例如已知总体服从泊松分布,但不知其参数 λ 到底等于多少.这时我们希望通过所拥有的样本来对未知参数作出估计,这就是参数估计问题.

9.2.1 矩法估计

1900 年英国统计学家 K. Pearson 提供了一个替换原则,后来人们称此方法为矩法.替换原理常指如下两句话：

(1) 用样本矩去替换总体矩,这里的矩可以是原点矩也可以使中心矩；

(2) 用样本矩的函数取替换相应的总体矩的函数.

根据这个替换原理,在总体分布形式未知场合也可对各种参数作出估计,譬如：

用样本均值 $\bar{x}$ 估计总体均值 $E(X)$,即 $\hat{E}(\bar{X})=\bar{x}=\frac{1}{n}\sum_{i=1}^{n}X_i$；

用 s_n^2 估计总体方差 $D(X)$,即 $\hat{D}(\bar{X})=s^2=\frac{1}{n-1}\sum_{i=1}^{n}(X_i-\bar{X})^2$；

用事件 A 出现的频率估计事件 A 发生的概率.

例 1 某电冰箱厂对为其加工某种机械零件的一家私营加工厂的产品进行抽检,主要对零件的长度指标进行测试.设长度总体 $X\sim N(\mu,\sigma^2)$,其中 μ,σ^2 都是未知的,现随机抽取 8 个零件进行测试,测得的长度(单位:mm) 为 25.3,25.7,25.4,25.25,25.35,25.5,25.6,25.1,试求 μ 和 σ^2 的矩估计.

解 $\hat{\mu}=\bar{x}=\frac{1}{8}(25.3+25.7+25.4+25.25+25.35+25.5+25.6+25.1)=25.4$.

$\hat{\sigma}^2=s^2=\frac{1}{7}[(25.3-25.4)^2+(25.7-25.4)^2+(25.4-25.4)^2+(25.25-25.4)^2+(25.35-25.4)^2+(25.5-25.4)^2+(25.6-25.4)^2+(25.1-25.4)^2]\approx 0.038$.

例 2 已知乘客在某公共汽车站等车的时间 X(单位:min) 服从 $(0,\theta)$ 上的均匀分布,现随机抽测了 10 位顾客的等车时间,数据如下：

$$2,4,5,8,3,6,5,6,10,1.$$

试用估计 θ 的值,并求乘客等车时间不超过 5 min 的概率.

解　设 $X_1,\cdots,X_n$ 是抽得的样本,由于 $X\sim U(0,\theta)$,所以其概率密度函数

$$f(x)=\begin{cases}\dfrac{1}{\theta}, & 0<x<\theta,\\ 0, & \text{其他}.\end{cases}$$

总体的期望为

$$E(X)=\int_0^{\theta}xf(x)\mathrm{d}x=\int_0^{\theta}\frac{x}{\theta}\mathrm{d}x=\frac{\theta}{2}.$$

由矩法估计有

$$\frac{\hat{\theta}}{2}=\frac{1}{n}\sum_{i=1}^{n}X_i,$$

因此

$$\hat{\theta}=\frac{2}{n}\sum_{i=1}^{n}X_i.$$

将本题数据代入得

$$\hat{\theta}=\frac{2}{10}\sum_{i=1}^{n}X_i=10,$$

进而等车时间不超过 5 min 的概率为

$$P\{X\leqslant 5\}=\int_0^5 f(x)\mathrm{d}x=\int_0^5\frac{1}{10}\mathrm{d}x=0.5.$$

例 3　设射手的命中率为 p,在向同一目标的 80 次射击中,命中 75 次,求 p 的矩法估计值.

解　若记

$$X=\begin{cases}1, & \text{命中目标},\\ 0, & \text{未命中目标},\end{cases}$$

即 X 服从两点分布,$P\{X=1\}=p$,$P\{X=0\}=1-p$.

设 $X_1,\cdots,X_n$ 是所抽到的样本,由于两点分布的总体均值 $E(X)=p$,故由矩法估计知

$$\hat{p}=\overline{X}=\frac{1}{n}\sum_{i=1}^{n}X_i.$$

将本题数据代入得

$$\hat{p}=\overline{X}=\frac{1}{80}\sum_{i=1}^{n}X_i=\frac{75}{80}=\frac{15}{16}.$$

9.2.2　区间估计

前面学习了参数的点估计,即由样本值求出未知参数 θ 的一个估计值,而区间估计则要由样本给出未知参数 θ 的一个估计范围. 下面先分析一个例子.

例 4 某电脑配件厂欲对出厂的一批CPU的平均寿命进行估计，随机地抽取n件产品进行试验，通过对试验的数据的加工得出该批产品是否合格的结论，并要求此结论的可信程度为 95%. 应该如何来加工这些数据?

从常识可以知道，通常 CPU 的寿命指标往往是一个范围，而不必是一个很准确的数. 因此，在对这批 CPU 的平均寿命估计时，寿命的准确值并不是最重要的，重要的是所估计的寿命是否能以很高的可信程度处在合格产品的指标范围内. 这里可信程度是很重要的，它涉及到使用这些 CPU 的可靠性，这就需要引入区间估计.

区间估计粗略地说，是用两个统计量$\hat{\theta}_1,\hat{\theta}_2(\hat{\theta}_1\leqslant\hat{\theta}_2)$所决定的区间$[\hat{\theta}_1,\hat{\theta}_2]$作为参数$\theta$取值范围的估计. 首先，这个估计必须有一定的精度. 即是说$\hat{\theta}_2-\hat{\theta}_1$不能太大，太大不能说明任何问题；第二，这个估计必须有一定的可信程度. 因此$\hat{\theta}_2-\hat{\theta}_1$又不能太小，太小难以保证这一要求. 通常是采取将可信程度固定在某一需要的水平上，求得精度尽可能高的估计区间.

对于参数θ，如果有两个统计量$\hat{\theta}_1=\hat{\theta}_1(X_1,X_2,\cdots,X_n)$，$\hat{\theta}_2=\hat{\theta}_2(X_1,X_2,\cdots,X_n)$，满足对给定的$\alpha\in(0,1)$，有$P(\hat{\theta}_1\leqslant\theta\leqslant\hat{\theta}_2)=1-\alpha$，则称区间$[\hat{\theta}_1,\hat{\theta}_2]$是$\theta$的一个区间估计或置信区间. $\hat{\theta}_1,\hat{\theta}_2$分别称作**置信下限**、**置信上限**，$1-\alpha$称为**置信水平**.

这里的置信水平，就是对可信程度的度量. 置信水平为$1-\alpha$，在实际上可以这样来理解：如取$1-\alpha=95\%$，就是说若对某一参数θ取100个容量为n的样本，用相同方法做100个置信区间，$[\hat{\theta}_1^{(k)},\hat{\theta}_2^{(k)}]$，$k=1,2,\cdots,100$，那么其中有95个区间包含了真参数$\theta$. 因此，当我们实际上只做一次区间估计时，我们有理由认为它包含了真参数，这样判断当然也可能犯错误，但犯错误的概率只有 5%.

对于一般分布的总体，其抽样分布的计算通常有些困难. 本节将主要研究单个正态总体参数的区间估计问题. 设$X_1,X_2,\cdots,X_n$为$N(\mu,\sigma^2)$的样本，对给定的置信水平$1-\alpha$，$0<\alpha<1$，我们来分别研究参数μ与σ^2的区间估计得到下表.

单个正态总体均值与方差的置信区间

估计的参数	参数的情况	统计量	置信度为$1-\alpha$的置信区间
μ	σ^2已知	$U=\dfrac{\overline{X}-\mu}{\sqrt{\sigma^2/n}}\sim N(0,1)$	$\left(\overline{X}-Z_{\frac{\alpha}{2}}\cdot\dfrac{\sigma}{\sqrt{n}},\overline{X}+Z_{\frac{\alpha}{2}}\cdot\dfrac{\sigma}{\sqrt{n}}\right)$
	σ^2未知	$t=\dfrac{\overline{X}-\mu}{s/\sqrt{n}}\sim t(n-1)$	$\left(\overline{X}-t_{\frac{\alpha}{2}}(n-1)\cdot\dfrac{s}{\sqrt{n}},\overline{X}+t_{\frac{\alpha}{2}}(n-1)\cdot\dfrac{s}{\sqrt{n}}\right)$
σ^2	μ未知	$\chi^2=\dfrac{(n-1)s^2}{\sigma^2}\sim\chi^2(n-1)$	$\left(\dfrac{(n-1)s^2}{\chi^2_{\frac{\alpha}{2}}(n-1)},\dfrac{(n-1)s^2}{\chi^2_{1-\frac{\alpha}{2}}(n-1)}\right)$
	μ已知	$\chi^2=\dfrac{\sum\limits_{i=1}^{n}(X_i-\mu)^2}{\sigma^2}\sim\chi^2(n)$	$\left[\dfrac{\sum\limits_{i=1}^{n}(X_i-\mu)^2}{\chi^2_{\frac{\alpha}{2}}(n)},\dfrac{\sum\limits_{i=1}^{n}(X_i-\mu)^2}{\chi^2_{1-\frac{\alpha}{2}}(n)}\right]$

例 5　随机地从一批回形针中抽取 16 枚，被测得其长度(单位:cm) 为

2.14　2.10　2.13　2.15　2.12　2.13　2.10　2.15

2.12　2.14　2.10　2.13　3.11　2.14　2.11　2.13

设回形针长服从正态分布，试求总体均值 μ 的置信区间(置信概率为 0.90).

(1) 若已知 $\sigma = 0.01$(cm);(2) 若 σ^2 未知.

(附:$\Phi(1.28) = 0.90$,$\Phi(1.65) = 0.95$,$t_{0.975}(15) = 2.131$,$t_{0.95}(15) = 1.753$)

解　计算 $\overline{X} = \frac{1}{16}(2.14 + 2.10 + \cdots + 2.13) = \frac{1}{16} \times 34 = 2.125$.

(1) $\sigma^2 = 0.01^2$,已知 $\alpha = 0.1$,置信概率为 0.90 的 μ 的置信区间为

$$\left(\overline{X} - Z_{1-\frac{\alpha}{2}} \frac{\sigma}{\sqrt{n}}, \overline{X} + Z_{1-\frac{\alpha}{2}} \frac{\sigma}{\sqrt{n}}\right) = \left(2.125 - 1.65 \times \sqrt{\frac{0.01^2}{16}}, 2.125 + 1.65 \times \sqrt{\frac{0.01^2}{16}}\right)$$

$$= (2.125 - 0.004, 2.125 + 0.004) = (2.121, 2.129).$$

(2) σ^2 未知时，

$$s^2 = \frac{1}{n}\sum_{i=1}^{n}(X_i - \overline{X})^2 = \frac{1}{n-1}\left(\sum_{i=1}^{n} X_i^2 - n\overline{X}^2\right) = \frac{1}{15} \times 0.0044 = 0.00029.$$

置信概率为 0.90 的 μ 的置信区间为

$$\left(\overline{X} - t_{1-\frac{\alpha}{2}} \frac{s}{\sqrt{n}}, \overline{X} + Z_{1-\frac{\alpha}{2}} \frac{s}{\sqrt{n}}\right) = \left(2.125 - 1.753 \times \sqrt{\frac{0.0044}{16 \times 15}}, 2.125 - 1.753 \times \sqrt{\frac{0.0044}{16 \times 15}}\right)$$

$$= (2.1175, 2.1325).$$

例 6　某厂生产的零件服从正态分布 $N(\mu, \sigma^2)$,现从该厂生产的零件中抽取 9 个，测得其质量为(单位:g)

45.3　45.4　45.1　45.3　45.5　45.7　45.4　45.3　45.6

试求总体标准差 σ^2 的 0.95 置信区间.

解　由数据可算得 $s^2 = 0.0325$,$(n-1)s^2 = 8 \times 0.0325 = 0.26$,这里 $\alpha = 0.05$,查表知 $\chi^2_{1-\frac{\alpha}{2}}(8) = 2.1797$,$\chi^2_{\frac{\alpha}{2}}(8) = 17.5345$.

置信概率为 0.95 的 σ^2 的置信区间为

$$\left(\frac{(n-1)s^2}{\chi^2_{\frac{\alpha}{2}}(n-1)}, \frac{(n-1)s^2}{\chi^2_{1-\frac{\alpha}{2}}(n-1)}\right) = \left(\frac{0.26}{17.5345}, \frac{0.26}{2.1797}\right) = (0.0148, 0.1193).$$

习题 9.2

1. 设总体 X 的概率密度为

$$f(x) = \begin{cases} \theta x^{\theta-1}, & 0 < x < 1, \\ 0, & \text{其他} \end{cases} \quad (\theta > 0).$$

试求 θ 的矩估计 $\hat{\theta}$.

2. 某厂生产的一批零件，其长度 $X \sim N(\mu, 0.01^2)$，现从这批零件中随机抽取 16 个，测得长度（厘米）为：2.14,2.15,2.10,2.12,2.13,2.14,2.15,2.10,2.13,2.13,2.12,2.11,2.13,2.14,2.10,2.11，求均值 μ 的置信水平为 0.90 的置信区间.

3. 某工厂生产滚珠，从某日生产的产品中随机抽取 9 个，测得直径(单位:毫米) 如下：

14.6,14.7,15.1,14.9,14.8,15.0,15.1,15.2,14.8

设滚珠直径服从正态分布，若

(1) 已知滚珠直径的标准差 $\sigma = 0.15$ 毫米；

(2) 未知标准差 σ.

求直径均值 μ 的置信度 0.95 的置信区间.

4. 某厂生产一批金属材料，其抗弯强度服从正态分布，今从这批金属材料中随机抽取 11 个试件，测得它们的抗弯强度为(单位:公斤)：

42.5,42.7,43.0,42.3,43.4,44.5,44.0,43.8,44.1,43.9,43.7

求:(1) 平均抗弯强度 μ 的置信度 0.95 的置信区间；

(2) 抗弯强度标准差 σ 的置信度 0.90 的置信区间.

5. 某生产车间随机抽取 9 件同型号的产品进行直径测量，得到结果如下：

21.54,21.63,21.62,21.96,21.42,21.57,21.63,21.55,21.48

根据长期经验，该产品的直径服从正态分布 $N(\mu, 0.9^2)$，试求出该产品的直径 μ 的置信度为 0.95 的置信区间.($\mu_{0.025} = 1.96, \mu_{0.05} = 1.645$)(精确到小数点后三位)

9.3 假设检验

前面我们讨论了如何用样本统计量来推断总体未知参数——参数的点估计与区间估计.在实际问题中,还常常要根据现有的数据和资料来对某个总体的参数提出某种假设,然后根据所得的样本数据,运用统计分析的方法来检验这一假设的正确性,从而做出接受或拒绝的决定,这类问题称为假设检验问题.

9.3.1 假设检验的基本思想

例 1 味精厂用一台包装机自动包装味精,已知袋装味精的重量 $X \sim N(\mu, 0.015^2)$,机器正常时,其均值 $\mu = 0.5$(单位:公斤).某日开工后随机抽取 9 袋袋装味精,其净重(公斤)为 0.497,0.506,0.518,0.524,0.498,0.511,0.520,0.515,0.512.问这台包装机是否正常?

分析 包装机工作是否正常,相当于检验总体均值 μ 是否等于 0.5 公斤.因此,需要检验假设

$$H_0:\mu = \mu_0 = 0.5, H_1:\mu \neq \mu_0.$$

今后我们称这种待检验的假设 H_0 为**原假设**或**零假设**,与原假设对立的假设 H_1 称为**对立假设**.

由矩法估计知,μ 的估计值是 $\overline{X}$,因此,如果原假设 H_0 是正确的,$|\overline{X}-\mu_0|$ 应是很小的,于是 $\dfrac{|\overline{X}-\mu_0|}{\frac{\sigma}{\sqrt{n}}}$ 也应该很小.为此,我们选取一个常数 c,事件 $\dfrac{|\overline{X}-\mu_0|}{\frac{\sigma}{\sqrt{n}}} \geqslant c$ 发生的概率应该很小.

在原假设 H_0 成立的前提下,

$$U = \frac{|\overline{X}-\mu_0|}{\frac{\sigma}{\sqrt{n}}} \sim N(0,1).$$

为了确定 c 的值,对于 $\alpha = 0.05$,令

$$P\left\{\frac{|\overline{X}-\mu_0|}{\frac{\sigma}{\sqrt{n}}} \geqslant c\right\} = \alpha.$$

由正态分布,可得

$$c = \mu_{\frac{\alpha}{2}}.$$

如果统计量 U 的观测值满足 $|U| = \dfrac{|\overline{X}-\mu_0|}{\frac{\sigma}{\sqrt{n}}} \geqslant \mu_{\frac{\alpha}{2}}$,则意味着概率为 $\alpha = 0.05$

的小概率事件发生了，也就是说，仅做一次试验，这种情形竟然发生了，这是“不合理”的，于是不能不使人怀疑原假设 H_0 的正确性，因此，应当拒绝原假设 H_0；如果 $|U|\leqslant\mu_{\frac{\alpha}{2}}$，则接受原假设 H_0.

在本例中，$n=9,\sigma=0.015,\bar{x}=0.511,\mu_{\frac{\alpha}{2}}=1.96$，于是有

$$|U|=\frac{|\overline{X}-\mu_0|}{\frac{\sigma}{\sqrt{n}}}=2.2>1.96.$$

因此，应当拒绝原假设 H_0，即可认为包装机工作不正常.

在上述对假设 H_0 的检验中，实际上运用了小概率原理，小概率原理认为，小概率事件在一次试验中实际上不可能发生. 对于什么样的事件是小概率事件，一般来说没有一个统一的规定，在假设检验中，概率为 0.01，0.05 的事件就算是小概率事件，有时也把 0.1 包括在内，小概率值 α 称为显著性水平.

上例中，当 $|U|\geqslant\mu_{\frac{\alpha}{2}}$ 时，我们就拒绝假设 H_0，因此称 $W=\{|U|\geqslant\mu_{\frac{\alpha}{2}}\}$ 为统计量 U 的拒绝域，称 $|U|=\dfrac{|\overline{X}-\mu_0|}{\frac{\sigma}{\sqrt{n}}}$ 为**检验统计量**.

综上所述，假设检验大致可以按如下的步骤进行：

(1) 根据实际问题提出原假设 H_0，即说明需要检验的假设 H_0 的具体内容.

(2) 选取适当的统计量，并在假设 H_0 成立的条件下确定该统计量的分布.

(3) 对于给定的显著性水平 α，根据所选统计量的分布查表，确定临界值.

(4) 根据样本观察值计算所选统计量，并与临界值进行比较，从而确定拒绝域.

9.3.2 正态总体的参数假设检验

1. *方差 σ^2 已知，单个正态总体的均值 μ 的检验——μ 检验*

在例 1 中所使用的统计量 $U=\dfrac{|\overline{X}-\mu_0|}{\frac{\sigma}{\sqrt{n}}}\sim N(0,1)$，称这类检验为 μ 检验，它依循以下步骤：

(1) 提出原假设和对立假设

$$H_0:\mu=\mu_0=0.5, H_1:\mu\neq\mu_0.$$

(2) 选取检验统计量 $U=\dfrac{|\overline{X}-\mu_0|}{\frac{\sigma}{\sqrt{n}}}$.

(3) 根据给定的显著性水平 α，查正态分布表(附表)确定 $\mu_{\frac{\alpha}{2}}$.

(4) 根据样本值计算统计量 U 的值 μ 并与 $\mu_{\frac{\alpha}{2}}$ 比较，拒绝域为 $W=\{|U|\geqslant\mu_{\frac{\alpha}{2}}\}$，即若 $|\mu|\geqslant\mu_{\frac{\alpha}{2}}$，则拒绝 H_0；若 $|\mu|<\mu_{\frac{\alpha}{2}}$，则接受 H_0.

例 2 某种产品质量 $X \sim N(12,1)$(单位:g),更新设备后,从新生产的产品中随机抽取 100 个,测得样本均值 $\bar{x}=12.5$ g,若方差没有变化,问设备更新后,产品的平均质量是否有显著变化?($\alpha=0.05$)

解 $H_0:\mu=\mu_0=12, H_1:\mu\neq\mu_0$.

由于方差不变,故应选取统计量

$$U=\frac{|\overline{X}-\mu_0|}{\frac{\sigma}{\sqrt{n}}}\sim N(0,1).$$

由所给数据,计算统计量的观测值,得

$$\mu=\left|\frac{\overline{X}-\mu_0}{\sigma/\sqrt{n}}\right|=\left|\frac{12.5-12}{1/\sqrt{100}}\right|=5>\mu_{\frac{\alpha}{2}}=1.96.$$

故拒绝 H_0,即认为产品平均质量有显著变化.

2. 方差 σ^2 未知,单个正态总体的均值 μ 的检验——t 检验

例 3 车辆厂生产的螺杆直径服从正态分布 $N(\mu,\sigma^2)$,现从中抽取5支,测得直径(单位:毫米)为

$$22.3, 21.5, 22.0, 21.8, 21.4$$

如果 σ^2 未知,试问直径均值 $\mu=21$ 是否成立?(附 $t_{0.025(4)=2.776}$)

解 检验假设

$$H_0:\mu=21, H_1:\mu\neq 21.$$

因为方差未知,故选取统计量

$$t=\frac{\bar{x}-u}{s/\sqrt{n}}.$$

由样本观测值得

$$\bar{x}=21.8, s^2=0.135.$$

$$t=\frac{\bar{x}-u}{s/\sqrt{n}}=\frac{21.8-21}{\sqrt{0.135/5}}\approx 4.87>t_{0.025}(4)=2.776.$$

因此可认为螺杆直径均值不是 21.

例 4 已知某种元件的寿命服从正态分布,要求该元件的平均寿命不低于 1 000 小时.现从这批元件中随机抽取 25 只,测得平均寿命 $\overline{X}=980$ 小时,标准差 $s=65$ 小时.试在显著水平 $\alpha=0.05$ 下,确定这批元件是否合格.(附 $t_{0.025}(24)=2.0639$, $t_{0.05}(24)=1.7109$)

解 提出检验假设

$$H_0:\mu=\mu_0=1\,000, H_1:\mu<\mu_0=1\,000,$$

选取统计量

$$t=\frac{\overline{X}-\mu_0}{\frac{s}{\sqrt{n}}}\sim t(n-1).$$

由样本观测值，计算统计量所取的值. 这里 $\overline{X}=980, s=65$ 得

$$|t|=\left|\frac{980-1\,000}{\frac{65}{\sqrt{25}}}\right|=1.538>t_{0.05}(24)=1.710\,9.$$

因此可认为这批元件合格.

注：本例中的假设检验问题，我们称为单边检验问题.

3. 均值 μ 未知，单个正态总体的方差检验——χ^2 检验

例 5　民政部门对某住宅区住户的消费情况进行的调查报告中，抽取 9 户为样本，其每年开支除去税款和住宅等费用外，依次为(单位：万元)：

$$4.9, 5.3, 6.5, 5.2, 7.4, 5.4, 6.8, 5.4, 6.3$$

假定住户消费数据服从正态分布 $N(\mu,\sigma^2)$，给定 $\alpha=0.05$，试问：所有住户消费数据的总体方差 $\sigma^2=0.3$ 是否可信？

解　按题意，欲检验假设

$$H_0:\sigma^2=0.3, H_1:\sigma^2\neq 0.3.$$

已知 $n=9$，μ 未知，选取 $\chi^2=\frac{(n-1)s^2}{\sigma^2}$ 作为检验统计量. 在 H_0 成立的条件下，即 $X\sim N(\mu,0.3)$ 时，

$$\chi^2=\frac{(n-1)s^2}{\sigma^2}\sim\chi^2(n-1).$$

对于给定的 α，查 χ^2 分布表(附表)，确定 $\chi^2_{1-\frac{\alpha}{2}}$ 及 $\chi^2_{\frac{\alpha}{2}}$，使

$$P\{\chi^2\leqslant\chi^2_{1-\frac{\alpha}{2}}\}=\frac{\alpha}{2}, P\{\chi^2\geqslant\chi^2_{\frac{\alpha}{2}}\}=\frac{\alpha}{2}.$$

从而

$$P(\{\chi^2\leqslant\chi^2_{1-\frac{\alpha}{2}}\}\cup\{\chi^2\geqslant\chi^2_{\frac{\alpha}{2}}\})=\alpha.$$

由样本值得

$$\chi^2=\frac{(n-1)s^2}{\sigma^2}=\frac{5.93}{0.3}=19.77.$$

对于 $\alpha=0.05$ 查附表，得

$$\chi^2_{1-\frac{\alpha}{2}}=\chi^2_{0.975}(8)=2.18, \chi^2_{\frac{\alpha}{2}}=\chi^2_{0.025}=17.535.$$

由于 $\chi^2=19.77>17.535$，所以应拒绝原假设 H_0，即方差是 0.3 不可信.

习题 9.3

1. 设某产品的指标服从正态分布，它的标准差 σ 已知为 150，今抽了一个容量为 26 的样本，计算

得平均值为 1 637. 问在 5% 的显著水平下，能否认为这批产品的指标的期望值 μ 为 1 600?

2. 某电器零件的平均电阻一直保持在 2.64 Ω，改变加工工艺后，测得 100 个零件的平均电阻为 2.62 Ω，如改变工艺前后电阻的标准差保持在 0.06 Ω，问新工艺对此零件的电阻有无显著影响($\alpha = 0.05$).

3. 有一批产品，取 50 个样品，其中含有 4 个次品. 在这样情况下，判断假设 $H_0: p \leqslant 0.05$ 是否成立($\alpha = 0.05$).

4. 某产品的次品率为 0.17，现对此产品进行新工艺试验，从中抽取 400 件检验，发现有次品 56 件，能否认为此项新工艺提高了产品的质量($\alpha = 0.05$)?

5. 从某种试验物中取出 24 个样品，测量其发热量，计算得 $\overline{x} = 11\ 958$，样本标准差 $s = 323$，问以 5% 的显著水平是否可认为发热量的期望值是 12 100(假定发热量是服从正态分布的)?

6. 某食品厂用自动装罐机装罐头食品，每罐标准重量为 500 克，每隔一定时间需要检查机器工作情况. 现抽得 10 罐，测得其重量为(单位：克)：495，510，505，498，503，492，502，512，507，506. 假定重量服从正态分布，试问以 95% 的显著性检验机器工作是否正常?

7. 有一种新安眠药，据说在一定剂量下，能比某种旧安眠药平均增加睡眠时间 3 小时，根据资料用某种旧安眠药时，平均睡眠时间为 20.8 小时. 标准差为 1.6 小时，为了检验这个说法是否正确，收集到一组使用新安眠药的睡眠时间为 26.7，22.0，24.1，21.0，27.2，25.0，23.4. 试问：从这组数据能否说明新安眠药已达到新的疗效(假定睡眠时间服从正态分布，$\alpha = 0.05$).

附表 1　标准正态分布表

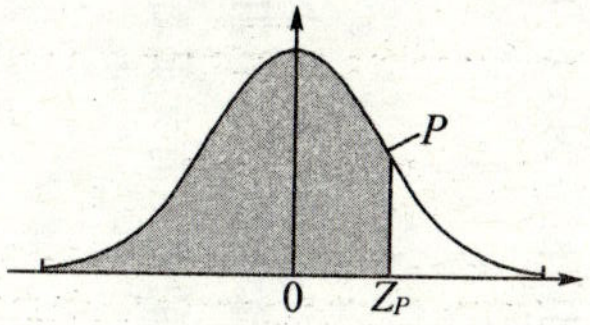

$$\Phi(x)=\int_{-\infty}^{x}\frac{1}{\sqrt{2\pi}}e^{-\frac{x^2}{2}}dx$$

x	0.00	0.01	0.02	0.03	0.04	0.05	0.06	0.07	0.08	0.09
0.00	0.500 000	0.503 989	0.507 978	0.511 966	0.515 953	0.519 939	0.523 922	0.527 903	0.531 881	0.535 856
0.10	0.539 828	0.543 795	0.547 758	0.551 717	0.555 670	0.559 618	0.563 559	0.567 495	0.571 424	0.575 345
0.20	0.579 260	0.583 166	0.587 064	0.590 954	0.594 835	0.598 706	0.602 568	0.606 420	0.610 261	0.614 092
0.30	0.617 911	0.621 720	0.625 516	0.629 300	0.633 072	0.636 831	0.640 576	0.644 309	0.648 027	0.651 732
0.40	0.655 422	0.659 097	0.662 757	0.666 402	0.670 031	0.673 645	0.677 242	0.680 822	0.684 386	0.687 933
0.50	0.691 462	0.694 974	0.698 468	0.701 944	0.705 401	0.708 840	0.712 260	0.715 661	0.719 043	0.722 405
0.60	0.725 747	0.729 069	0.732 371	0.735 653	0.738 914	0.742 154	0.745 373	0.748 571	0.751 748	0.754 903
0.70	0.758 036	0.761 148	0.764 238	0.767 305	0.770 350	0.773 373	0.776 373	0.779 350	0.782 305	0.785 236
0.80	0.788 145	0.791 030	0.793 892	0.796 731	0.799 546	0.802 337	0.805 105	0.807 850	0.810 570	0.813 267
0.90	0.815 940	0.818 589	0.821 214	0.823 814	0.826 391	0.828 944	0.831 472	0.833 977	0.836 457	0.838 913
1.00	0.841 345	0.843 752	0.846 136	0.848 495	0.850 830	0.853 141	0.855 428	0.857 690	0.859 929	0.862 143
1.10	0.864 334	0.866 500	0.868 643	0.870 762	0.872 857	0.874 928	0.876 976	0.879 000	0.881 000	0.882 977
1.20	0.884 930	0.886 861	0.888 768	0.890 651	0.892 512	0.894 350	0.896 165	0.897 958	0.899 727	0.901 475
1.30	0.903 200	0.904 902	0.906 582	0.908 241	0.909 877	0.911 492	0.913 085	0.914 657	0.916 207	0.917 736
1.40	0.919 243	0.920 730	0.922 196	0.923 641	0.925 066	0.926 471	0.927 855	0.929 219	0.930 563	0.931 888
1.50	0.933 193	0.934 478	0.935 745	0.936 992	0.938 220	0.939 429	0.940 620	0.941 792	0.942 947	0.944 083

续表

x	0.00	0.01	0.02	0.03	0.04	0.05	0.06	0.07	0.08	0.09
1.60	0.945 201	0.946 301	0.947 384	0.948 449	0.949 497	0.950 529	0.951 543	0.952 540	0.953 521	0.954 486
1.70	0.955 435	0.956 367	0.957 284	0.958 185	0.959 070	0.959 941	0.960 796	0.961 636	0.962 462	0.963 273
1.80	0.964 070	0.964 852	0.965 620	0.966 375	0.967 116	0.967 843	0.968 557	0.969 258	0.969 946	0.970 621
1.90	0.971 283	0.971 933	0.972 571	0.973 197	0.973 810	0.974 412	0.975 002	0.975 581	0.976 148	0.976 705
2.00	0.977 250	0.977 784	0.978 308	0.978 822	0.979 325	0.979 818	0.980 301	0.980 774	0.981 237	0.981 691
2.10	0.982 136	0.982 571	0.982 997	0.983 414	0.983 823	0.984 222	0.984 614	0.984 997	0.985 371	0.985 738
2.20	0.986 097	0.986 447	0.986 791	0.987 126	0.987 455	0.987 776	0.988 089	0.988 396	0.988 696	0.988 989
2.30	0.989 276	0.989 556	0.989 830	0.990 097	0.990 358	0.990 613	0.990 863	0.991 106	0.991 344	0.991 576
2.40	0.991 802	0.992 024	0.992 240	0.992 451	0.992 656	0.992 857	0.993 053	0.993 244	0.993 431	0.993 613
2.50	0.993 790	0.993 963	0.994 132	0.994 297	0.994 457	0.994 614	0.994 766	0.994 915	0.995 060	0.995 201
2.60	0.995 339	0.995 473	0.995 604	0.995 731	0.995 855	0.995 975	0.996 093	0.996 207	0.996 319	0.996 427
2.70	0.996 533	0.996 636	0.996 736	0.996 833	0.996 928	0.997 020	0.997 110	0.997 197	0.997 282	0.997 365
2.80	0.997 445	0.997 523	0.997 599	0.997 673	0.997 744	0.997 814	0.997 882	0.997 948	0.998 012	0.998 074
2.90	0.998 134	0.998 193	0.998 250	0.998 305	0.998 359	0.998 411	0.998 462	0.998 511	0.998 559	0.998 605
3.00	0.998 650	0.998 694	0.998 736	0.998 777	0.998 817	0.998 856	0.998 893	0.998 930	0.998 965	0.998 999
3.10	0.999 032	0.999 065	0.999 096	0.999 126	0.999 155	0.999 184	0.999 211	0.999 238	0.999 264	0.999 289
3.20	0.999 313	0.999 336	0.999 359	0.999 381	0.999 402	0.999 423	0.999 443	0.999 462	0.999 481	0.999 499
3.30	0.999 517	0.999 534	0.999 550	0.999 566	0.999 581	0.999 596	0.999 610	0.999 624	0.999 638	0.999 651
3.40	0.999 663	0.999 675	0.999 687	0.999 698	0.999 709	0.999 720	0.999 730	0.999 740	0.999 749	0.999 758
3.50	0.999 767	0.999 776	0.999 784	0.999 792	0.999 800	0.999 807	0.999 815	0.999 822	0.999 828	0.999 835

续表

x	0.00	0.01	0.02	0.03	0.04	0.05	0.06	0.07	0.08	0.09
3.60	0.999 841	0.999 847	0.999 853	0.999 858	0.999 864	0.999 869	0.999 874	0.999 879	0.999 883	0.999 888
3.70	0.999 892	0.999 896	0.999 900	0.999 904	0.999 908	0.999 912	0.999 915	0.999 918	0.999 922	0.999 925
3.80	0.999 928	0.999 931	0.999 933	0.999 936	0.999 938	0.999 941	0.999 943	0.999 946	0.999 948	0.999 950
3.90	0.999 952	0.999 954	0.999 956	0.999 958	0.999 959	0.999 961	0.999 963	0.999 964	0.999 966	0.999 967
4.00	0.999 968	0.999 970	0.999 971	0.999 972	0.999 973	0.999 974	0.999 975	0.999 976	0.999 977	0.999 978
4.10	0.999 979	0.999 980	0.999 981	0.999 982	0.999 983	0.999 983	0.999 984	0.999 985	0.999 985	0.999 986
4.20	0.999 987	0.999 987	0.999 988	0.999 988	0.999 989	0.999 989	0.999 990	0.999 990	0.999 991	0.999 991
4.30	0.999 991	0.999 992	0.999 992	0.999 993	0.999 993	0.999 993	0.999 993	0.999 994	0.999 994	0.999 994
4.40	0.999 995	0.999 995	0.999 995	0.999 995	0.999 996	0.999 996	0.999 996	0.999 996	0.999 996	0.999 996
4.50	0.999 997	0.999 997	0.999 997	0.999 997	0.999 997	0.999 997	0.999 997	0.999 998	0.999 998	0.999 998
4.60	0.999 998	0.999 998	0.999 998	0.999 998	0.999 998	0.999 998	0.999 998	0.999 998	0.999 999	0.999 999
4.70	0.999 999	0.999 999	0.999 999	0.999 999	0.999 999	0.999 999	0.999 999	0.999 999	0.999 999	0.999 999
4.80	0.999 999	0.999 999	0.999 999	0.999 999	0.999 999	0.999 999	0.999 999	0.999 999	0.999 999	0.999 999
4.90	1.000 000	1.000 000	1.000 000	1.000 000	1.000 000	1.000 000	1.000 000	1.000 000	1.000 000	1.000 000

注:本表对于 x 给出正态分布函数 $\Phi(x)$ 的数值.

例 对于 $x=1.33$,$\Phi(x)=0.908\ 241$.

附表 2　t 分布表

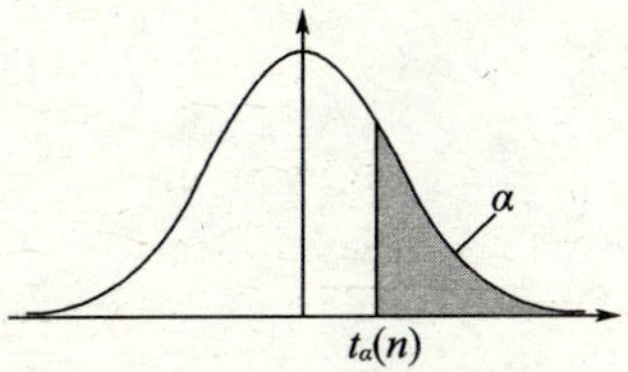

$$P\{t(n) > t_\alpha(n)\} = \alpha$$

自由度 n	$\alpha=0.10$	0.05	0.025	0.01	0.005	自由度 n	$\alpha=0.10$	0.05	0.025	0.01	0.005
1	3.077 7	6.313 8	12.706 2	31.820 5	63.656 7	24	1.317 8	1.710 9	2.063 9	2.492 2	2.796 9
2	1.885 6	2.920 0	4.302 7	6.964 6	9.924 8	25	1.316 3	1.708 1	2.059 5	2.485 1	2.787 4
3	1.637 7	2.353 4	3.182 4	4.540 7	5.840 9						
4	1.533 2	2.131 8	2.776 4	3.746 9	4.604 1	26	1.315 0	1.705 6	2.055 5	2.478 6	2.778 7
5	1.475 9	2.015 0	2.570 6	3.364 9	4.032 1	27	1.313 7	1.703 3	2.051 8	2.472 7	2.770 7
						28	1.312 5	1.701 1	2.048 4	2.467 1	2.763 3
6	1.439 8	1.943 2	2.446 9	3.142 7	3.707 4	29	1.311 4	1.699 1	2.045 2	2.462 0	2.756 4
7	1.414 9	1.894 6	2.364 6	2.998 0	3.499 5	30	1.310 4	1.697 3	2.042 3	2.457 3	2.750 0
8	1.396 8	1.859 5	2.306 0	2.896 5	3.355 4						
9	1.383 0	1.833 1	2.262 2	2.821 4	3.249 8	31	1.309 5	1.695 5	2.039 5	2.452 8	2.744 0
10	1.372 2	1.812 5	2.228 1	2.763 8	3.169 3	32	1.308 6	1.693 9	2.036 9	2.448 7	2.738 5
						33	1.307 7	1.692 4	2.034 5	2.444 8	2.733 3
11	1.363 4	1.795 9	2.201 0	2.718 1	3.105 8	34	1.307 0	1.690 9	2.032 2	2.441 1	2.728 4
12	1.356 2	1.782 3	2.178 8	2.681 0	3.054 5	35	1.306 2	1.689 6	2.030 1	2.437 7	2.723 8
13	1.350 2	1.770 9	2.160 4	2.650 3	3.012 3						
14	1.345 0	1.761 3	2.144 8	2.624 5	2.976 8	36	1.305 5	1.688 3	2.028 1	2.434 5	2.719 5
15	1.340 6	1.753 1	2.131 4	2.602 5	2.946 7	37	1.304 9	1.687 1	2.026 2	2.431 4	2.715 4
						38	1.304 2	1.686 0	2.024 4	2.428 6	2.711 6

续表

自由度 n	$\alpha=0.10$	0.05	0.025	0.01	0.005	自由度 n	$\alpha=0.10$	0.05	0.025	0.01	0.005
16	1.336 8	1.745 9	2.119 9	2.583 5	2.920 8	39	1.303 6	1.684 9	2.022 7	2.425 8	2.707 9
17	1.333 4	1.739 6	2.109 8	2.566 9	2.898 2	40	1.303 1	1.683 9	2.021 1	2.423 3	2.704 5
18	1.330 4	1.734 1	2.100 9	2.552 4	2.878 4						
19	1.327 7	1.729 1	2.093 0	2.539 5	2.860 9	41	1.302 5	1.682 9	2.019 5	2.420 8	2.701 2
20	1.325 3	1.724 7	2.086 0	2.528 0	2.845 3	42	1.302 0	1.682 0	2.018 1	2.418 5	2.698 1
						43	1.301 6	1.681 1	2.016 7	2.416 3	2.695 1
21	1.323 2	1.720 7	2.079 6	2.517 6	2.831 4	44	1.301 1	1.680 2	2.015 4	2.414 1	2.692 3
22	1.321 2	1.717 1	2.073 9	2.508 3	2.818 8	45	1.300 6	1.679 4	2.014 1	2.412 1	2.689 6
23	1.319 5	1.713 9	2.068 7	2.499 9	2.807 3						

附表 3 χ^2 分布表

$P\{\chi^2(n) > \chi^2_\alpha(n)\} = \alpha$

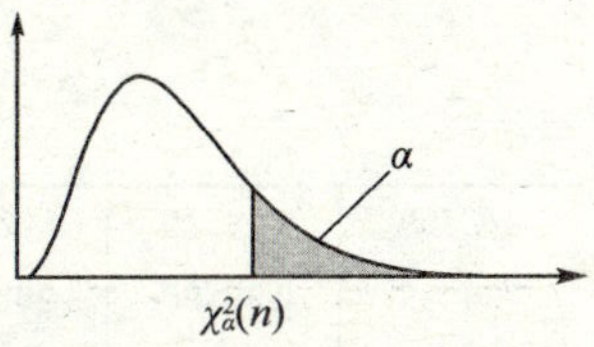

n	$\alpha = 0.995$	0.99	0.975	0.95	0.90	0.75	0.25	0.1	0.05	0.025	0.01	0.005
1	—	—	0.001	0.004	0.016	0.102	1.323	2.706	3.841	5.024	6.635	7.879
2	0.010	0.020	0.051	0.103	0.211	0.575	2.773	4.605	5.991	7.378	9.210	10.597
3	0.072	0.115	0.216	0.352	0.584	1.213	4.108	6.251	7.815	9.348	11.345	12.838
4	0.207	0.297	0.484	0.711	1.064	1.923	5.385	7.779	9.488	11.143	13.277	14.860
5	0.412	0.554	0.831	1.145	1.610	2.675	6.626	9.236	11.070	12.833	15.086	16.750
6	0.676	0.872	1.237	1.635	2.204	3.455	7.841	10.645	12.592	14.449	16.812	18.548
7	0.989	1.239	1.690	2.167	2.833	4.255	9.037	12.017	14.067	16.013	18.475	20.278
8	1.344	1.646	2.180	2.733	3.490	5.071	10.219	13.362	15.507	17.535	20.090	21.955
9	1.735	2.088	2.700	3.325	4.168	5.899	11.389	14.684	16.919	19.023	21.666	23.589
10	2.156	2.558	3.247	3.940	4.865	6.737	12.549	15.987	18.307	20.483	23.209	25.188
11	2.603	3.053	3.816	4.575	5.578	7.584	13.701	17.275	19.675	21.920	24.725	26.757
12	3.074	3.571	4.404	5.226	6.304	8.438	14.845	18.549	21.026	23.337	26.217	28.300
13	3.565	4.107	5.009	5.892	7.042	9.299	15.984	19.812	22.362	24.736	27.688	29.819
14	4.075	4.660	5.629	6.571	7.790	10.165	17.117	21.064	23.685	26.119	29.141	31.319
15	4.601	5.229	6.262	7.261	8.547	11.037	18.245	22.307	24.996	27.488	30.578	32.801

续表

n	$\alpha=0.995$	0.99	0.975	0.95	0.90	0.75	0.25	0.1	0.05	0.025	0.01	0.005
16	5.142	5.812	6.908	7.962	9.312	11.912	19.369	23.542	26.296	28.845	32.000	34.267
17	5.697	6.408	7.564	8.672	10.085	12.792	20.489	24.769	27.587	30.191	33.409	35.718
18	6.265	7.015	8.231	9.390	10.865	13.675	21.605	25.989	28.869	31.526	34.805	37.156
19	6.844	7.633	8.907	10.117	11.651	14.562	22.718	27.204	30.144	32.852	36.191	38.582
20	7.434	8.260	9.591	10.851	12.443	15.452	23.828	28.412	31.410	34.170	37.566	39.997
21	8.034	8.897	10.283	11.591	13.240	16.344	24.935	29.615	32.671	35.479	38.932	41.401
22	8.643	9.542	10.982	12.338	14.041	17.240	26.039	30.813	33.924	36.781	40.289	42.796
23	9.260	10.196	11.689	13.091	14.848	18.137	27.141	32.007	35.172	38.076	41.638	44.181
24	9.886	10.856	12.401	13.848	15.659	19.037	28.241	33.196	36.415	39.364	42.980	45.559
25	10.520	11.524	13.120	14.611	16.473	19.939	29.339	34.382	37.652	40.646	44.314	46.928
26	11.160	12.198	13.844	15.379	17.292	20.843	30.435	35.563	38.885	41.923	45.642	48.290
27	11.808	12.879	14.573	16.151	18.114	21.749	31.528	36.741	40.113	43.195	46.963	49.645
28	12.461	13.565	15.308	16.928	18.939	22.657	32.620	37.916	41.337	44.461	48.278	50.993
29	13.121	14.256	16.047	17.708	19.768	23.567	33.711	39.087	42.557	45.722	49.588	52.336
30	13.787	14.953	16.791	18.493	20.599	24.478	34.800	40.256	43.773	46.979	50.892	53.672
31	14.458	15.655	17.539	19.281	21.434	25.390	35.887	41.422	44.985	48.232	52.191	55.003
32	15.134	16.362	18.291	20.072	22.271	26.304	36.973	42.585	46.194	49.480	53.486	56.328
33	15.815	17.074	19.047	20.867	23.110	27.219	38.058	43.745	47.400	50.725	54.776	57.648
34	16.501	17.789	19.806	21.664	23.952	28.136	39.141	44.903	48.602	51.966	56.061	58.964
35	17.192	18.509	20.569	22.465	24.797	29.054	40.223	46.059	49.802	53.203	57.342	60.275

续表

n	$\alpha=0.995$	0.99	0.975	0.95	0.90	0.75	0.25	0.1	0.05	0.025	0.01	0.005
36	17.887	19.233	21.336	23.269	25.643	29.973	41.304	47.212	50.998	54.437	58.619	61.581
37	18.586	19.960	22.106	24.075	26.492	30.893	42.383	48.363	52.192	55.668	59.893	62.883
38	19.289	20.691	22.878	24.884	27.343	31.815	43.462	49.513	53.384	56.896	61.162	64.181
39	19.996	21.426	23.654	25.695	28.196	32.737	44.539	50.660	54.572	58.120	62.428	65.476
40	20.707	22.164	24.433	26.509	29.051	33.660	45.616	51.805	55.758	59.342	63.691	66.766
41	21.421	22.906	25.215	27.326	29.907	34.585	46.692	52.949	56.942	60.561	64.950	68.053
42	22.138	23.650	25.999	28.144	30.765	35.510	47.766	54.090	58.124	61.777	66.206	69.336
43	22.859	24.398	26.785	28.965	31.625	36.436	48.840	55.230	59.304	62.990	67.459	70.616
44	23.584	25.148	27.575	29.787	32.487	37.363	49.913	56.369	60.481	64.201	68.710	71.893
45	24.311	25.901	28.366	30.612	33.350	38.291	50.985	57.505	61.656	65.410	69.957	73.166

附表4　F 分布

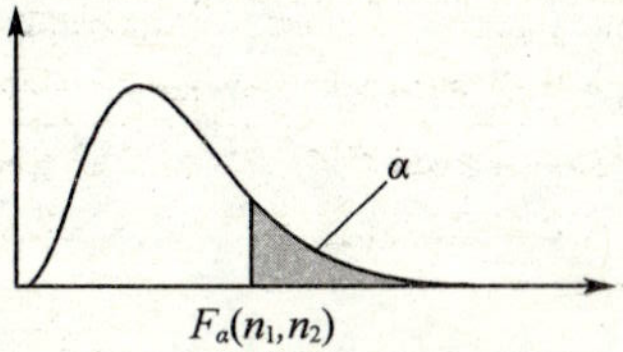

$$P\{F(n_1,n_2) > F_\alpha(n_1,n_2)\} = \alpha$$

$(\alpha = 0.10)$

n_2 \ n_1	1	2	3	4	5	6	7	8	9	10	12	15	20	24	30	40	60	120	∞
1	39.86	49.50	53.59	55.83	57.24	58.20	58.91	59.44	59.86	60.19	60.71	61.22	61.74	62.00	62.26	62.53	62.79	63.06	63.33
2	8.53	9.00	9.16	9.24	9.29	9.33	9.35	9.37	9.38	9.39	9.41	9.42	9.44	9.45	9.46	9.47	9.47	9.48	9.49
3	5.54	5.46	5.39	5.34	5.31	5.28	5.27	5.25	5.24	5.23	5.22	5.20	5.18	5.18	5.17	5.16	5.15	5.14	5.13
4	4.54	4.32	4.19	4.11	4.05	4.01	3.98	3.95	3.94	3.92	3.90	3.87	3.84	3.83	3.82	3.80	3.79	3.78	3.76
5	4.06	3.78	3.62	3.52	3.45	3.40	3.37	3.34	3.32	3.30	3.27	3.24	3.21	3.19	3.17	3.16	3.14	3.12	3.10
6	3.78	3.46	3.29	3.18	3.11	3.05	3.01	2.98	2.96	2.94	2.90	2.87	2.84	2.82	2.80	2.78	2.76	2.74	2.72
7	3.59	3.26	3.07	2.96	2.88	2.83	2.78	2.75	2.72	2.70	2.67	2.63	2.59	2.58	2.56	2.54	2.51	2.49	2.47
8	3.46	3.11	2.92	2.81	2.73	2.67	2.62	2.59	2.56	2.54	2.50	2.46	2.42	2.40	2.38	2.36	2.34	2.32	2.29
9	3.36	3.01	2.81	2.69	2.61	2.55	2.51	2.47	2.44	2.42	2.38	2.34	2.30	2.28	2.25	2.23	2.21	2.18	2.16
10	3.29	2.92	2.73	2.61	2.52	2.46	2.41	2.38	2.35	2.32	2.28	2.24	2.20	2.18	2.16	2.13	2.11	2.08	2.06
11	3.23	2.86	2.66	2.54	2.45	2.39	2.34	2.30	2.27	2.25	2.21	2.17	2.12	2.10	2.08	2.05	2.03	2.00	1.97
12	3.18	2.81	2.61	2.48	2.39	2.33	2.28	2.24	2.21	2.19	2.15	2.10	2.06	2.04	2.01	1.99	1.96	1.93	1.90
13	3.14	2.76	2.56	2.43	2.35	2.28	2.23	2.20	2.16	2.14	2.10	2.05	2.01	1.98	1.96	1.93	1.90	1.88	1.85
14	3.10	2.73	2.52	2.39	2.31	2.24	2.19	2.15	2.12	2.10	2.05	2.01	1.96	1.94	1.91	1.89	1.86	1.83	1.80
15	3.07	2.70	2.49	2.36	2.27	2.21	2.16	2.12	2.09	2.06	2.02	1.97	1.92	1.90	1.87	1.85	1.82	1.79	1.76

续表

n_2 \ n_1	1	2	3	4	5	6	7	8	9	10	12	15	20	24	30	40	60	120	∞
16	3.05	2.67	2.46	2.33	2.24	2.18	2.13	2.09	2.06	2.03	1.99	1.94	1.89	1.87	1.84	1.81	1.78	1.75	1.72
17	3.03	2.64	2.44	2.31	2.22	2.15	2.10	2.06	2.03	2.00	1.96	1.91	1.86	1.84	1.81	1.78	1.75	1.72	1.69
18	3.01	2.62	2.42	2.29	2.20	2.13	2.08	2.04	2.00	1.98	1.93	1.89	1.84	1.81	1.78	1.75	1.72	1.69	1.66
19	2.99	2.61	2.40	2.27	2.18	2.11	2.06	2.02	1.98	1.96	1.91	1.86	1.81	1.79	1.76	1.73	1.70	1.67	1.63
20	2.97	2.59	2.38	2.25	2.16	2.09	2.04	2.00	1.96	1.94	1.89	1.84	1.79	1.77	1.74	1.71	1.68	1.64	1.61
21	2.96	2.57	2.36	2.23	2.14	2.08	2.02	1.98	1.95	1.92	1.87	1.83	1.78	1.75	1.72	1.69	1.66	1.62	1.59
22	2.95	2.56	2.35	2.22	2.13	2.06	2.01	1.97	1.93	1.90	1.86	1.81	1.76	1.73	1.70	1.67	1.64	1.60	1.57
23	2.94	2.55	2.34	2.21	2.11	2.05	1.99	1.95	1.92	1.89	1.84	1.80	1.74	1.72	1.69	1.66	1.62	1.59	1.55
24	2.93	2.54	2.33	2.19	2.10	2.04	1.98	1.94	1.91	1.88	1.83	1.78	1.73	1.70	1.67	1.64	1.61	1.57	1.53
25	2.92	2.53	2.32	2.18	2.09	2.02	1.97	1.93	1.89	1.87	1.82	1.77	1.72	1.69	1.66	1.63	1.59	1.56	1.52
26	2.91	2.52	2.31	2.17	2.08	2.01	1.96	1.92	1.88	1.86	1.81	1.76	1.71	1.68	1.65	1.61	1.58	1.54	1.50
27	2.90	2.51	2.30	2.17	2.07	2.00	1.95	1.91	1.87	1.85	1.80	1.75	1.70	1.67	1.64	1.60	1.57	1.53	1.49
28	2.89	2.50	2.29	2.16	2.06	2.00	1.94	1.90	1.87	1.84	1.79	1.74	1.69	1.66	1.63	1.59	1.56	1.52	1.48
29	2.89	2.50	2.28	2.15	2.06	1.99	1.93	1.89	1.86	1.83	1.78	1.73	1.68	1.65	1.62	1.58	1.55	1.51	1.47
30	2.88	2.49	2.28	2.14	2.05	1.98	1.93	1.88	1.85	1.82	1.77	1.72	1.67	1.64	1.61	1.57	1.54	1.50	1.46
40	2.84	2.44	2.23	2.09	2.00	1.93	1.87	1.83	1.79	1.76	1.71	1.66	1.61	1.57	1.54	1.51	1.47	1.42	1.38
60	2.79	2.39	2.18	2.04	1.95	1.87	1.82	1.77	1.74	1.71	1.66	1.60	1.54	1.51	1.48	1.44	1.40	1.35	1.29
120	2.75	2.35	2.13	1.99	1.90	1.82	1.77	1.72	1.68	1.65	1.60	1.55	1.48	1.45	1.41	1.37	1.32	1.26	1.19
∞	2.71	2.30	2.08	1.94	1.85	1.77	1.72	1.67	1.63	1.60	1.55	1.49	1.42	1.38	1.34	1.30	1.24	1.17	1.00

续表

($\alpha = 0.05$)

n_2 \ n_1	1	2	3	4	5	6	7	8	9	10	12	15	20	24	30	40	60	120	∞
1	161.45	199.50	215.71	224.58	230.16	233.99	236.77	238.88	240.54	241.88	243.91	245.95	248.01	249.05	250.10	251.14	252.20	253.25	254.31
2	18.51	19.00	19.16	19.25	19.30	19.33	19.35	19.37	19.38	19.40	19.41	19.43	19.45	19.45	19.46	19.47	19.48	19.49	19.50
3	10.13	9.55	9.28	9.12	9.01	8.94	8.89	8.85	8.81	8.79	8.74	8.70	8.66	8.64	8.62	8.59	8.57	8.55	8.53
4	7.71	6.94	6.59	6.39	6.26	6.16	6.09	6.04	6.00	5.96	5.91	5.86	5.80	5.77	5.75	5.72	5.69	5.66	5.63
5	6.61	5.79	5.41	5.19	5.05	4.95	4.88	4.82	4.77	4.74	4.68	4.62	4.56	4.53	4.50	4.46	4.43	4.40	4.36
6	5.99	5.14	4.76	4.53	4.39	4.28	4.21	4.15	4.10	4.06	4.00	3.94	3.87	3.84	3.81	3.77	3.74	3.70	3.67
7	5.59	4.74	4.35	4.12	3.97	3.87	3.79	3.73	3.68	3.64	3.57	3.51	3.44	3.41	3.38	3.34	3.30	3.27	3.23
8	5.32	4.46	4.07	3.84	3.69	3.58	3.50	3.44	3.39	3.35	3.28	3.22	3.15	3.12	3.08	3.04	3.01	2.97	2.93
9	5.12	4.26	3.86	3.63	3.48	3.37	3.29	3.23	3.18	3.14	3.07	3.01	2.94	2.90	2.86	2.83	2.79	2.75	2.71
10	4.96	4.10	3.71	3.48	3.33	3.22	3.14	3.07	3.02	2.98	2.91	2.85	2.77	2.74	2.70	2.66	2.62	2.58	2.54
11	4.84	3.98	3.59	3.36	3.20	3.09	3.01	2.95	2.90	2.85	2.79	2.72	2.65	2.61	2.57	2.53	2.49	2.45	2.40
12	4.75	3.89	3.49	3.26	3.11	3.00	2.91	2.85	2.80	2.75	2.69	2.62	2.54	2.51	2.47	2.43	2.38	2.34	2.30
13	4.67	3.81	3.41	3.18	3.03	2.92	2.83	2.77	2.71	2.67	2.60	2.53	2.46	2.42	2.38	2.34	2.30	2.25	2.21
14	4.60	3.74	3.34	3.11	2.96	2.85	2.76	2.70	2.65	2.60	2.53	2.46	2.39	2.35	2.31	2.27	2.22	2.18	2.13
15	4.54	3.68	3.29	3.06	2.90	2.79	2.71	2.64	2.59	2.54	2.48	2.40	2.33	2.29	2.25	2.20	2.16	2.11	2.07
16	4.49	3.63	3.24	3.01	2.85	2.74	2.66	2.59	2.54	2.49	2.42	2.35	2.28	2.24	2.19	2.15	2.11	2.06	2.01
17	4.45	3.59	3.20	2.96	2.81	2.70	2.61	2.55	2.49	2.45	2.38	2.31	2.23	2.19	2.15	2.10	2.06	2.01	1.96
18	4.41	3.55	3.16	2.93	2.77	2.66	2.58	2.51	2.46	2.41	2.34	2.27	2.19	2.15	2.11	2.06	2.02	1.97	1.92
19	4.38	3.52	3.13	2.90	2.74	2.63	2.54	2.48	2.42	2.38	2.31	2.23	2.16	2.11	2.07	2.03	1.98	1.93	1.88
20	4.35	3.49	3.10	2.87	2.71	2.60	2.51	2.45	2.39	2.35	2.28	2.20	2.12	2.08	2.04	1.99	1.95	1.90	1.84

续表

n_2 \ n_1	1	2	3	4	5	6	7	8	9	10	12	15	20	24	30	40	60	120	∞
21	4.32	3.47	3.07	2.84	2.68	2.57	2.49	2.42	2.37	2.32	2.25	2.18	2.10	2.05	2.01	1.96	1.92	1.87	1.81
22	4.30	3.44	3.05	2.82	2.66	2.55	2.46	2.40	2.34	2.30	2.23	2.15	2.07	2.03	1.98	1.94	1.89	1.84	1.78
23	4.28	3.42	3.03	2.80	2.64	2.53	2.44	2.37	2.32	2.27	2.20	2.13	2.05	2.01	1.96	1.91	1.86	1.81	1.76
24	4.26	3.40	3.01	2.78	2.62	2.51	2.42	2.36	2.30	2.25	2.18	2.11	2.03	1.98	1.94	1.89	1.84	1.79	1.73
25	4.24	3.39	2.99	2.76	2.60	2.49	2.40	2.34	2.28	2.24	2.16	2.09	2.01	1.96	1.92	1.87	1.82	1.77	1.71
26	4.23	3.37	2.98	2.74	2.59	2.47	2.39	2.32	2.27	2.22	2.15	2.07	1.99	1.95	1.90	1.85	1.80	1.75	1.69
27	4.21	3.35	2.96	2.73	2.57	2.46	2.37	2.31	2.25	2.20	2.13	2.06	1.97	1.93	1.88	1.84	1.79	1.73	1.67
28	4.20	3.34	2.95	2.71	2.56	2.45	2.36	2.29	2.24	2.19	2.12	2.04	1.96	1.91	1.87	1.82	1.77	1.71	1.65
29	4.18	3.33	2.93	2.70	2.55	2.43	2.35	2.28	2.22	2.18	2.10	2.03	1.94	1.90	1.85	1.81	1.75	1.70	1.64
30	4.17	3.32	2.92	2.69	2.53	2.42	2.33	2.27	2.21	2.16	2.09	2.01	1.93	1.89	1.84	1.79	1.74	1.68	1.62
40	4.08	3.23	2.84	2.61	2.45	2.34	2.25	2.18	2.12	2.08	2.00	1.92	1.84	1.79	1.74	1.69	1.64	1.58	1.51
60	4.00	3.15	2.76	2.53	2.37	2.25	2.17	2.10	2.04	1.99	1.92	1.84	1.75	1.70	1.65	1.59	1.53	1.47	1.39
120	3.92	3.07	2.68	2.45	2.29	2.18	2.09	2.02	1.96	1.91	1.83	1.75	1.66	1.61	1.55	1.50	1.43	1.35	1.25
∞	3.84	3.00	2.60	2.37	2.21	2.10	2.01	1.94	1.88	1.83	1.75	1.67	1.57	1.52	1.46	1.39	1.32	1.22	1.00

$(\alpha = 0.025)$

n_2 \ n_1	1	2	3	4	5	6	7	8	9	10	12	15	20	24	30	40	60	120	∞
1	647.79	799.50	864.16	899.58	921.85	937.11	948.22	956.66	963.28	968.63	976.71	984.87	993.10	997.25	1001.41	1005.60	1009.80	1014.02	1018.26
2	38.51	39.00	39.17	39.25	39.30	39.33	39.36	39.37	39.39	39.40	39.41	39.43	39.45	39.46	39.46	39.47	39.48	39.49	39.50
3	17.44	16.04	15.44	15.10	14.88	14.73	14.62	14.54	14.47	14.42	14.34	14.25	14.17	14.12	14.08	14.04	13.99	13.95	13.90
4	12.22	10.65	9.98	9.60	9.36	9.20	9.07	8.98	8.90	8.84	8.75	8.66	8.56	8.51	8.46	8.41	8.36	8.31	8.26
5	10.01	8.43	7.76	7.39	7.15	6.98	6.85	6.76	6.68	6.62	6.52	6.43	6.33	6.28	6.23	6.18	6.12	6.07	6.02
6	8.81	7.26	6.60	6.23	5.99	5.82	5.70	5.60	5.52	5.46	5.37	5.27	5.17	5.12	5.07	5.01	4.96	4.90	4.85
7	8.07	6.54	5.89	5.52	5.29	5.12	4.99	4.90	4.82	4.76	4.67	4.57	4.47	4.41	4.36	4.31	4.25	4.20	4.14
8	7.57	6.06	5.42	5.05	4.82	4.65	4.53	4.43	4.36	4.30	4.20	4.10	4.00	3.95	3.89	3.84	3.78	3.73	3.67

续表

n_2 \ n_1	1	2	3	4	5	6	7	8	9	10	12	15	20	24	30	40	60	120	∞
9	7.21	5.71	5.08	4.72	4.48	4.32	4.20	4.10	4.03	3.96	3.87	3.77	3.67	3.61	3.56	3.51	3.45	3.39	3.33
10	6.94	5.46	4.83	4.47	4.24	4.07	3.95	3.85	3.78	3.72	3.62	3.52	3.42	3.37	3.31	3.26	3.20	3.14	3.08
11	6.72	5.26	4.63	4.28	4.04	3.88	3.76	3.66	3.59	3.53	3.43	3.33	3.23	3.17	3.12	3.06	3.00	2.94	2.88
12	6.55	5.10	4.47	4.12	3.89	3.73	3.61	3.51	3.44	3.37	3.28	3.18	3.07	3.02	2.96	2.91	2.85	2.79	2.72
13	6.41	4.97	4.35	4.00	3.77	3.60	3.48	3.39	3.31	3.25	3.15	3.05	2.95	2.89	2.84	2.78	2.72	2.66	2.60
14	6.30	4.86	4.24	3.89	3.66	3.50	3.38	3.29	3.21	3.15	3.05	2.95	2.84	2.79	2.73	2.67	2.61	2.55	2.49
15	6.20	4.77	4.15	3.80	3.58	3.41	3.29	3.20	3.12	3.06	2.96	2.86	2.76	2.70	2.64	2.59	2.52	2.46	2.40
16	6.12	4.69	4.08	3.73	3.50	3.34	3.22	3.12	3.05	2.99	2.89	2.79	2.68	2.63	2.57	2.51	2.45	2.38	2.32
17	6.04	4.62	4.01	3.66	3.44	3.28	3.16	3.06	2.98	2.92	2.82	2.72	2.62	2.56	2.50	2.44	2.38	2.32	2.25
18	5.98	4.56	3.95	3.61	3.38	3.22	3.10	3.01	2.93	2.87	2.77	2.67	2.56	2.50	2.44	2.38	2.32	2.26	2.19
19	5.92	4.51	3.90	3.56	3.33	3.17	3.05	2.96	2.88	2.82	2.72	2.62	2.51	2.45	2.39	2.33	2.27	2.20	2.13
20	5.87	4.46	3.86	3.51	3.29	3.13	3.01	2.91	2.84	2.77	2.68	2.57	2.46	2.41	2.35	2.29	2.22	2.16	2.09
21	5.83	4.42	3.82	3.48	3.25	3.09	2.97	2.87	2.80	2.73	2.64	2.53	2.42	2.37	2.31	2.25	2.18	2.11	2.04
22	5.79	4.38	3.78	3.44	3.22	3.05	2.93	2.84	2.76	2.70	2.60	2.50	2.39	2.33	2.27	2.21	2.14	2.08	2.00
23	5.75	4.35	3.75	3.41	3.18	3.02	2.90	2.81	2.73	2.67	2.57	2.47	2.36	2.30	2.24	2.18	2.11	2.04	1.97
24	5.72	4.32	3.72	3.38	3.15	2.99	2.87	2.78	2.70	2.64	2.54	2.44	2.33	2.27	2.21	2.15	2.08	2.01	1.94
25	5.69	4.29	3.69	3.35	3.13	2.97	2.85	2.75	2.68	2.61	2.51	2.41	2.30	2.24	2.18	2.12	2.05	1.98	1.91
26	5.66	4.27	3.67	3.33	3.10	2.94	2.82	2.73	2.65	2.59	2.49	2.39	2.28	2.22	2.16	2.09	2.03	1.95	1.88
27	5.63	4.24	3.65	3.31	3.08	2.92	2.80	2.71	2.63	2.57	2.47	2.36	2.25	2.19	2.13	2.07	2.00	1.93	1.85
28	5.61	4.22	3.63	3.29	3.06	2.90	2.78	2.69	2.61	2.55	2.45	2.34	2.23	2.17	2.11	2.05	1.98	1.91	1.83
29	5.59	4.20	3.61	3.27	3.04	2.88	2.76	2.67	2.59	2.53	2.43	2.32	2.21	2.15	2.09	2.03	1.96	1.89	1.81
30	5.57	4.18	3.59	3.25	3.03	2.87	2.75	2.65	2.57	2.51	2.41	2.31	2.20	2.14	2.07	2.01	1.94	1.87	1.79

续表

n_2 \ n_1	1	2	3	4	5	6	7	8	9	10	12	15	20	24	30	40	60	120	∞
40	5.42	4.05	3.46	3.13	2.90	2.74	2.62	2.53	2.45	2.39	2.29	2.18	2.07	2.01	1.94	1.88	1.80	1.72	1.64
60	5.29	3.93	3.34	3.01	2.79	2.63	2.51	2.41	2.33	2.27	2.17	2.06	1.94	1.88	1.82	1.74	1.67	1.58	1.48
120	5.15	3.80	3.23	2.89	2.67	2.52	2.39	2.30	2.22	2.16	2.05	1.94	1.82	1.76	1.69	1.61	1.53	1.43	1.31
∞	5.02	3.69	3.12	2.79	2.57	2.41	2.29	2.19	2.11	2.05	1.94	1.83	1.71	1.64	1.57	1.48	1.39	1.27	1.00

($\alpha = 0.001$)

n_2 \ n_1	1	2	3	4	5	6	7	8	9	10	12	15	20	24	30	40	60	120	∞
1	4 052	5 000	5 403	5 625	5 764	5 859	5 928	5 981	6 022	6 056	6 106	6 157	6 209	6 235	6 261	6 287	6 313	6 339	6 366
2	98.50	99.00	99.17	99.25	99.30	99.33	99.36	99.37	99.39	99.40	99.42	99.43	99.45	99.46	99.47	99.47	99.48	99.49	99.50
3	34.12	30.82	29.46	28.71	28.24	27.91	27.67	27.49	27.35	27.23	27.05	26.87	26.69	26.60	26.50	26.41	26.32	26.22	26.13
4	21.20	18.00	16.69	15.98	15.52	15.21	14.98	14.80	14.66	14.55	14.37	14.20	14.02	13.93	13.84	13.75	13.65	13.56	13.46
5	16.26	13.27	12.06	11.39	10.97	10.67	10.46	10.29	10.16	10.05	9.89	9.72	9.55	9.47	9.38	9.29	9.20	9.11	9.02
6	13.75	10.92	9.78	9.15	8.75	8.47	8.26	8.10	7.98	7.87	7.72	7.56	7.40	7.31	7.23	7.14	7.06	6.97	6.88
7	12.25	9.55	8.45	7.85	7.46	7.19	6.99	6.84	6.72	6.62	6.47	6.31	6.16	6.07	5.99	5.91	5.82	5.74	5.65
8	11.26	8.65	7.59	7.01	6.63	6.37	6.18	6.03	5.91	5.81	5.67	5.52	5.36	5.28	5.20	5.12	5.03	4.95	4.86
9	10.56	8.02	6.99	6.42	6.06	5.80	5.61	5.47	5.35	5.26	5.11	4.96	4.81	4.73	4.65	4.57	4.48	4.40	4.31
10	10.04	7.56	6.55	5.99	5.64	5.39	5.20	5.06	4.94	4.85	4.71	4.56	4.41	4.33	4.25	4.17	4.08	4.00	3.91
11	9.65	7.21	6.22	5.67	5.32	5.07	4.89	4.74	4.63	4.54	4.40	4.25	4.10	4.02	3.94	3.86	3.78	3.69	3.60
12	9.33	6.93	5.95	5.41	5.06	4.82	4.64	4.50	4.39	4.30	4.16	4.01	3.86	3.78	3.70	3.62	3.54	3.45	3.36
13	9.07	6.70	5.74	5.21	4.86	4.62	4.44	4.30	4.19	4.10	3.96	3.82	3.66	3.59	3.51	3.43	3.34	3.25	3.17
14	8.86	6.51	5.56	5.04	4.69	4.46	4.28	4.14	4.03	3.94	3.80	3.66	3.51	3.43	3.35	3.27	3.18	3.09	3.00
15	8.68	6.36	5.42	4.89	4.56	4.32	4.14	4.00	3.89	3.80	3.67	3.52	3.37	3.29	3.21	3.13	3.05	2.96	2.87
16	8.53	6.23	5.29	4.77	4.44	4.20	4.03	3.89	3.78	3.69	3.55	3.41	3.26	3.18	3.10	3.02	2.93	2.84	2.75
17	8.40	6.11	5.18	4.67	4.34	4.10	3.93	3.79	3.68	3.59	3.46	3.31	3.16	3.08	3.00	2.92	2.83	2.75	2.65
18	8.29	6.01	5.09	4.58	4.25	4.01	3.84	3.71	3.60	3.51	3.37	3.23	3.08	3.00	2.92	2.84	2.75	2.66	2.57
19	8.18	5.93	5.01	4.50	4.17	3.94	3.77	3.63	3.52	3.43	3.30	3.15	3.00	2.92	2.84	2.76	2.67	2.58	2.49

续表

n_2 \ n_1	1	2	3	4	5	6	7	8	9	10	12	15	20	24	30	40	60	120	∞
20	8.10	5.85	4.94	4.43	4.10	3.87	3.70	3.56	3.46	3.37	3.23	3.09	2.94	2.86	2.78	2.69	2.61	2.52	2.42
21	8.02	5.78	4.87	4.37	4.04	3.81	3.64	3.51	3.40	3.31	3.17	3.03	2.88	2.80	2.72	2.64	2.55	2.46	2.36
22	7.95	5.72	4.82	4.31	3.99	3.76	3.59	3.45	3.35	3.26	3.12	2.98	2.83	2.75	2.67	2.58	2.50	2.40	2.31
23	7.88	5.66	4.76	4.26	3.94	3.71	3.54	3.41	3.30	3.21	3.07	2.93	2.78	2.70	2.62	2.54	2.45	2.35	2.26
24	7.82	5.61	4.72	4.22	3.90	3.67	3.50	3.36	3.26	3.17	3.03	2.89	2.74	2.66	2.58	2.49	2.40	2.31	2.21
25	7.77	5.57	4.68	4.18	3.85	3.63	3.46	3.32	3.22	3.13	2.99	2.85	2.70	2.62	2.54	2.45	2.36	2.27	2.17
26	7.72	5.53	4.64	4.14	3.82	3.59	3.42	3.29	3.18	3.09	2.96	2.81	2.66	2.58	2.50	2.42	2.33	2.23	2.13
27	7.68	5.49	4.60	4.11	3.78	3.56	3.39	3.26	3.15	3.06	2.93	2.78	2.63	2.55	2.47	2.38	2.29	2.20	2.10
28	7.64	5.45	4.57	4.07	3.75	3.53	3.36	3.23	3.12	3.03	2.90	2.75	2.60	2.52	2.44	2.35	2.26	2.17	2.06
29	7.60	5.42	4.54	4.04	3.73	3.50	3.33	3.20	3.09	3.00	2.87	2.73	2.57	2.49	2.41	2.33	2.23	2.14	2.03
30	7.56	5.39	4.51	4.02	3.70	3.47	3.30	3.17	3.07	2.98	2.84	2.70	2.55	2.47	2.39	2.30	2.21	2.11	2.01
40	7.31	5.18	4.31	3.83	3.51	3.29	3.12	2.99	2.89	2.80	2.66	2.52	2.37	2.29	2.20	2.11	2.02	1.92	1.80
60	7.08	4.98	4.13	3.65	3.34	3.12	2.95	2.82	2.72	2.63	2.50	2.35	2.20	2.12	2.03	1.94	1.84	1.73	1.60
120	6.85	4.79	3.95	3.48	3.17	2.96	2.79	2.66	2.56	2.47	2.34	2.19	2.03	1.95	1.86	1.76	1.66	1.53	1.38
∞	6.63	4.61	3.78	3.32	3.02	2.80	2.64	2.51	2.41	2.32	2.18	2.04	1.88	1.79	1.70	1.59	1.47	1.32	1.00

习题答案

习题 1.1

1. (1) $(-\infty,0)\cup(0,+\infty)$;(2) $(0,+\infty)$;(3) $(-\infty,-1)\cup(-1,+\infty)$;(4) $[0,+\infty)$;(5) $(-\infty,-1)\cup(1,+\infty)$;(6) $\left(\frac{k}{2}\pi-\frac{\pi}{4},\frac{k}{2}\pi+\frac{\pi}{4}\right),k\in\mathbf{Z}$. **2.** $(0,+\infty),(-\infty,0),(1,+\infty),(0,+\infty)$. **3.** $1,-11,\frac{2}{x}+\frac{1}{x^3}+1$. **4.** 略 **5.** (1) 偶函数;(2) 奇函数;(3) 偶函数;(4) 偶函数.
6. (1) $y=(x+1)^2$;(2) $y=\frac{1}{1+x^2}$;(3) $y=\sin 2x$;(4) $y=e^{\sqrt{x-1}}$. **7.** (1) $y=\sqrt{u},u=3x+1$;(2) $y=\sin u,u=4x-3$;(3) $y=e^u,u=\cos x$;(4) $y=\ln u,u=x^2-1$;(5) $y=\arctan u,u=2^x$;(6) $y=u^3,u=\tan v,v=2x+1$. **8.** 略 **9.** 略 **10.** $R(p)=(1\,200-50p)p$,$p=12$时,收入最多. **11.** 略 **12.** $y=(1-x)^2$.

习题 1.2

略

习题 2.1

1. (1) 否;(2) 否. **2.** (1) 5;(2) 1;(3) 0;(4) 不存在;(5) 2;(6) 1;(7) 0;(8) $-\frac{\pi}{2}$;(9) 12;(10) 1;(11) 0;(12) 1. **3.** $\lim\limits_{x\to1}f(x)=0,\lim\limits_{x\to0^-}f(x)=1,\lim\limits_{x\to0^+}f(x)=-1,\lim\limits_{x\to0}f(x)$不存在.
4. $\lim\limits_{x\to-1}f(x)=-1,\lim\limits_{x\to0}f(x)=0,\lim\limits_{x\to\frac{\pi}{2}}f(x)=1,\lim\limits_{x\to\pi}f(x)$不存在,$\lim\limits_{x\to4}f(x)=1$.

习题 2.2

1. (1) 2;(2) $\frac{1}{8}$;(3) $\frac{1}{4}$;(4) $\frac{1}{2}$;(5) $\frac{1}{2}$;(6) $\frac{1}{5}$. **2.** $b=1,\lim\limits_{x\to0}f(x)=1$. **3.** $\lim\limits_{n\to\infty}A_n=\lim\limits_{n\to\infty}A(1+r)^n=+\infty$,其实际意义为:存款时间越长,本利和越大,当存款时间无限长时,本利和也无限增大.
4. (1) 无穷大;(2) 无穷小;(3) 无穷小;(4) 无穷小.

习题 2.3

1. (1) 3;(2) 2;(3) 1;(4) $\frac{1}{3}$;(5) e^2;(6) e;(7) e;(8) e^2.

习题 3.1

1. (1) $a_n=(-2)(n-1)$;(2) $a_n=\frac{1}{3}\times\left(-\frac{1}{3}\right)^{n-1}$;(3) $a_n=(-1)^{n-1}\times n^n$;(4) $a_n=\frac{n}{2n-1}$.

2. (1) $a_1=-4, s_{10}=-10$;(2) $d=\frac{47}{7}, s_3=\frac{162}{7}$.　**3.** (1) $s_6=-21$;(2) $n=5, a_n=128$.

习题 3.2

1. (1) 错;(2) 对;(3) 错;(4) 错;(5) 错;(6) 对;(7) 对;(8) 错.　**2.** (1) 发散;(2) 收敛;(3) 收敛;(4) 发散.

习题 3.3

1. (1) 发散;(2) 收敛.　**2.** (1) 收敛;(2) 收敛.　**3.** (1) 条件收敛;(2) 条件收敛;(3) 绝对收敛;(4) 绝对收敛.

习题 4.1

1. (1) $x=0$ 为间断点;(2) 无间断点.　**3.** $(-\infty,-1)\cup(-1,1)\cup(1,+\infty)$.　**4.** (1) 1;(2) 0;(3) 1;(4) 1.　**6.** $a=b=2$.

习题 4.2

1. (1) $\bar{v}=1+\Delta t$;(2) $v(1)=1$.　**2.** (1) $y'=2x$;(2) $y'=2\cos 2x$.　**3.** (1) $y'\Big|_{x=1}=3$;(2) $y'=1$.　**4.** 切线方程为 $y=\frac{x}{\mathrm{e}}$;法线方程为 $y=-\mathrm{e}x+\mathrm{e}^2+1$.　**5.** 连续;不可导;有切线.

6. 函数 $f(x)$ 在 $x=0$ 处连续,不可导.

习题 4.3

1. (1) $y'=\frac{1}{3}x^{-\frac{2}{3}}$;(2) $y'=2x\cdot\ln 2-\frac{1}{x^2}$;(3) $y'=2x\cos x\ln x+x^2\left(\frac{\cos x}{x}-\sin x\ln x\right)$;(4) $y'=\frac{2}{(x+1)^2}$.　**2.** $y'(0)=1, y'(1)=\frac{1}{4}-\frac{\pi}{8}$.　**3.** (1) $y'=\frac{-3}{(3x-7)^2}$;(2) $y'=\frac{3}{2\sqrt{x-x^2}}$;(3) $y'=3\sec^2(3x-1)$;(4) $y'=\mathrm{e}^{-x}-x\mathrm{e}^{-x}+2x\mathrm{e}^{\frac{x}{2}}+\frac{1}{2}x^2\mathrm{e}^{\frac{x}{2}}$;(5) $y'=3\cos^2(\cos x)\cdot\sin(\cos x)\cdot\sin x$;(6) $y'=\frac{3\ln^2(x+1)}{x+1}$.　**4.** 切线方程为 $y-\mathrm{e}=2(x-\mathrm{e})$,法线方程为 $y-\mathrm{e}=-\frac{1}{2}(x-\mathrm{e})$.

5. (1) $y'=-\frac{y}{\mathrm{e}^y+x}$;(2) $y'=\frac{\cos y}{x\sin y-1}$.　**6.** $y'=\frac{\sin t}{1-\cos t}$.　**7.** (1) $y''=-6\sin x-3x\cos x$;(2) $y''=\frac{1+2x}{x^4}\mathrm{e}^{\frac{1}{x}}$.　**8.** $f''(0)=2$.　**9.** $v_{(0)}=6, a_{(0)}=9$.

习题 4.4

略

习题 4. 5

1. $\Delta y=\ln 1.002, \mathrm{d}y=0.002$. **2.** (1) $\mathrm{d}y=-\frac{2}{x^3}\mathrm{d}x$;(2) $\mathrm{d}y=2\mathrm{e}^{2x+1}$;(3) $\mathrm{d}y=-\sin 2x\mathrm{d}x$;(4) $\mathrm{d}y=\left[\mathrm{e}^x(1+x)+\frac{1}{x+1}\right]\mathrm{d}x$. **3.** (1) $2x$;(2) e^x;(3) $\ln t$;(4) $\tan x$;(5) $\ln(x+1)$;(6) $\mathrm{e}^{\sqrt{x}}$;(7) $\frac{1}{2}\sin 2x$;(8) $\ln(1+x^2)$. **4.** (1) 0.97;(2) 8.944 4. **5.** 3.14 cm^2.

习题 4. 6

1. (1) $-\frac{2}{5}$;(2) ∞; (3) $-\frac{1}{2}$;(4) ∞. **2.** (1) 在$(-\infty,+\infty)$上单调增加;(2) 在$(-\infty,-2]$和$[0,2]$上单调减少,在$[-2,0]$和$[2,+\infty)$上单调增加. **3.** (1) 在 $x=-1$ 处取得极大值 19,在 $x=3$ 处取得极小值-13;(2) 在 $x=\frac{12}{5}$ 处取得极大值$\frac{\sqrt{205}}{10}$. **4.** (1) 最小值-5,最大值 180;(2) 最 小值-1,最大值3. **5.** (1) 凹区间$\left(\frac{5}{3},+\infty\right)$,凸区间$\left(-\infty,\frac{5}{3}\right)$,拐点$\left(\frac{5}{3},\frac{20}{27}\right)$;(2) 凹区间$(1,+\infty)$,凸区间$(-\infty,1)$,拐点$(1,\mathrm{e}^{-2})$.

习题 5. 1

1. (1) $\frac{2}{3}x^{\frac{3}{2}}$;(2) $\mathrm{e}^x+\frac{x^2}{2}$;(3) $\frac{1}{2}\mathrm{e}^{2x}$. **2.** (1) $-\frac{1}{2x^2}+C$;(2) $\arctan x+C$;(3) $\frac{2^x}{\ln 2}+C$.

3. (1) $\mathrm{e}^x(\sin+\cos x)$;(2) $\frac{1}{\sqrt{x}(1+x^2)}\mathrm{d}x$;(3)$x\sin x\ln x+C$;(4) $\frac{1}{\arccos\sqrt{1-x^2}}+C$. **4.** $y=x^3+x$.

习题 5. 2

1. (1) $-\cos x+\frac{x^4}{4}-\mathrm{e}^x+C$;(2) $x+\frac{3}{2}x^{\frac{4}{3}}+\frac{3}{5}x^{\frac{5}{3}}+C$;(3) $\frac{5^x}{\ln 5}+\tan x-x+C$;(4) $\frac{a^x\mathrm{e}^x}{1+\ln a}+C$,(5) $\frac{2}{5}x^{\frac{5}{2}}+\frac{3}{2}\ln|x|-\frac{3}{4}x^{\frac{4}{3}}+C$;(6) $3\ln|x|-6x^{\frac{1}{2}}+C$;(7) $\frac{1}{2}(x+\sin x)+C$;(8) $3(x-\arctan x)+C$;(9) $4\ln|x|-\frac{3}{4}x^{-4}+C$;(10) $5x-2\frac{\left(\frac{\mathrm{e}}{a}\right)^x}{1-\ln a}+C$;(11) $\sin x-\cos x+C$;(12) $-\cot x-x+C$.

2. $x^2+10x+20$.

习题 5. 3

1. (1) $\frac{1}{4}\sin 4x+C$;(2) $-3\cos\frac{t}{3}+C$;(3) $\frac{1}{5}\sin^5 x+C$;(4) $\ln(3+\mathrm{e}^x)+C$;(5) $\frac{1}{2}\arctan^2 x+C$;(6) $-\ln(1+\cos x)+C$;(7) $\sqrt{x^2-3}+C$;(8) $\frac{1}{12}(2x-5)^6+C$;(9) $\frac{3}{8}(4+x^2)^{\frac{4}{3}}+C$;(10) $\frac{1}{4}(x^2-3x+2)^4+C$;(11) $-\frac{1}{2\ln^2 x}+C$;(12) $-\mathrm{e}^{\frac{1}{x}}+C$.

习题 5.4

1. (1) $2(\sqrt{3+x}-\ln|1+\sqrt{3+x}|)+C$; (2) $x-2\sqrt{x}+2\ln(\sqrt{x}+1)+C$; (3) $\dfrac{x}{\sqrt{x^2+1}}+C$;

(4) $\sqrt{x^2-1}-\arctan\sqrt{x^2-1}+C$; (5) $-4\sqrt{2-x}+\dfrac{2}{3}(2-x)^{\frac{3}{2}}+C$; (6) $\ln\dfrac{\sqrt{1+e^x}-1}{\sqrt{1+e^x}+1}+C$;

(7) $\dfrac{x}{\sqrt{1-x^2}}+C$; (8) $-\dfrac{\sqrt{x^2+1}}{x}+C$.

习题 5.5

1. (1) $\sin x-x\cos x+C$; (2) $\dfrac{1}{3}x\sin 3x+\dfrac{1}{9}\cos 3x+C$; (3) $x\arcsin x+\sqrt{1-x^2}+C$; (4) $-e^{-x}(x+1)+C$; (5) $\dfrac{1}{2}(x^2\arctan x-x+\arctan x)+C$; (6) $-\dfrac{1}{x}(\ln x+1)+C$; (7) $x\ln(1+x^2)-2x+2\arctan x+C$; (8) $-\dfrac{1}{2}e^{-x}(\sin x+\cos x)+C$; (9) $\ln x\ln(\ln x)-\ln x+C$; (10) $\dfrac{2}{9}e^{3\sqrt{x}}(3\sqrt{x}-1)+C$.

习题 5.6

1. (1) 一阶; (2) 一阶; (3) 一阶; (4) 二阶.　**2.** (2).　**3.** $y=Ce^{-x}$(C 为任意常数).　**4.** $y=-2\sin x+C_1x+C_2$.

习题 6.1

1. (1) $S=\int_0^3(x^2+1)\mathrm{d}x$; (2) $s=\int_1^3(2t+3)\mathrm{d}t$.　**2.** (1) $-$; (2) $+$; (3) $-$; (4) $+$.　**3.** 略.

4. (1) -1; (2) $\dfrac{10}{3}$; (3) $\dfrac{5}{3}$; (4) $\dfrac{16}{3}$.　**5.** (1) $<$; (2) $>$; (3) $<$; (4) $<$.　**6.** (1) $[1,2]$; (2) $[1,8]$; (3) $[0,e-1]$; (4) $[1,2]$.

习题 6.2

1. (1) $\dfrac{1}{1+x^2}$; (2) $-2^x\tan x$; (3) $2x^5e^x$; (4) $-\sin^3x-\cos^3x$.　**2.** (1) $\dfrac{1}{2}$; (2) $-\dfrac{1}{2e}$; (3) $\dfrac{1}{4}$.

3. (1) $\dfrac{1}{101}$; (2) $\dfrac{3}{4}(3^{\frac{4}{3}}-1)$; (3) 6; (4) 1; (5) $\dfrac{1}{2}(e-1)$; (6) $2\left(1-\dfrac{\pi}{4}\right)$; (7) $\dfrac{1}{2}$; (8) 2; (9) $4\sqrt{2}$; (10) $\dfrac{115}{3}$.

习题 6.3

1. (1) $\dfrac{\pi}{12}$; (2) $6-4\ln 2$; (3) $\dfrac{4}{3}(4-\sqrt{2})$; (4) $2(\sqrt{3}-1)$; (5) $\dfrac{32}{3}$; (6) $4-2\arctan 2$; (7) $\dfrac{\pi}{4}$; (8) $\ln\dfrac{3(1+e)}{4}-1$; (9) 0; (10) $\dfrac{\pi}{8}$; (11) $2\pi-4$; (12) 1; (13) $\dfrac{\pi}{2}-1$; (14) $\dfrac{2}{3}\ln 2-\dfrac{5}{18}$.

习题 6.4

1. (1) $\frac{1}{2}$；(2) 1；(3) $+\infty$；(4) $-\infty$；(5) 0.

习题 6.5

1. $\frac{4}{3}$.　**2.** $\frac{1}{3}$.　**3.** 18.　**4.** 680.8 kg.　**5.** 760 万元，2 000 万元.

习题 6.6

1. $\frac{1}{8}$.　**2.** $(e-1)^2$.　**3.** $29\frac{17}{20}$.　**4.** $\frac{6}{55}$.

习题 7.1

1. (1) $\boldsymbol{A}=\begin{bmatrix}48 & 56 & 20\\32 & 38 & 14\end{bmatrix}$；(2) $\boldsymbol{B}=\begin{bmatrix}42 & 46 & 15\\34 & 40 & 12\end{bmatrix}$；(3) $\boldsymbol{M}=\begin{bmatrix}48+42 & 56+46 & 20+15\\32+34 & 38+40 & 14+12\end{bmatrix}=\begin{bmatrix}90 & 102 & 35\\66 & 78 & 26\end{bmatrix}$.　**2.** $a=2,b=1,c=3,d=5$.　**3.** (1) 是；(2) 否；(3) 是；(4) 是.　**4.** (1) 是；(2) 是；(3) 否；(4) 否.

习题 7.2

1. 略.　**2.** (1) $\boldsymbol{A}+\boldsymbol{B}=\begin{bmatrix}4 & 8 & 9 & 2\\4 & 1 & 9 & 10\\0 & 7 & 6 & 11\end{bmatrix}$；(2) $3\boldsymbol{A}-\boldsymbol{B}=\begin{bmatrix}1 & 0 & 0\\0 & 1 & 0\\0 & 0 & 1\end{bmatrix}$；(3) $\boldsymbol{AB}=\begin{bmatrix}2 & 1\\3 & 2\end{bmatrix}$；(4) $\boldsymbol{AB}=\begin{bmatrix}3 & 2 & 1\\1 & 2 & 3\\1 & 3 & 2\end{bmatrix}$；(5) $\boldsymbol{AB}=[10]$；(6) $\boldsymbol{AB}=\begin{bmatrix}1 & 1 & 1\\1 & 1 & 1\\1 & 1 & 1\end{bmatrix}$.　**3.** (1) $3\boldsymbol{A}-\boldsymbol{B}=\begin{bmatrix}1 & 0 & 0 & 0\\0 & 1 & 0 & 0\\0 & 0 & 1 & 0\end{bmatrix}$；(2) $\boldsymbol{X}=\begin{bmatrix}0 & 4 & 4 & 2\\4 & 0 & 2 & 4\\2 & 4 & 3 & -2\end{bmatrix}$.　**4.** $\boldsymbol{A}=\begin{bmatrix}3 & 5 & 6\\2 & 4 & 8\\4 & 5 & 5\\4 & 3 & 7\end{bmatrix}$，$\boldsymbol{B}=\begin{bmatrix}600\\500\\200\end{bmatrix}$，$\boldsymbol{AB}=\begin{bmatrix}3 & 5 & 6\\2 & 4 & 8\\4 & 5 & 5\\4 & 3 & 7\end{bmatrix}\begin{bmatrix}600\\500\\200\end{bmatrix}=\begin{bmatrix}5\,500\\4\,800\\5\,900\\5\,300\end{bmatrix}$，所以三种产品集中在第二个工厂生产的成本最低.　**5.** 38.　**6.** $\boldsymbol{A}=\begin{bmatrix}a_{11} & a_{12}\\a_{21} & a_{22}\end{bmatrix}$，$\boldsymbol{X}=\begin{bmatrix}x_1\\x_2\end{bmatrix}$，$\boldsymbol{B}=\begin{bmatrix}b_1\\b_2\end{bmatrix}$，$\boldsymbol{AX}=\boldsymbol{B}$.

习题 7.3

1. (1) $\boldsymbol{A}\to\begin{bmatrix}1 & 1 & -1\\0 & -1 & 2\\0 & 0 & -4\end{bmatrix}$；(2) $\boldsymbol{B}\to\begin{bmatrix}1 & 1 & 1 & -1\\0 & 0 & 3 & 2\\0 & 0 & 0 & 0\end{bmatrix}$.　**2.** (1) $\boldsymbol{A}\to\begin{bmatrix}1 & 0 & 2 & 0\\0 & 1 & -1 & 0\\0 & 0 & 0 & 1\end{bmatrix}$；(2) $\boldsymbol{B}\to$

$\begin{bmatrix}1&0&0&19\\0&1&0&18\\0&0&1&1\end{bmatrix}$. **3.** (1) $r(\mathbf{A})=3$；(2) $r(\mathbf{A})=3$；(3) $r(\mathbf{A})=2$；(4) $r(\mathbf{A})=3$. **4.** $\mathbf{A}^{-1}=$

$\begin{bmatrix}2&-1&1\\4&-2&1\\-\frac{3}{2}&1&-\frac{1}{2}\end{bmatrix}$；(2) $\mathbf{A}^{-1}$ 不存在；(3) $\mathbf{A}^{-1}=\begin{bmatrix}1&0&-8\\0&1&0\\0&0&1\end{bmatrix}$；(4) $\mathbf{A}^{-1}=\begin{bmatrix}\frac{1}{2}&0&0\\-\frac{1}{4}&\frac{1}{2}&0\\\frac{1}{8}&-\frac{1}{4}&\frac{1}{2}\end{bmatrix}$.

习题 7.4

1. (1) 无解；(2) $\begin{cases}x_1=9,\\x_2=3,\\x_3=5;\end{cases}$ (3) $\begin{cases}x_1=5,\\x_2=0,\\x_3=3;\end{cases}$ (4) $\begin{cases}x_1=0,\\x_2=0,\\x_3=0;\end{cases}$ (5) $\begin{cases}x_1=c_2,\\x_2=-c_1-2c_2,\\x_3=c_1,\\x_4=c_2.\end{cases}$ **2.** $y=1+2x+x^2$.

习题 8.1

1. (1) $\{HH,HT,TH,TT\}$；(2) $\{2,3,\cdots,12\}$；(3) $\{10,11,\cdots\}$. **2.** (1) $A\overline{B}\overline{C}$；(2) $AB\overline{C}$；(3) ABC；(4) $A\cup B\cup C$；(5) $\overline{ABC}$；(6) $\overline{A}\cup\overline{B}\cup\overline{C}$；(7) $\overline{ABC}$；(8) $AB\cup AC\cup BC$. **3.** 不是.
4. (1) 掷两枚硬币，至少出现一个反面；(2) 生产四个零件，都不合格. **5.** (1) $\frac{1}{120}$；(2) $\frac{27}{1\,000}$.
6. (1) $\frac{15}{56}$；(2) $\frac{15}{28}$. **7.** (1) $\frac{1}{2}$；(2) $\frac{1}{6}$；(3) $\frac{3}{8}$. **8.** 一次拿 3 件：(1) $P=\frac{C_{98}^2C_2^1}{C_{100}^3}=0.058\,8$；(2) $P=\frac{C_2^1C_{98}^2+C_2^2C_{98}^1}{C_{100}^3}=0.059\,4$；每次拿一件，取后放回，拿 3 次：(1) $P=\frac{2\times 98^2}{100^3}\times 3=0.057\,6$；(2) $P=1-\frac{98^3}{100^3}=0.058\,8$；每次拿一件，取后不放回，拿 3 次：(1) $P=\frac{2\times 98\times 97}{100\times 99\times 98}\times 3=0.058\,8$；(2) $P=1-\frac{98\times 97\times 96}{100\times 99\times 98}=0.059\,4$. **9.** $\frac{2}{5}$. **10.** $\frac{1}{3}$. **11.** 0.528. **12.** 0.25.
13. 0.973 3. **14.** 0.034 5；第二台机器生产的可能性大，为 0.406.

习题 8.2

1.

X	0	1	2
P	$\frac{22}{35}$	$\frac{12}{35}$	$\frac{1}{35}$

2. $P\left\{X\leqslant\frac{1}{2}\right\}=\frac{1}{4}$，$P\left\{\frac{2}{3}<X\leqslant\frac{5}{2}\right\}=\frac{1}{2}$，$P\{2\leqslant X\leqslant 3\}=\frac{3}{4}$，$P\{2\leqslant X<3\}=\frac{1}{2}$.
3. (1) 0.163 08；(2) 0.352 930 5. **4.** (1) $e^{-1.5}$；(2) $1-e^{-2.5}$. **5** 0.5；0.75. **6.** $P\{X\leqslant 2\}=$

ln2, $P\{0<X\leqslant 3\}=1$, $P\{2<X\leqslant 2.5\}=\ln 1.25$. **7.** 1. **8.** (1) $\frac{8}{27}$;(2) $\frac{4}{9}$. **9.** (1) $P\{X\leqslant 3.5\}=\Phi(1)=0.8413$;(2) $P\{X\leqslant -4\}=0.003$;(3) $P\{|X|\leqslant 3\}=0.7704$. **10.** (1) 第二条路;(2) 走第一条路. **11.** $\frac{1}{3}$.

习题 8.3

1. $E(X)=-0.2$, $E(3X^2+5)=6.8$. **2.** $E(X)=4.5$. **3.** $E(X)=\frac{1}{3}$. **4.** $\frac{a^2k}{3}$.

5. (1) $a=\frac{1}{4}$, $b=-\frac{1}{4}$, $c=1$;(2) $\frac{2}{3}$.

习题 9.1

1. $\bar{x}=3$, $s^2=\frac{34}{9}$, $s=\frac{\sqrt{34}}{3}$. **2.** $\frac{3}{2\sqrt{2}}$. **3.** 0.829 3. **4.** (1) 0.991 8;(2) 0.890 4.

5. (1) 0.682 6;(2)0.6.

习题 9.2

1. $\hat{\theta}$;$\frac{\bar{x}}{1-\bar{x}}$. **2.** [2.121,2.129]. **3.** (1) [14.81,15.01];(2) [15.07,17.45]. **4.** (1) [42.92, 43.88]; (2) [0.53,1.15]. **5.** [21.159,22.041].

习题 9.3

1. 以95%的把握认为这批产品的指标的期望值μ为1 600. **2.** 以95%的把握认为新工艺对此零件的电阻有显著影响. **3.** 以95%的把握认为$p\leqslant 0.05$是成立的. **4.** 以95%的把握认为此项新工艺没有显著地提高产品的质量. **5.** 以95%的把握认为试验物的发热量的期望值不是12 100. **6.** 以95%的把握认为机器工作是正常的. **7.** 以95%的把握认为新安眠药已达到新的疗效.